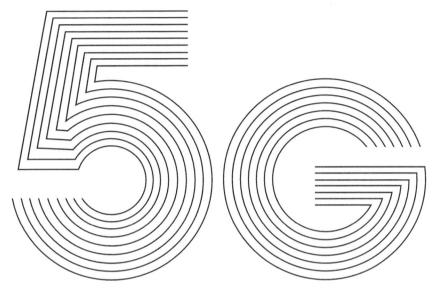

5G

创新技术
与行业实践

罗伟民　赖建军　等◎编著

U0382468

人民邮电出版社

北　京

图书在版编目（ＣＩＰ）数据

5G创新技术与行业实践 / 罗伟民等编著. -- 北京：
人民邮电出版社，2023.8
ISBN 978-7-115-61712-5

Ⅰ. ①5… Ⅱ. ①罗… Ⅲ. ①第五代移动通信系统
Ⅳ. ①TN929.538

中国国家版本馆CIP数据核字(2023)第077001号

内 容 提 要

本书内容涵盖 5G 技术演进历程及国内外 5G 发展情况、5G 网络基本架构及关键技术、面向行业应用的 5G 创新技术、5G 行业应用案例及 6G 展望等。本书结合 5G 实际项目工作开展情况，为读者呈现不同行业的需求、典型应用场景及实际应用案例，以具体项目实践经验全方位讲解 5G 创新技术的应用成果，让读者能够全面、系统地了解 5G 如何在不同行业的应用中发挥自身独有的优势。

本书的主要读者对象为基础通信运营商、各行业信息系统集成厂商、各行业内部信息化部门、通信咨询设计单位、设备厂商等技术人员和管理人员，以及科研院所技术人员、高校师生等。

◆ 编　　著　罗伟民　赖建军　蔡发达　钱　鹏
　　　　　　蔡　杰　罗志全　王承光
　　责任编辑　王建军
　　责任印制　马振武

◆ 人民邮电出版社出版发行　　北京市丰台区成寿寺路 11 号
　　邮编　100164　电子邮件　315@ptpress.com.cn
　　网址　https://www.ptpress.com.cn
　　固安县铭成印刷有限公司印刷

◆ 开本：800×1000　1/16
　　印张：17　　　　　　　　2023 年 8 月第 1 版
　　字数：292 千字　　　　　2023 年 8 月河北第 1 次印刷

定价：119.80 元

读者服务热线：(010)81055493　印装质量热线：(010)81055316
反盗版热线：(010)81055315
广告经营许可证：京东市监广登字 20170147 号

编委会

序

    党的二十大报告提出，要加快发展数字经济，促进数字经济和实体经济深度融合，打造具有国际竞争力的数字产业集群。5G 商用至今已经 4 年，随着三大运营商 5G 网络覆盖逐步完善，如何用好以 5G 为代表的新一代信息技术引领数字经济蓬勃发展、服务国家数字化转型战略，成为各大运营商共同面临的问题。

    与 2G、3G、4G 不同，5G 并不是一种单一的无线接入技术，而是多种新型无线接入技术和现有 4G 后向演进技术集成后的解决方案总称。从某种程度上讲，5G 是一个真正意义上的融合网络。在无线侧，5G 融合了多种现有无线通信技术，利用毫米波、大规模 MIMO 等技术提升吞吐量，并支持独立组网和非独立组网两种架构。在核心网侧，5G 借鉴了 IT 领域基于服务器的架构，通过模块化和软件化以实现面向不同场景需求的网络切片，5G 核心网络需要提供多种新功能，如敏捷资源分配、灵活的网络重构以及对各种平台的开放访问等，旨在通过单个 5G 核心网络满足各种应用的不同需求。5G 核心网络的典型演进包括移动边缘计算（MEC）、软件定义网络（SDN）、网络功能虚拟化（NFV）和网络切片等。基于上述方面的能力增强，5G 网络开始具备服务垂直行业的能力，支持应用场景涵盖增强型移动宽带（eMBB）、超可靠低时延通信（uRLLC）和大连接物联网（mMTC）三大场景，通过 5G 等新型信息化技术为各行各业数字化转型赋能，推进行业的高质量发展，助力打造自主可控、安全可靠、竞争力强的现代化产业体系。

    中国移动今年提出打造"两个新型"，即在以 5G 为主的新型信息基础设施的基础上，打造"连接＋算力＋能力"的新型信息服务体系，拓宽信息服务发展空间，打开面向数字经济发展的增长"天花板"。基于 5G 的大带宽、网络切片、边缘计算等关键能力，与 AICDE（人工智能、物联网、云计算、大数据、边缘计算）等技术的融合，在多个垂直行业领域催生新的业务应用。如在智慧城市领域，5G 政务专网实现规模部署，公务人员可以通过 5G 政务专网实现远程 OA 办公，实现更加高效的城市管理和公共服务；在执法领域，5G 新技术为 5G 执法仪、5G 电子哨兵、5G 视频 AI 等应用提供了安全可靠的专属网络切片，确保业务服务的质量；在文旅领域，5G 大带宽和低时延特点可为用户提供更加流畅和沉浸式的 VR 旅游和游戏体验；在工业领域，5G 专网结合边缘计算能力为企业实现设备互联与数据传输，提供了低延时高可靠的工业互联网；在医疗健康领域，5G 大带宽及切片能力可以帮助实现远程诊断和治疗，提高了医疗服务的覆盖范围和质量；在交通领域，基于 5G 技术的车联网系统，实现了车辆之间的实时通信和路况信息的精准传递以及远程驾驶；目前，5G 技术正在与 XR、区块链等前沿技术的创新融合，为 AGI、元宇宙等应用场景的快速发展和演进提供重要的技术底座。可见，5G 等新技术正不断为交通、工业、能源、党政、执法、医疗、农商、教育等多个行业带来广阔的应用空间和商业机会。为此，产、学、研、用各界近年来在 5G 技术及应用方面进行了大量探索，并积累了大量的成功实践，这些创新和实践非常值得重视和借鉴。未来，面对网络规模的不断扩大和复杂化，5G 网络将遇到网络状态的动态性和不确定性，以及异构网络控制复杂性、网络资源调度的弹性等问题和挑战，移动通信网络还将向 6G 及更高阶的网络演进，以更快的速度、更广的覆盖范围实现天、地、人无缝全连接世界，进一步缩小地域间的数字鸿沟。

中国移动的很多业务品牌诞生于广东，如全球通、动感地带、神州行等，有很多新技术首先在广东试验商用。中国的第一个 5G 试验基站于 2017 年 6 月由中国移动在广州大学城开通，2019 年 6 月中国移动在广州最先推出了 5G 商用套餐。作者基于中国移动广东公司一线建设、运维和应用 5G 的多年实践和经验编写了本书，作者从 5G 试商用开始即深耕在 5G 技术与应用领域，对移动通信业务发展有着深刻的理解，深度参与了 5G 网络规划建设、5G 网络技术创新、5G 行业应用创新等工作。其中，多个 5G 行业应用项目获得"绽放杯"5G 应用大赛全国奖项，发表了多篇关于 5G 技术及应用的学术论文。

本书介绍了 5G 技术的发展历程和现状，系统性地讲解了包括核心网、传输网、无线网的 5G 网络的关键技术，描绘了 5G 网络的整体架构。更重要的是，本书通过丰富的实际案例，阐述了 5G 如何赋能行业数字化转型和业务创新，可以为关注和从事 5G 行业应用、数字化转型的人士提供有益的借鉴。

中国工程院院士

2023 年 6 月 13 日

前 言

　　2019 年 6 月，工业和信息化部正式向中国移动、中国电信、中国联通、中国广电发放 5G 商用牌照。10 月，工业和信息化部与三大运营商举行 5G 商用启动仪式，中国移动、中国联通、中国电信正式公布 5G 套餐，并于 11 月 1 日正式上线 5G 商用套餐，这标志着中国正式进入 5G 商用时代。随后，各大通信运营商全速推进 5G 网络建设，截至 2023 年 4 月，我国 5G 基站总数已达 273.3 万座，数字基础设施建设不断完善，为整个社会经济转型升级提供有力支撑。

　　随着 5G 网络建设的加速，5G 技术也在加快演进和逐渐成熟。在网络能力方面，5G 组网已完成从 NSA 到 SA 的升级，核心网采用 SBA 设计，已实现 NFV、SDN、UPF 下沉等关键技术部署，承载网采用 SPN、FlexE、SR 等技术，带来超大带宽、超低时延的传输能力，无线网采用 C-RAN、SDR、CR、MIMO、载波聚合等技术，实现容量和频谱效率的双提升。在应用能力方面，5G 已完成网络切片、业务分流、高可靠专网、高精度定位 UTDOA、超大上行等能力升级，为面向企业端的 eMBB、mMTC 和 uRLLC 三大应用场景的部署夯实了应用基础。除了技术的演进，5G 标准也从 R15 快速迭代至 R18，在大带宽、低时延、广连接的基础上，持续增加 ULCL、UTDOA、C-V2X、TSN、NTN 等多项新技术应用标准，面向企业端应用的能力不断提升和成熟。近年来，尽管受技术实施、网络资费、行业终端、应用落地等多方面因素影响，5G 技术应用未能如预期在各行业各领域大规模部署，但通信产业从个人消费端需求驱动向企业端需求驱动转移的趋势已成为必然，工业上云、万物互联、5G 应用等企业端产业数字化需求正逐渐成为重要行业增长极。随着计算场景与计算架构的多元化发展，数据、算力开始逐步从云端向边缘、终端及云边协同演进，5G 提供的可切片、可定义、可运维的端到端网络服务能力，在无线接入及边缘计算等应用场景下必将发挥越来越大的作用，为千行百业的数智化转型升级赋予强劲动能。

中国移动作为全球最大的信息服务运营商之一，一直致力于推动 5G 技术的发展和应用。目前已建成 5G 基站超 155 万座，基本实现全国乡镇以上区域 5G 连续覆盖，以及重要园区、热点区域、发达农村的有效覆盖。近年来，中国移动加快创建世界一流信息服务科技创新公司，全面发力"两个新型"，系统打造以 5G、算力网络、智慧中台为重点的新型信息基础设施，创新构建"连接＋算力＋能力"的新型信息服务体系，将 5G 与人工智能、区块链、云计算、大数据、物联网、边缘计算、终端、安全等技术融合创新，在各垂直行业领域催生应用新活力。中国移动广东公司是中国最大的省级运营商，中国移动的很多业务品牌诞生于广东，很多新技术率先在广东试验商用，广州移动作为全国首批 5G 试点和正式商用的运营商，在 5G 网络规划建设、5G 技术创新、5G 行业应用等方面，均积累了丰富的实践案例和经验。

本书重点讲述进入 5G 时代以来的 5G 技术创新变革与行业实践案例，注入了广州移动近年来对 5G 技术探索与研究，更加注入了广州移动将 5G 技术理论与行业应用深度融合的沉淀、积累与思考。本书共分为 5 章。第 1 章主要讲述 5G 发展概况，包括移动通信的发展历程、5G 的前世今生和国内外 5G 网络建设发展概况。第 2 章主要讲述 5G 网络技术的演进，包括 5G 网络基本架构、核心网、承载网、无线网的关键技术。第 3 章主要讲述 5G 网络在行业应用领域的创新技术，包括 5G 专网、网络切片、业务分流、高可靠专网、高精度定位、超大上行、TSN、5G 消息、5G 网络安全等多项技术的特点及应用场景，同时重点介绍了中国移动面向垂直行业领域布局的 9 One 平台。第 4 章主要讲述 5G 在 12 个垂直行业的典型场景实践案例，从具体行业的业务特色出发，为读者多维度呈现 5G 在实际业务中如何赋能行业的数字化转型升级。本章的案例大部分来自广州移动近年来的 5G 行业应用实际落地项目，部分项目已成为该行业 5G 应用示范标杆，获得业界多个奖项。第 5 章主要展望了 6G 的关键技术与应用场景，让读者在了解 5G 相关内容的基础上，更好地探索未来 6G 的发展趋势，开启对下一代通信技术发展的思考。

本书在编写过程中，参考和引用了通信领域和行业研究分析相关的著作及文献资料，主要来源均在参考文献中列出，如有遗漏，恳请原谅，在此对这些参考著作和文献的作者表达衷心的感谢！由于作者水平有限，加之编写时间仓促，书中难免存在疏漏及不足，恳请广大读者批评指正。

作者

2023 年 3 月 27 日

目 录

第 1 章　5G 发展概述 ……………………………………… 001

1.1　从 1G 到 5G …………………………………………… 002

　1.1.1　1G 模拟通信——20 世纪 80 年代 ………………… 002

　1.1.2　2G 数字化语音——20 世纪 90 年代 ……………… 003

　1.1.3　3G 多媒体通信——21 世纪初 …………………… 003

　1.1.4　4G 无线宽带——21 世纪 10 年代 ……………… 004

　1.1.5　5G 时代——2019 年至今 ………………………… 004

1.2　5G 技术特点及发展路线 …………………………… 005

　1.2.1　5G 技术特点——大带宽、低时延、广覆盖 ……… 005

　1.2.2　从 R15 到 R18 …………………………………… 007

1.3　全球 5G 网络建设对比 ……………………………… 008

　1.3.1　美国 5G 网络建设 ………………………………… 008

　1.3.2　日本 5G 网络建设 ………………………………… 008

　1.3.3　韩国 5G 网络建设 ………………………………… 009

　1.3.4　欧洲 5G 网络建设（以德国为例）………………… 009

　1.3.5　东南亚 5G 网络建设（以新加坡、泰国为例）…… 010

1.4　5G 引领——中国 5G 网络建设 …………………… 011

　1.4.1　总体建设情况 ……………………………………… 011

1.4.2　中国移动及广东移动 5G 网络建设与业务发展概况 ⋯⋯⋯⋯⋯⋯⋯⋯⋯ 011

第 2 章　5G 网络技术 ⋯⋯⋯⋯⋯⋯⋯⋯⋯⋯⋯⋯⋯⋯⋯⋯ 013

2.1　4G 向 5G 的演进 ⋯⋯⋯⋯⋯⋯⋯⋯⋯⋯⋯⋯⋯⋯⋯⋯⋯⋯⋯⋯⋯⋯ 014

2.2　5G 网络基本架构 ⋯⋯⋯⋯⋯⋯⋯⋯⋯⋯⋯⋯⋯⋯⋯⋯⋯⋯⋯⋯⋯ 016

2.3　核心网关键技术 ⋯⋯⋯⋯⋯⋯⋯⋯⋯⋯⋯⋯⋯⋯⋯⋯⋯⋯⋯⋯⋯ 019

2.4　承载网关键技术 ⋯⋯⋯⋯⋯⋯⋯⋯⋯⋯⋯⋯⋯⋯⋯⋯⋯⋯⋯⋯⋯ 022

2.5　无线网关键技术 ⋯⋯⋯⋯⋯⋯⋯⋯⋯⋯⋯⋯⋯⋯⋯⋯⋯⋯⋯⋯⋯ 025

第 3 章　面向行业应用的 5G 创新技术 ⋯⋯⋯⋯⋯⋯⋯⋯⋯ 033

3.1　面向行业的 5G 专网 ⋯⋯⋯⋯⋯⋯⋯⋯⋯⋯⋯⋯⋯⋯⋯⋯⋯⋯ 034

3.1.1　行业专网需求 ⋯⋯⋯⋯⋯⋯⋯⋯⋯⋯⋯⋯⋯⋯⋯⋯⋯⋯⋯⋯ 034

3.1.2　5G 行业专网分类 ⋯⋯⋯⋯⋯⋯⋯⋯⋯⋯⋯⋯⋯⋯⋯⋯⋯⋯ 035

3.1.3　面向行业的创新技术 ⋯⋯⋯⋯⋯⋯⋯⋯⋯⋯⋯⋯⋯⋯⋯⋯⋯ 037

3.2　网络切片 ⋯⋯⋯⋯⋯⋯⋯⋯⋯⋯⋯⋯⋯⋯⋯⋯⋯⋯⋯⋯⋯⋯⋯ 039

3.2.1　网络切片的概念 ⋯⋯⋯⋯⋯⋯⋯⋯⋯⋯⋯⋯⋯⋯⋯⋯⋯⋯⋯ 039

3.2.2　网络切片的需求与分类 ⋯⋯⋯⋯⋯⋯⋯⋯⋯⋯⋯⋯⋯⋯⋯⋯ 040

3.2.3　网络切片的应用场景 ⋯⋯⋯⋯⋯⋯⋯⋯⋯⋯⋯⋯⋯⋯⋯⋯⋯ 040

3.3　业务分流 ⋯⋯⋯⋯⋯⋯⋯⋯⋯⋯⋯⋯⋯⋯⋯⋯⋯⋯⋯⋯⋯⋯⋯ 044

3.3.1　业务分流的概念 ⋯⋯⋯⋯⋯⋯⋯⋯⋯⋯⋯⋯⋯⋯⋯⋯⋯⋯⋯ 044

3.3.2　业务分流分类 ⋯⋯⋯⋯⋯⋯⋯⋯⋯⋯⋯⋯⋯⋯⋯⋯⋯⋯⋯⋯ 045

3.4　高可靠专网 ⋯⋯⋯⋯⋯⋯⋯⋯⋯⋯⋯⋯⋯⋯⋯⋯⋯⋯⋯⋯⋯⋯ 051

3.4.1　高可靠专网的概念 ⋯⋯⋯⋯⋯⋯⋯⋯⋯⋯⋯⋯⋯⋯⋯⋯⋯⋯ 051

3.4.2　高可靠专网的种类 ⋯⋯⋯⋯⋯⋯⋯⋯⋯⋯⋯⋯⋯⋯⋯⋯⋯⋯ 051

3.5　高精度定位 ⋯⋯⋯⋯⋯⋯⋯⋯⋯⋯⋯⋯⋯⋯⋯⋯⋯⋯⋯⋯⋯⋯ 053

3.5.1　基本概念 ⋯⋯⋯⋯⋯⋯⋯⋯⋯⋯⋯⋯⋯⋯⋯⋯⋯⋯⋯⋯⋯⋯ 053

3.5.2 定位架构 ·· 053

3.5.3 技术种类 ·· 054

3.6 超大上行 ·· 055

3.6.1 基本概念 ·· 055

3.6.2 实现方式 ·· 056

3.6.3 应用场景 ·· 056

3.7 TSN ·· 057

3.7.1 基本概念 ·· 057

3.7.2 应用场景 ·· 059

3.8 5G 消息 ·· 059

3.8.1 基本概念 ·· 059

3.8.2 业务功能 ·· 061

3.8.3 应用场景 ·· 062

3.9 5G 网络安全 ·· 063

3.9.1 5G 网络安全体系架构 ·· 064

3.9.2 网络安全措施 ·· 066

3.10 9 One 平台 ·· 068

3.10.1 OnePoint 平台 ··· 069

3.10.2 OneTraffic 平台 ··· 071

3.10.3 OnePower 平台 ··· 073

3.10.4 OneFinT 平台 ·· 075

3.10.5 OneEdu 和教育平台 ·· 076

3.10.6 OneHealth 平台 ··· 079

3.10.7 OneTrip 平台 ··· 080

3.10.8 OneVillage 平台 ··· 081

3.10.9　OneCity 平台 ……………………………………………………… 083

3.10.10　OnePark 平台 ……………………………………………………… 085

第 4 章　5G 行业应用实践案例 ………………………………… 087

4.1　5G + 智慧交通 …………………………………………………………… 088

4.1.1　行业需求与 5G ………………………………………………………… 088

4.1.2　应用场景 ……………………………………………………………… 090

4.1.3　典型案例 ……………………………………………………………… 099

4.2　5G + 智慧工业 …………………………………………………………… 112

4.2.1　行业需求与 5G ………………………………………………………… 113

4.2.2　应用场景 ……………………………………………………………… 115

4.2.3　典型案例 ……………………………………………………………… 119

4.3　5G + 智慧执法 …………………………………………………………… 124

4.3.1　行业需求与 5G ………………………………………………………… 125

4.3.2　应用场景 ……………………………………………………………… 127

4.3.3　典型案例 ……………………………………………………………… 132

4.4　5G + 智慧政务 …………………………………………………………… 136

4.4.1　行业需求与 5G ………………………………………………………… 137

4.4.2　应用场景 ……………………………………………………………… 139

4.4.3　典型案例 ……………………………………………………………… 142

4.5　5G + 智慧能源 …………………………………………………………… 145

4.5.1　行业需求与 5G ………………………………………………………… 146

4.5.2　应用场景 ……………………………………………………………… 148

4.5.3　典型案例 ……………………………………………………………… 150

4.6　5G + 智慧医疗 …………………………………………………………… 161

4.6.1　行业需求与 5G ………………………………………… 161

4.6.2　应用场景 ……………………………………………… 162

4.6.3　典型案例 ……………………………………………… 166

4.7　5G + 智慧教育　169

4.7.1　行业需求与 5G ………………………………………… 170

4.7.2　应用场景 ……………………………………………… 171

4.7.3　典型案例 ……………………………………………… 174

4.8　5G + 智慧金融　180

4.8.1　行业需求与 5G ………………………………………… 180

4.8.2　应用场景 ……………………………………………… 182

4.8.3　典型案例 ……………………………………………… 188

4.9　5G + 智慧文旅　192

4.9.1　行业需求与 5G ………………………………………… 192

4.9.2　应用场景 ……………………………………………… 193

4.9.3　典型案例 ……………………………………………… 194

4.10　5G 智慧乡村　196

4.10.1　行业痛点需求与 5G …………………………………… 197

4.10.2　应用场景 ……………………………………………… 198

4.10.3　典型案例 ……………………………………………… 202

4.11　5G + 云游戏　206

4.11.1　行业痛点与 5G ………………………………………… 207

4.11.2　应用场景 ……………………………………………… 209

4.11.3　典型案例——5G + 云游戏 …………………………… 211

4.12　5G + 元宇宙　212

4.12.1　行业需求与 5G ………………………………………… 213

4.12.2　应用场景 ·· 215

4.12.3　典型案例 ·· 217

第 5 章　6G 展望 ·· 221

5.1　6G 总体愿景 ·· 222

5.1.1　全空间互联 ·· 222

5.1.2　超智能信息网络 ··· 222

5.1.3　智赋社会 ·· 223

5.1.4　绿色可持续 ·· 224

5.1.5　从普惠到普"慧" ·· 224

5.2　6G 发展的宏观驱动力 ·· 225

5.2.1　新战略驱动 ·· 225

5.2.2　新场景、新需求驱动 ·· 226

5.2.3　新技术融合驱动 ··· 226

5.3　6G 潜在应用场景 ··· 227

5.4　6G 潜在关键技术 ··· 231

5.4.1　内生智能的新型网络 ·· 232

5.4.2　增强型无线空口技术 ·· 233

5.4.3　新物理维度无线传输技术 ··· 234

5.4.4　太赫兹与可见光通信技术 ··· 236

5.4.5　通信感知一体化 ··· 237

5.4.6　分布式自治网络架构 ·· 238

5.4.7　确定性网络 ·· 238

5.4.8　算力感知网络 ··· 239

5.4.9　星地一体融合组网 ·· 239

5.4.10　支持多模信任的网络内生安全 …………………………………… 240

　5.5　对 6G 发展的思考 ……………………………………………………… 241

参考文献 ………………………………………………………………… 244

缩略语 …………………………………………………………………… 246

第 1 章

5G 发展概述

1.1 从 1G 到 5G

移动通信技术约每 10 年发展一代，已经从 1G 发展到 5G。1G 实现了模拟通信，2G 实现了数字化语音，3G 实现了多媒体通信，4G 实现了宽带移动互联网，5G 正在实现万物互联。每一代移动通信技术的发展，都能够促进下游产业的爆发和应用场景的创新。

3G 的发展促进了智能手机产业发展，4G 的发展促进了移动互联网的发展，5G 的发展势必开启新一轮信息产业革命，将促进无人驾驶、物联网、车联网及智能制造等新兴行业的发展。各代际功能见表 1-1。

表 1-1　各代际功能

代际	1G	2G	3G	4G	5G
最大速率	2.4kbit/s	64kbit/s	2Mbit/s	100Mbit/s	20Gbit/s
功能	音频	音频 文字	音频 文字 图像 视频	高清视频 物联网 虚拟现实(Virtual Reality，VR) / 增强现实 (Augmented Reality，AR)	无人驾驶 远程医疗 智慧城市

1.1.1　1G 模拟通信——20 世纪 80 年代

第一代移动通信系统是模拟通信系统，最早由美国的贝尔实验室于 1978 年发明，随后在全世界推广。这一代移动通信系统在美国被称为高级移动电话系统（Advanced Mobile Phone System，AMPS），在英国被称为全球接入通信系统（Total Access Communications System，TACS），后来人们把这一代移动通信系统称为 1G。

1987 年 11 月 18 日，我国的第一代模拟通信系统开通并正式商用，采用的是英国 TACS 制式全接入通信系统。

1.1.2　2G 数字化语音——20 世纪 90 年代

第二代数字无线技术主要使用了全球移动通信系统（Global System for Mobile Communications，GSM）（欧洲）、过渡标准 95（Interim Standard95，IS-95）（美国）、数字式高级移动电话系统（Digital Advanced Mobile Phone System，D-AMPS）（美国）、个人数字蜂窝（Personal Digital Cellular，PDC）电信系统（日本）等窄带系统。2G 数字技术改进了 1G 模拟技术的缺点，提高了通话质量及保密性。2G 采用了不同的制式和标准，因此用户只能在同一制式的覆盖范围下漫游，无法进行全球漫游。同时 2G 技术还有带宽有限的缺点，限制了数据业务的应用。在这一阶段，我国选择采用 GSM 技术，开创了当时移动通信大发展的局面。

1.1.3　3G 多媒体通信——21 世纪初

3G 通信支持高速数据传输和宽带多媒体服务，包括音乐、图像、视频流等多媒体形式，提供网页浏览、电子商务、电话会议等多种信息服务。3G 主要有 3 种标准：宽带码分多址（Wideband Code-Division Multiple Access，WCDMA）（欧洲）、码分多址 2000（Code-Division Multiple Access2000，CDMA2000）（美国）、时分同步码分多址（Time-Division Synchronous Code Division Multiple Access，TD-SCDMA）（中国），3G 实现全球漫游，数据传输速率达 2Mbit/s。我国于 2009 年 1 月发放 3G 牌照，中国移动使用 TD-SCDMA 制式，中国联通使用 WCDMA 制式，中国电信使用 CDMA2000 制式。2018 年，中国联通开始 2G 退网；中国移动 3G 退网，因为基础语音业务及 GPRS 物联网业务的需求，2G 网络仍在运营。

我国整个移动通信产业界一直致力于积极参与通信标准的制定，为我国企业赢得话语权，终于在 1998 年我国向第三代合作伙伴计划（3rd Generation Partnership Project，3GPP）提交了 TD-SCDMA 国际标准，成为三大 3G 标准之一。这个突破改变了整个移动通信的格局，带动了相关产业链的发展。2002 年，大唐移动发起成立了 TD-SCDMA 联盟，其成员覆盖了产业链的所有环节，带动华为、中兴通讯、普天等设备企业，联芯科技、海思、展讯等芯片企业，中创信测、创远等测试仪表企业加入供应链，让我国移动通信首次实现了从"无芯"到"有芯"的突破。

1.1.4　4G 无线宽带——21 世纪 10 年代

4G 通信在 3G 通信的基础上增加正交频分复用（Orthogonal Frequency Division Multiplexing，OFDM）、调制与编码、多输入多输出（Multiple-Input Multiple-Output，MIMO）、智能天线、软件定义的无线电（Software Defination Radio，SDR）、互联网协议（Internet Protocol，IP）等一系列新技术，提高了数据的传输速率，下载速度达 100Mbit/s，比 3G 通信快 50 倍，而且兼容性更好。

在 4G 时代，我国提出了具有全球竞争力的 4G 标准——分时长期演进（Time Division Long Term Evolution，TD-LTE）。2017 年，已建成 TD-LTE 基站 200 万座，占全球 4G 基站的 40%，全球支持 TD-LTE 的终端近 4269 款，支持 TD-LTE 的手机达 3255 款以上。华为、小米、OPPO 等国产品牌迅速发展，与三星、苹果同台竞技。

1.1.5　5G 时代——2019 年至今

5G 的主要优点为连续广域覆盖、热点高容量、低功耗大连接、低时延高可靠。

在 5G 标准的制定过程中，Turbo 码（法国）、低密度奇偶校验码（Low-Density Parity-Check，LDPC）（美国）和 Polar 编码（中国）3 种编码方案纳入 3GPP 的讨论。2016 年 10 月，美国高通的 LDPC 被 3GPP 采纳为 5G 增强型移动宽带场景的数据信道编码。2016 年 11 月，华为的 Polar 编码被采纳为 5G 增强型移动宽带场景的控制信道编码方案。我国移动通信在经历了"1G 引进、2G 跟随、3G 突破、4G 并跑"后，在 5G 发展上进入了"第一梯队"。

截至 2021 年 9 月，在 5G 标准成果方面，中国移动提交了约 3300 个专利和约 7000 篇文稿，对标准的贡献位于全球运营商"第一阵营"。中国移动持续增加在基础通信领域的研究投入，仅面向 5G 的研发资金就达 4G 的 3 ~ 4 倍。

2022 年 6 月，正值我国发放 5G 商用牌照 3 周年之际，国家知识产权局知识产权发展研究中心发布的相关报告显示，当前全球声明的 5G 标准必要专利共 21 万余件，涉及 4.7 万项专利族，其中我国声明 1.8 万项专利族，占比接近 40%，排名世界第一，美国占比 34.6%，韩国占比 9.2%，日本占比 8%，欧洲占比 3.9%。

1.2 5G 技术特点及发展路线

2015 年，中国移动的专家们在描绘 5G 关键能力时曾画了一朵"5G 之花"，并被国际电信联盟（International Telecommunication Union，ITU）采纳。"5G 之花"如图 1-1 所示。"5G 之花"以性能和效率维度共同定义了 5G 的关键能力，犹如一株绽放的鲜花。"5G 之花"代表了 5G 的九大核心业务指标，其中，6 朵花瓣代表 5G 的 6 个性能指标，例如，峰值速率达到 10 ～ 20Gbit/s，流量密度达到每平方千米 10 ～ 100Tbit/s，业务体验速率达到 0.1 ～ 1Gbit/s，连接数密度达到每平方千米 100 万个，空口时延达到 1ms，移动性最快达到 500km/h；3 片绿叶代表了 5G 的 3 项效率指标，例如，5G 频谱效率是 4G 的 3 ～ 5 倍，单位比特效能和成本效率明显优于 4G。

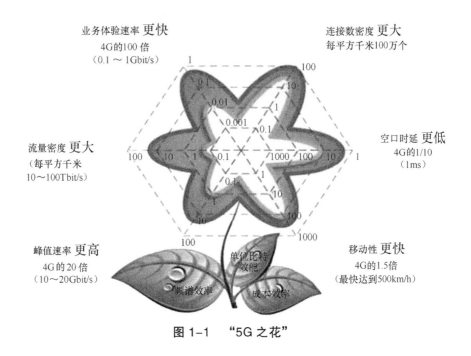

图 1-1　"5G 之花"

1.2.1 5G 技术特点——大带宽、低时延、广覆盖

5G 是 4G 的延伸，采用了新频谱、新无线接口、新架构。新频谱使用的更高频段可以满足速度和容量需求，能够聚合所有频段；新无线接口支持大量连接，可提高

频谱效率，新架构实现一个实体网络支持多个虚拟网络。以上新技术使5G实现大带宽、低时延、广覆盖。5G与4G的比较如图1-2所示。

提高数据速率
超过 10Gbit/s
▶是 4G 的 10～100 倍

更多连接用户
每平方千米100万个
▶是 4G 的 100 倍

移动
每小时500千米以上
▶是 4G 的 1.5 倍

移动数据量
每平方千米 10Tbit/s
▶是 4G 的 1000 倍

更低时延
<1ms
▶是 4G 的 1/10

电池寿命更长
超过 15 年
▶是 4G 的 10 倍

图 1-2　5G 与 4G 比较

5G 技术大带宽、低时延、广覆盖的技术特点有三大应用场景：增强型移动宽带（enhanced Mobile Broadband，eMBB），例如高清视频、VR/AR 等业务；超可靠低时延通信（ultra-Reliable Low-Latency Communication，uRLLC），例如自动驾驶 / 辅助驾驶、远程控制等业务；大连接物联网（massive Machine-Type Communication，mMTC），例如智慧城市、环境监测、智能农业等业务。

与现有的 4K/8K 视频相比，VR /AR 内容的码率更高，一次 VR/AR 交互将包含大量的图像数据、语音数据及基于不同视角和角色的计算数据传输交互，这将极大地增加对通信运营商网络的带宽需求，而目前 4G 网络的带宽服务能力已经无法满足这种需求。正是由于受到 4G 带宽的限制，VR/AR 业务发展缓慢，用户无法仅靠移动终端实现对体育赛事和演唱会等大型场景的全方位沉浸式体验。与 4G 网络相比，5G 网络的数据传输速率提升最大可达 100 倍，峰值速率提升了 20 倍，达到 20Gbit/s，数据传输时延不超过 5ms，因此 5G 对高清视频、VR/AR 沉浸式内容有更好的承载力。如果下载一个相同的 8GB 的 VR/AR 视频，使用 4G 需要 7～8 分钟，而 5G 只需要 6 秒钟。5G 在传输上具有的大带宽、高速率特点能有效解决 VR/AR 内容和 8K 及以上超高清内容的传输问题，能够避免由 4G 传输速率慢引起的用户 VR/AR 沉浸式体验眩晕感，促进其商用进程，促进 VR 应用的规模发展。

1.2.2　从 R15 到 R18

由 3GPP 制定的 5G 标准于 2020 年 7 月被 ITU 确认为在 IMT-2020 框架下的唯一 5G 标准。5G 标准在制定之初就致力于支持 5G 的三大类应用场景——eMBB、uRLLC 和 mMTC。

R15 标准是 5G 标准的第一个版本，重点关注 eMBB 场景，主要是实现更高的数据速率、改善连接并达到更大的系统容量。支持 5G 独立组网及非独立组网，在空口上引入大规模天线、灵活帧结构、补充上行及双连接等技术。

R16 标准是 5G 标准的第二个版本，致力于 5G 能力的拓展与延伸，以垂直行业应用为抓手，通过工业物联网、专用网络、5G 车联网等一系列立项，重点关注 uRLLC 场景。我国在 5G 标准的制定工作中发挥着越来越重要的作用，根据赛迪智库发布的《中国 5G 区域发展指数白皮书》，在 R16 标准中，我国主导的技术标准达到 21 个，占比超 40%。

R17 标准是 5G 标准的第三个版本，重点关注高速率下的 mMTC 场景，在多天线技术、低时延高可靠、工业互联网、终端节能、定位和车联网等关键技术领域持续增强演进，同时也提出了一些新的业务和能力需求，包括覆盖增强、多播广播、面向应急通信和商业应用的终端直接通信、用户识别模块（Subscriber Identity Module，SIM）终端优化等。在 R17 标准的制定过程中，我国相关组织累计提交文稿 2.1 万篇，占 3GPP 总文稿的 33%，我国在 5G 国际标准研制中的影响力稳步提升。

在推出了 R15、R16 和 R17 后，3GPP 在 2021 年 4 月决定从 R18 开始正式启动 5G 演进标准的制定，并正式将 5G 演进标准定名为 5G-Advanced。R18 标准是 5G-Advanced 的首个标准版本，现已确定主要研究项目，预计于 2024 年 3 月冻结。作为 5G 增强演进和向 6G 过渡的国际标准，R18 标准将兼顾 5G 网络商用过程中面对的关键需求和面向 6G 的网络智能化探索这两大目标。一方面，R18 标准将重点关注垂直行业中典型的大上行物联网应用需求，例如生产线监控、智慧城市管理等；另一方面，R18 标准将加速 5G 技术迭代及与人工智能的深度融合，开展智能空中接口、智能网络节能等技术研究，推动 5G 网络智能化发展。

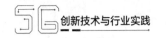

1.3 全球 5G 网络建设对比

1.3.1 美国 5G 网络建设

2018 年 8 月 29 日，美国政府正式发布"5G FAST"战略以支持 5G 建设。

美国运营商早在 2018 年 12 月就开始推行 5G 商用。世界移动通信大会发布的报告显示，截至 2021 年 7 月 1 日，全球有 1662 个城市拥有 5G 网络，我国以 376 个 5G 覆盖城市数量位居第一，美国以 284 个 5G 覆盖城市数量位居第二。

哈佛大学的数据显示，到 2020 年，美国仅建成 5 万座 5G 基站。2021 年，美国的 5G 基站建设仍十分缓慢，美国运营商头部企业威瑞森公司表示，其当年建设的 5G 毫米波基站不过 1.4 万个。

华尔街投资银行杰富瑞银行旗下的 M-Science 部门，依据美国各大移动业务零售店 2020 年 8 月的销售数据，统计出当时美国四大移动运营商的 5G 用户数约为 408.2 万。当时韩国大约有 700 万 5G 用户；中国拥有 6600 万 5G 用户，可见美国 5G 用户数偏少。

5G 军事应用是美国 5G 产业的核心应用。美国国防部非常重视 5G 支撑作战研究与部署，并增加 5G 投资加快 5G 网络下的新产品和能力部署，以增强其联合部队协调各种频率资源支持军事作战的能力。同时，美国国防创新委员会（The Defense Innovation Board，DIB）于 2020 年 12 月发布了一份名为《5G 生态系统：国防部面临的风险与机遇》的研究报告，报告指出，5G 技术将对美国国防产生重大影响，包括提高作战效率、增强网络安全、支持智能战争等方面。

1.3.2 日本 5G 网络建设

2018 年 7 月，日本总务省提出"Beyond 5G"战略以支持 5G 建设。

直到 2020 年 3 月，日本三大通信运营商才推出 5G 网络商用服务。日本 5G 在发展时间上与其他国家拉开了不小的差距，比韩国和美国晚了整整一年。

日本 5G 基站的建设速度也未达到预期。公开数据显示，截至 2022 年 3 月，日本的 5G 基站数量不足 1 万座，远远低于日本三大通信运营商制定的在 2021 年年底前总共建设 7 万座基站的目标。

在远程医疗领域，日本于 2019 年 1 月在和歌山县日高川町开展基于 5G 远程诊断测试，实现将患者患病部位的高精度影像通过 5G 网络实时传送至 30 千米外的和歌山县立医科大学，通过高清电视会议系统与当地医生进行会诊。另外，日本计划于前桥红十字医院、前桥市消防局、前桥工科大学开展基于 5G 的医疗急救试验；在观光领域，福井县立恐龙博物馆的影像通过 5G 网络传送至东京晴空街道内的 5G 体验设施，游客可通过 VR 眼镜进行观赏；在 8K 影像传输领域，2018 年 12 月，在京都岚山周边举办的灯光展"花灯路"中，架设于大堰川对岸的 8K 高清摄影机的影像通过 5G 网络实时传输至会场内的大屏幕上。

1.3.3　韩国 5G 网络建设

2014 年 1 月，韩国政府敲定了以 5G 发展总体规划为主要内容的"未来移动通信产业发展战略"。2019 年 4 月，在韩国 5G 技术协调会上，韩国"5G ＋"战略正式发布。

2019 年 4 月，韩国在世界上率先实现 5G 商用，5G 建设进展迅速。根据韩国通信厅的数据，截至 2021 年第二季度，韩国已建成 16 万座 5G 基站，占韩国基站总数的 11%。

自 2019 年 4 月韩国推出 5G 以来，5G 用户数量持续增加。5G 用户在 69 天内突破 100 万，到 2019 年 6 月底达到 134 万，2021 年 3 月韩国 5G 用户累计达 1450 万，占移动用户总数的 20.4% 以上。

韩国 5G 产业的 5 项核心服务是沉浸式内容、智慧工厂、无人驾驶汽车、智慧城市、数字健康；十大产业领域为新一代智能手机、网络设备、边缘计算、信息安全、车辆通信技术、机器人、无人机、智能型闭路监控、可穿戴式硬件设备、VR/AR 设备。此外，5G 在韩国医疗、安保、安全、能源等领域的应用前景广阔，将传媒、能源、金融、安保、企业、公共价值六大非通信平台产业培育成第四次产业革命的核心项目。

1.3.4　欧洲 5G 网络建设（以德国为例）

德国联邦交通和数字基础设施部制定了 5G 战略，在 2025 年前完成基础网络设施的升级换代，配置合适的 5G 频谱，促进电信厂商与行业用户间的交流合作，支持 5G 的研发应用和推动 5G 在城镇的使用试点，努力成为 5G 领域的创新引领者和应用市场典范。

2021 年 6 月 11 日，德国《商报》网站报道，德国已在约 5000 个市镇建成 5 万座 5G 基站。根据德国联邦网络局公布的数据，在 2021 年 12 月德国超过 53% 的地区已有具备提供 5G 服务能力的运营商。

根据全球移动通信系统协会（Global System for Mobile communications Association，GSMA）智库的数据，截至 2021 年年底，德国 5G 用户数量仅为 630 万，占总人口的比例不足 8%。

欧洲最大的 5G 工业应用研究项目"欧洲 5G 工业园"已于 2019 年在德国启动，该项目致力于研究不同的工业应用场景，包括如何用 5G 传感器监控复杂生产流程、移动机器人的使用、跨地区生产链实践等。

1.3.5 东南亚 5G 网络建设（以新加坡、泰国为例）

新加坡资讯通信媒体发展局公布的新加坡 5G 战略提出，新加坡要在 2020 年开始着力推进 5G 基础设施建设。2018 年，泰国副总理表示 5G 对泰国非常重要，泰国要在 2020 年完成对 5G 的部署。

截至 2021 年 9 月，新加坡新电信公司称其 5G 网络已经覆盖新加坡三分之二的土地。在海事运作方面，新加坡计划在海事领域展开 5G 应用测试，测试范围包括远程操作码头设备、自动化起重机，以及通过 5G 提升自动导向车辆性能等。在工业方面，新加坡通过 5G 发展自动化机器人、感测器物联网、供应链互联网、销售及生产大数据分析，以人机协作的方式提升制造全价值链的生产力和品质。

从 2020 年开始，泰国每年投入约 2000 亿泰铢（约合 61.5 亿美元）建设 5G 基站。截至 2021 年 8 月，泰国已建成超过 12 万座 5G 基站。泰国 5G 发展良好，5G 普及速度是其 4G 普及速度的两倍。到 2021 年年底，泰国 5G 用户数量已达 420 万人，曼谷跻身"5G 普及率世界十强城市"之列。泰国还计划投入 4000 亿泰铢（约 123 亿美元）发展与 5G 相配套的软件产业，包括大数据分析、云计算、网络安全和数据存储。泰国利用 5G 等技术与医疗系统相结合，提出了"数字健康"战略。

1.4 　 5G 引领——中国 5G 网络建设

1.4.1　总体建设情况

2013 年 2 月，工业和信息化部、国家发展和改革委员会、科学技术部联合成立 IMT-2020（5G）推进组。2017 年 11 月，该推进组出台了中国 5G 中频频率规划方案。2018 年年底，我国基本完成 5G 研发试验的 3 个阶段测试验证工作。2019 年 6 月，工业和信息化部正式向中国电信、中国移动、中国联通、中国广电发放 5G 商用牌照，我国正式进入 5G 时代，成为继韩国、美国、瑞士、英国后第 5 个 5G 商用的国家。

截至 2022 年年底，我国已建成 5G 基站超过 220 万座，占全球 60% 以上，是全球规模最大、技术最先进的 5G 独立组网网络。全国所有地级市城区、超过 97% 的县城城区和 40% 的乡镇镇区实现 5G 网络覆盖。5G 连接数达 5.5 亿，在全球占比超过 65%。物联网连接数达 17 亿，在全球占比超过 70%。我国已实现 2 万多个 5G 行业应用，覆盖 40 多个垂直行业。

目前，5G 相关应用已在政务与公用事业、工业、农业、文体娱乐、医疗、交通运输、金融、旅游、教育、电力十大行业，以及智慧城市基础设施、智能制造、远程手术等 35 个细分领域展开。

1.4.2　中国移动及广东移动 5G 网络建设与业务发展概况

我国移动通信技术产业经过近 40 年的发展，在"1G 引进、2G 跟随、3G 突破、4G 并跑、5G 引领"的过程中，中国移动发挥了重要作用。中国移动以全球最大的通信网络为基础，构建高品质的 5G 基础设施。2022 年 11 月，中国移动建成全球规模最大的 5G 网络，建设超过 125 万座 5G 基站，5G 套餐用户超过 5.57 亿，实现 6000 多个 5G 行业应用。中国移动通过优化 5G 专网内核，为行业客户提供多场景专网服务，打造双域办公专网、跨域互联专网、全域精品专网，实现行业深度赋能，成功部署"5G＋云"边缘节点 1000 个。从集成应用到深度服务，中国移动提升行业平台 5G 应用场景交付效率，目前 11 个行业平台已支撑超过 120 多个 5G 应用场景落地。

在 5G 应用方面，中国移动取得了重大突破，例如全球首个"5G＋智慧物流"系列产品、全球首个智能电网、全球最大的"5G＋北斗高精度定位"系统、全国首个 5G 全场景智慧港口、全国首个井下 5G 智慧煤矿等。中国移动把加快 5G 发展作为重大任务，深入实施"5G＋"计划，不断挑战高精尖领域，打造了一系列全国乃至全球领先的 5G 应用"样板间"。同时，中国移动也在不断构建"5G 专网＋平台＋应用＋终端"的能力体系，以"平台＋生态"突破行业壁垒，实现应用可复制、功能可定制，这让中国移动有了"一键复制"5G 应用、快速增加 5G 应用"商品房"供给、可定制提供 5G 应用"精装房"的能力。

广东移动的 5G 网络建设进度始终走在全国前列。中国移动于 2018 年 2 月正式在广州等 5 个城市开展外场测试前，广东移动已于 2017 年 6 月 24 日在广州大学城开通了第一座 5G 基站，并率先开展 5G 外场测试。在外场测试期间，广东移动在完成建设目标的同时发挥主观能动性，开展了全国首例 100km/h 高速移动测试、基站功耗测试等，为 5G 商用规划与建设提供了有力的支持。

5G 商用以来，广东移动已建成全国最大规模的 5G 网络，开通 5G 基站超 10 万座，发展 5G 客户超 3000 万，已完成 300 多个 5G 行业应用部署，积极发挥 5G＋AICDE 能力优势，打造了九大行业、社区和中小企业的"9+2"信息化服务平台，助力产业数字化转型。2022 年，广东移动充分发挥 4.9G 频段 100MHz 大带宽和抗干扰能力强的优势，通过 Massive MIMO 多天线与大带宽的结合，实现 2.6G 和 4.9G 频段的载波聚合（Carrier Aggregation, CA）高低搭配，进一步提高 5G 用户的千兆体验。面向未来，广东移动将与各产业伙伴加强合作，持续创新提升"心级服务"质量，不断丰富 5G 泛在千兆精品网络的内涵与应用场景，为人民群众的美好生活保驾护航，为建设网络强国、数字中国提供强有力的支撑。

第 2 章

5G 网络技术

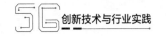

2.1 4G 向 5G 的演进

4G 向 5G 的演进主要从以下 3 个方面进行。

首先是网络架构的演进，5G 网络架构较 4G 网络架构有了很大变化。无线网、承载网、核心网 3 个部分组成移动通信网，即总体网络架构。4G 整体网络系统采用扁平化设计，由分组核心网、承载网（传输网）、基站和用户设备组成，注重面对个人用户提供原始带宽。5G 网络架构也由无线网、承载网和核心网组成，但各部分与 4G 相比都有明显变化。无线网的变化体现在 5G 基带单元被拆分为两个逻辑实体——中心单元（Centralized Unit，CU）和分布单元（Distributed Unit，DU），由两级架构变成三级架构；还体现在无线侧的射频拉远单元（Remote Radio Unit，RRU）与天线结合，形成新设备——有源天线单元（Active Antenna Unit，AAU），与 4G 基站的架构相比有效减少了损耗。5G 的承载网在网络架构、灵活连接、带宽、时延、同步等方面的需求有巨大变化，可以通过软硬管道隔离提供网络切片能力，提供时延保证、时延抖动的严格区分和精细控制能力，满足不同业务差异化服务等级协定（Service Level Agreement，SLA）需求。而在核心网方面，5G 较 4G 有了巨大提升，5G 采用服务化架构（Service Based Architecture，SBA）设计，控制面与用户面成功分离，5G 核心网还引入了超大连接数和超低时延，不仅传输速率更快，还提供了更大带宽的服务器，具备更高的安全性。值得一提的是，5G 网络架构的优势还体现在一个实体网络能支持多个虚拟网络，向连接万物的方向发展。5G 移动通信网络架构如图 2-1 所示。4G 和 5G 核心网架构差异如图 2-2 所示。

其次是 toC 向 toB 的演进。 toB 就是 to Business（面向企业），toC 则是 to Consumer（面向消费者），也称为 B 端和 C 端。由于

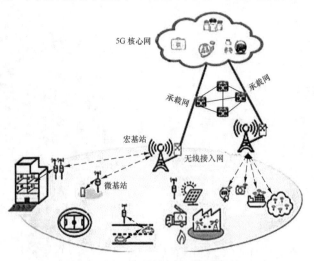

图 2-1　5G 移动通信网络架构

企业端需要处理大量的数据，toB 产品应该更加注重效率和产品的功能。5G toC 可以理解为 4G 业务的延伸，网络质量要求不算特别高，依旧属于服务个人的移动通信网；5G toB 则可以理解为对网络质量要求更高的产业互联网业务，价值更高。在 4G 网络时期，信息技术主要以满足消费者需求的服务为主。而 5G 网络由于核心网切片、SBA、边缘计算和控制分离等技术的发展，其效率和功能较 4G 网络技术有了极大的提高，并推动了云网融合，使 toC 向 toB 演进与拓展成为可能。同时，5G 时代在 toC 市场增长缓慢、企业需求较个人需求更加旺盛等因素的影响下，toC 向 toB 的转型也成为必然，引导产业界把应用重心从消费互联网转移到产业互联网。基于这一点，通信网络运营商的发展重点已放到智能交通、智能城市、工业互联网等具有鲜明 toB 特色的领域，引领产业升级、经济发展及生活方式的数智化转型。因此，较 4G 时代而言，5G 时代的 toC 到 toB 的演进是新的机遇。第一个机遇是扩展了政企市场的范围，第二个机遇则是进入企业 IT 市场。5G 还推动了传统通信业务的迭代升级，例如，提高企业视频的清晰度，将传统专线转变为 5G 专线，使数据传输更加快速、便捷。逐步推进 toB 产业，实现 5G 垂直行业的规模化发展。

基于网元的传统 3G/4G 网络架构 ➡ 基于微服务的 5G 网络架构

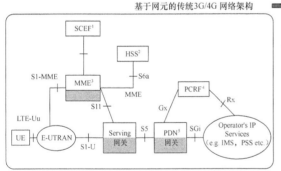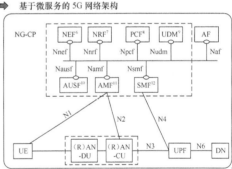

注：1. SCEF（Service Capability Exposure Function，业务能力开放功能）。

2. HSS（Home Subscriber Server，归属服务器）。

3. MME（Mobility Management Entity，移动管理实体）。

4. PCRF（Policy and Charging Rules Function，策略与计费规则功能）。

5. PDN（Public Data Network，公用数据网）。

6. NEF（Network Exposure Function，网络开放功能）。

7. NRF（Network Repository Function，网络存储功能）。

8. PCF（Policy Control Function，策略控制功能）。

9. UDM（Unified Data Management，统一数据管理）。

10. AUSF（Authentication Server Function，鉴权服务功能）。

11. AMF（Access and mobility Management Function，接入和移动管理功能）。

12. SMF（Session Management Function，会话管理功能）。

图 2-2　4G 和 5G 核心网架构差异

最后，4G 向 5G 的演进还体现在用户面和控制面分离（Control and User Plane Separation，CUPS）。在 5G 网络之前，控制面和用户面两个功能构成一整个核心网，它们相互集成、相互交织。建立和管理转发业务数据的通道是控制面的主要任务，而负责转发用户的业务数据是用户面的主要任务。4G 网络时期，3GPP R14 标准定义了控制面和用户面，服务网关（Serving GateWay，SGW）和分组数据网关（Packet Data Network GateWay，PGW）的网络功能被分为控制面和用户面，但 SGW 和 PGW 在硬件上常常合并成系统架构演进网关（System Architecture Evolution GateWay，SAE-GW）。随着 5G 网络的到来和 SBA 等技术的不断发展，核心网的控制面和用户面被彻底分离。控制面功能由多个网络功能（Network Function，NF）承载，用户面功能则由用户平面功能（User Plane Function，UPF）承载。又因为 UPF 是一个独立的个体，所以它不仅能在核心网便捷部署，还能灵活应用于无线网，更靠近用户。UPF 主要作用于处理用户流量的数据包转发，其他功能则由其他控制平面的节点功能来实现，例如会话管理功能。同时，传统网元也被拆分为多个 NF，它们使用 SBA，每个都是独立的个体，一个 NF 的变化不会影响到其他 NF，同一种服务还能被多种 NF 同时调用，降低了 NF 接口之间的耦合度。采用 SBA，就是在遵循自包含、可重用、独立管理 3 个原则的同时，将传统整体式网元划分为若干个网络功能，提升了网络服务的敏捷性、开放性、灵活性。硬件在发生故障时，数据不会丢失，因为数据位于共享数据层，容器会在新的服务器重建，不会影响数据业务处理。综上所述，从 4G 核心网演进到 5G 核心网，控制面和用户面分离技术有助于实现以云原生容器为基础的应用。

2.2 5G 网络基本架构

5G 网络架构主要由无线网、承载网和核心网构成。5G 基站设备可以拆分为 CU 和 DU，对承载网的功能和架构也产生了影响。承载网包含接入层、汇聚层和核心层，连接无线网和核心网。因为承载网具有强大的连接功能，所以承载网在部署时需要满足超大带宽和超低时延的要求。核心网采用 SBA 技术使控制面和用户面彻底分离。5G 核心网（5G Core，5GC）的主要网元包括 AMF、AUSF、UDM、PCF、SMF、UPF、NRF、NEF 和 NSSF 等。5GC 的网络架构如图 2-3 所示。5GC 基本功能见表 2-1。AMF 负责接入管理功能，可进行注册管理、移动管理等，是终端和无线的核心网控制面接入点，类似于 4G 网元中的 MMF。AUSF 执行鉴权服务器功能。UDM 可进行统一数据管理，实现用户识别、访问授权、注册或 3GPP AKA[1] 认证。PCF 拥有统一的策略框架，起到控制平面的作用。SMF 的主要功能是会话管理，可进行 UP 功能选择、隧道维护和漫游等，类似于 4G 网元中的 MME 会话管理功能及 SGW/PGW 控制面的功能。UPF 执行用户面功能，可以进行分组路由转发、实施策略、报告流量的使用情况、处理 QoS 等，与 4G 网元 SGW/PGW 用户面功能的 SGW-U+PGW-U 相似。NRF 执行网络存储功能，包括服务发现、维护可用的 NF 实例的信息及支持的服务。NEF 可以转换内外部信息，开放网络。NSSF 起到实现网络切片的作用。

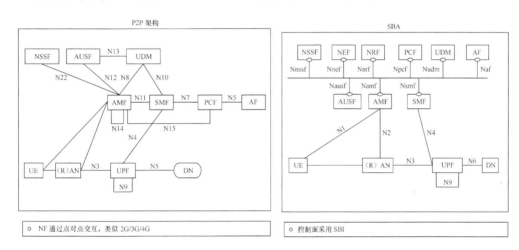

图 2-3　5GC 的网络架构

表 2-1　5GC 基本功能

网络功能	中文全称	功能描述
AMF	接入和移动性管理功能	完成移动性管理、NAS MM 信令处理、NAS SM 信令路由、安全锚点和安全上下文管理等
SMF	会话管理功能	完成会话管理、UF IP 地址分配和管理、UP 选择和控制等
UDM	统一数据管理	管理和存储签约数据、鉴权数据
PCF	策略控制功能	支持统一策略框架，提供策略规则
NRF	网络存储功能	维护已部署 NF 的信息，处理从其他 NF 过来的 NF 发现请求

1　AKA（Authentication and Key Agreement，认证与密钥协商）。

续表

网络功能	中文全称	功能描述
NSSF	网络切片选择功能	完成切片选择功能
AUSF	鉴权服务器功能	完成鉴权服务功能
NEF	网络开放功能	开放各网络功能的能力，内外部信息的转换
UPF	用户平面功能	完成用户面转发处理

　　5G 的组网架构部署方式主要包括非独立组网（Non-Standalone，NSA）和独立组网（Standalone，SA）两种。NSA 的优势是可以快速部署，拥有较好的连续性。SA 则不同，其具有一步到位就能享受 5G 的优势，还能支持新业务的发展，因此成为 5G 演进的目标架构。两个组网部署方式的不同优缺点决定了初期的小规模建设中引入 NSA，目的是快速占领 5G 市场，但最终的发展目标是向 SA 演变。NSA/SA 技术原理和 Option 2/3/4/5/7 如图 2-4 所示，从 NSA 和 SA 的技术原理中可以看出，SA 优选 Option2，NSA 则优选 Option3 系列。在基本性能方面，采用 Option2 的 SA 可以全面支持 5G 业务，而采用 Option3 系列的 NSA 则不具备支持新业务的能力，只能支持 eMBB 业务，在相互操作性能方面 SA 也更优于 NSA。在网络改造成本方面，NSA 网络可以兼容使用 4G 组网设备，改造成本较低，SA 组网的设备需要全部换新，前期投入成本会非常高。

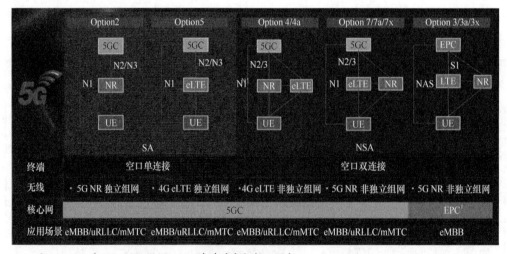

注：1. EPC（Evolved Packet Core，演进的分组核心网）。

图 2-4　NSA/SA 技术原理和 Option2/3/4/5/7

2.3　核心网关键技术

根据 3GPP 标准的定义，5G 核心网可以被视作一个可分解的网络体系结构，其设计以 NF 为单位，不再严格区分网元设备，NF 支持无状态（stateless）的特性，这意味着 NF 设备在处理数据时，不需要维护任何状态信息，而是可以直接与其他 NF 设备或用户设备进行通信和交互，使 5G 核心网更加灵活和高效。此外，5G 核心网的组网架构也由 NSA 组网方式过渡到 SA 组网方式，充分发挥 5G 的端到端业务优势。SBA 被视作 5GC 的唯一基础架构，其目的是构建软件定义的通信运营商网络，推动网络朝着定制化、高效化、开放化的方向发展，促使核心网技术创新。

网络切片是核心网的重要特征。根据 3GPP 标准，5G 网络切片应具有定制化、逻辑隔离 / 专用、质量可保证、统一平台、切片即服务等特征，可以将其理解为一种按需组网的网络配置，让通信网络运营商在统一的基础结构上分离或者创建出多个虚拟和独立的网络，从而支撑多种垂直行业发展，满足不同的应用场景需求。故网络切片也被视作 5G 网络中的虚拟化"专网"，拥有区别于 2G/3G/4G 的功能。因此，为了适应 5G 网络需求，每个端到端的网络切片至少包括无线接入网子切片、承载网子切片和核心网子切片 3 个部分。只有在核心网实现网络功能虚拟化（Network Functions Virtualization，NFV）/ 软件定义网络（Software Defined Network，SDN）之后，才能实现 5G 网络切片功能，不同的切片依靠 NFV 和 SDN 通过共享的物理 / 虚拟资源池来创建。

总体来说，核心网切片技术就是把网元功能分散，实现网络功能的解耦并整合。无线接入网切片则利用协议栈等功能来实现。在无线侧，5G 无线电接入网（Radio Access Network，RAN）不同类型的切片机制可分为服务质量（Quality of Service，QoS）调度、资源预留（Resource Block，RB）、频谱切片和物理基站切片等。其中，现阶段以部署快速、成本低的共享优先级调度为主，整体依赖端到端切片流程实现。核心网则主要基于 NF/ 微服务的灵活切片形态和共享粒度，将现阶段的核心网行业专网采用的切片形态分为完全独立切片形态、多切片共享 NF（AMF 等）和完全共享形态；采用的粒度分为业务隔离度高的独立主机组和资源利用率高的共享主机组。

为了推动 5G 网络切片创新技术的发展，我国主要采用分步走部署策略。第一阶段，通信网络运营商主要推出典型的 eMBB 切片，快速促进 3D、高清视频等业务发展，满足部分超低时延业务的要求，迅速进入市场。第二阶段，通信网络运营商引入 uRLLC、mMTC 等类型的切片，推动无线接入网 DU/CU 分离和承载网基于灵活以太网（Flexible Ethernet，FlexE）切片实现超低时延等技术的发展，再通过现代智能技术，例如人工智能（Artificial Intelligence，AI）等，最终达到切片自动开通和智能保障的目的。

除了以上提到的网络切片技术，核心网的关键技术还主要体现在以下 6 个方面。

（1）toB toC 分离架构

由于 toB 与 toC 的业务内容、面向对象存在比较大的差异，合建会不利于业务的推进，故采用 toB 和 toC 单独建设的技术，这样能为客户提供差异化服务并有效支撑 5G 垂直行业的发展。toB toC 分离架构就是使 toB/toC 网络解耦分建，通过独立建设 toB 行业专网和 toC 网络来隔离 toB 网络功能的快速迭代对 toC 网络的影响，无线接入网侧还要求同时对接 toB 和 toC 两张核心网。5G 专网包括 toB/toC 完全隔离的物理专网，频谱资源隔离但与核心网、承载网等资源可以共享的混合专网，以及 toB/toC 仅在物理资源块（Physical Recourse Block，PRB）级别上隔离的网络切片。在 UPF 方面，toC 的 UPF 处理普通用户的手机业务需求，toB 的 UPF 则负责处理物联网终端的业务需求。

（2）池化技术

池化技术是指提前在池中准备好资源，业务需要时从池中获取，使用结束则重新放入对象池中，可以重复利用。这种资源分配模式能够减少损耗，提高整体性能。5G 核心网采用资源池化技术，具有良好的扩展性。

（3）UPF 下沉技术

UPF 是 5G 核心网的用户面网元，作用是转发数据，与移动边缘计算（Mobile Edge Computing，MEC）一起部署。5G 核心网 UPF 在控制面和用户面彻底分离的前提下，下沉到地市，通过缩短传输距离来满足大带宽和大计算业务的需求，适用于 eMBB 场景。在通信网络运营商通信网络的支持下，UPF/MEC 下沉也指通信网络运营商 UPF 下沉到企业客户园区机房，实现企业专网数据不出园区，提高数据传输的安全性。

（4）SDN 技术

SDN 是一种不同于传统网络架构的创新架构，包括应用层、控制层、基础设施层，通过北向和南向应用程序编程接口（Application Programming Interface，API）进行通信。SDN 技术成功将网络基础设施层与控制层分离，让其通过标准接口（例如首个用于互连数据和控制面的开发协议即 OpenFlow）连接。

SDN 技术将网络控制面解耦至通用硬件设备上，并通过软件化集中控制网络资源、管理网络设备和调度业务流量等。这使网络管理者不需要接触网络中的各个交换机，只需要通过集中式 SDN 控制器指导交换机向需要的地方提供网络服务即可，有效帮助了通信网络运营商应对不同的服务需求来调整网络控制。SDN 技术除了有利于网络管理，还能减少硬件占用空间，从而减少运营成本，激发网络创新的优势。

（5）NFV

虚拟化是一种将计算机各种实体资源进行抽象、转化，让计算元件在虚拟资源上运行的优化资源配置技术，从而达到最大化利用物理资源和充分利用原有 IT 投资等目标。NFV 利用虚拟化技术，基于通用硬件来实现网络功能节点的软件化、基于管理和编排（Management and Orchestration，MANO）的云化管理，替代了传统专用网络设备，本质特征是网元的分层解耦和新的 MANO 管理体系。需要虚拟化的网络设备包括交换机（例如 Open vSwitch）、路由器、归属位置寄存器（Home Location Register，HLR）、GPRS[1] 服务支持节点（Serving GPRS Support Node，SGSN）、GPRS 网关支持节点（Gateway GPRS Support Node，GGSN）、组合式 GPRS 支持节点、无线网络控制器、SGW、PGW、RGW、宽带远程接入服务器、运营商级网络地址转换、深度包检测、供应商骨干网边缘路由器、移动管理实体等。

NFV 与 SDN 技术相互补充、相互联系，既可以单独使用也可以结合使用，能够降低网络投资成本和营运成本，共同支撑未来网络的发展目标。NFV 主要实现网元功能，SDN 实现网络连接，两者共同构成未来网络，是通信网络运营商不断借鉴、引入和创新的技术。

（6）MEC 关键技术

MEC 是指位于网络边缘的云计算，使数据存储和计算能力部署于更靠近用户的位置，从而缩短了数据传输距离，就近为用户提供更稳定的低时延、大带宽应用。

MEC 可以通过开发生态系统引入新应用，从而帮助通信网络运营商提供更丰富的增值服务，例如数据分析、AR 和数据缓存等，可将其视作一个运行特定任务的云服务器。

1　GPRS（General Packet Radio Service，通用分组无线服务）。

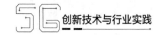

2.4 承载网关键技术

承载网也称为传输网，是将信息、数据等从一端传送到另一端的过程，承载网是支持这个功能的网络，将直接影响业务的处理效果。随着 5G 承载网需求的不断增加，中国移动采用切片分组网（Slicing Packet Network，SPN）提高承载网能力，以满足各种垂直行业应用的场景需求。SPN 是融合了 L0 ~ L3 层网络技术的新型综合业务承载网，支持软硬网络切片能力，具备业务灵活调度、高可靠、低时延、高精度、易运维、严格 QoS 保障等属性。除了 SPN 方案，还有具有 L3 功能的光传送网（Optical Transport Network，OTN）方案和端到端路由器方案，但 SPN 方案在成本和时延等方面更具优势。SPN 新传输平面技术构想如图 2-5 所示。

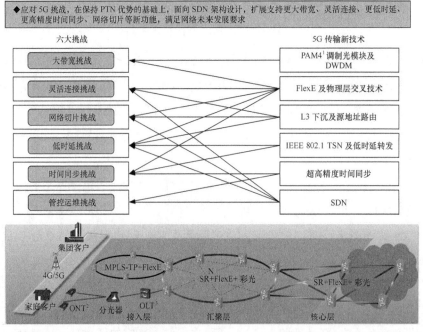

注：1. PAM4（4-level Pulse Amplitude Modulation，四电平脉冲幅度调制），是一种脉冲幅度调制技术。
　　2. ONT（Optical Network Terminal，光网络终端）。
　　3. OLT（Optical Line Terminal，光线路终端）。

图 2-5　SPN 新传输平面技术构想

在 5G 时代，承载网的关键技术如下。

① 切片技术。网络切片技术不仅在核心网发挥重要作用，还被应用到承载网、

无线接入网等方面。传统的承载网业务层没有隔离机制，容易导致资源浪费等问题，所以必须采用网络切片技术。承载网切片基于云计算和虚拟化技术，将物理网络切分为多个逻辑独立的虚拟子网络。而 SPN 切片方案可以作为下一代分组传送网（Packet Transport Network，PTN）方案，其业务层采用 SDN L3+SR 的业务组网，有效提高了业务灵活度；通路层基于 FlexE 的接口和端到端的组网能力，提高了低时延应用或者网络切片的功能；物理层采用 25GE 或 50GE 组网，核心汇聚则采用高速率以太网或以太网＋密集型光波复用（Dense Wavelength Division Multiplexing，DWDM）组网。SPN 技术具有低时延的优点，又凭借以太网产业链的优势，使承载网成本降低，资源消耗较少。为了实现承载网的网络切片，SPN 需要支持将设备管理面虚拟成多个逻辑管理实体。这样，每个逻辑管理实体都可以独立地进行管理和控制，从而实现对不同业务需求的灵活适配和优化。

② 物理隔离技术。物理隔离是指通过物理传导，隔绝内部网和外部网，防止外网入侵或者内网信息泄露。三大应用分别为专用基站、专用频率、专用网络。专用基站要求承载网和核心网采用独立基站，在物理上共用、在逻辑上隔离。专用频率要求共同使用 5G 基站，在物理上共用、在逻辑上隔离。专用网络则要求承载网和核心网完全物理隔离，分别使用物理独立的 5G 基站，各自拥有网络的专用通道。

③ 带宽保障。大带宽技术实现了 FlexE 与 DWDM 融合，有利于提高带宽的灵活性和拓展性，实现带宽的分割，FlexE 和 DWDM 的融合如图 2-6 所示。FlexE 支持通过多个接口绑定提供超过接口速率的带宽，FlexE+DWDM 拥有提供单纤大带宽的功能。大带宽技术可以为承载网能力的提高提供带宽保障，而且在部署承载网时，如果新增业务的需求超过了承载网的容量需求，还需要根据情况重新开放虚拟专用网络（Virtual Private Network，VPN）通道或 FlexE/SPN 硬管道来实现带宽保障。

④ 前传和回转技术。为了更好地调配资源，满足低延时、高精度、低能耗等性能要求，在 5G 网络中，接入网被重构为 CU、DU 和 AAU 3 个功能实体，可以说，CU 和 DU 替代了 4G 的基带处理单元（Building Base Band，BBU），AAU 替代了 4G 的 RRU 和天线。其中，CU 和 DU 可以合一部署，也可以分开部署，根据场景和需求确定。当 CU 和 DU 分开部署时，CU 和 DU 之间的部分就是承载网的"中传"，即承载网从原来 4G 的前传和回传两部分变成了三部分：前传、中传、回传。前传发生在 AAU 和 DU 之间，回传则发生在 CU 和核心网之间。

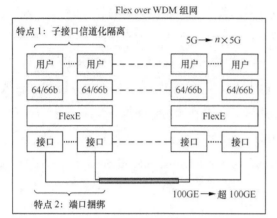 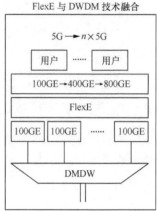

注: 1. FlexE 支持通过多个接口绑定提供超过接口速率的带宽,例如 4 个 100GE 接口绑定能够提供 1 个 400G 带宽的管道。

2. FlexE+DWDM 不但能提供单纤大带宽能力,而且可以结合 DWDM 波道灵活增加按需平滑扩带宽。

3. FlexE 可以同时支持以 $n \times 5G$ 带宽进行子接口信道化,满足网络切片的物理隔离要求。

图 2-6 FlexE 和 DWDM 的融合

⑤ 构建 FlexE 层网络技术。该技术主要体现在:基于 FlexE 的交换,通过与分组交换平面之间的物理隔离确保 FlexE Channel 业务安全;扩展支持信道层轨道角动量(Orbital Angular Momentum,OAM)和扩展支持信道层保护倒换,提升网络的可靠性;推动 FlexE 层网络标准制定,新定义了 Client 交换、OAM 开销和保护相关标准。

⑥ 5G 传输物理层解决方案。在不同的传输层,通信网络运营商采用了不同的技术方案来解决问题。首先,在核心层与汇聚层采用彩光方案,存在对 25GE/50GE 非相干波分复用(Wavelength Division Multiplexing,WDM)和 100GE/200GE 相干 WDM 的技术选择,但目前优选性价比更高的相干 200GE WDM。其次,在接入层采用灰光方案,但网络接口 25GE 不满足需求,需要 50GE PAM4 满足大部分场景需求。最后,前传在 4G 网络以光纤直驱、无源波分为主,而 5G 网络以光纤直驱为主,需要大芯数光纤。当利旧已有光纤或光纤受限时,可考虑与 SPN 共同管控平台的 OTN 设备或者简化的 SPN 设备,实现多业务、多接口的汇聚,从而实现前传、中传和回传的统一管控。

⑦ 分段路由(Segment Routing,SR)技术。SR 技术的特点是能在源节点设置有序的指令集实现显示的路径转发,可用于标识 SR 隧道上需要经过的节点或者链

路。它还能转发节点不感知业务状态（只看链路状态，不关心有没有业务），只维护拓扑信息，使网络获得更好的可扩展性。采用 SR 技术的优势体现在：简化协议，不需要标记分配协议（Label Distribution Protocol，LDP）/ 资源预留协议流量工程（Resource Reservation Protocol-Traffic Engineering Extension，RSVP-TE）等信令协议；控制点少，容易实现 SDN 控制；中间节点不需要维护连接的状态，可扩展性好，可支持拥有数十万节点的网络；转发面兼容现有多协议标记交换（Multi-Protocol Label Switching，MPLS）；具有很强的局部保护能力；应用驱动网络，在 SDN 架构中，分段路由可以为网络提供与上层应用快速交互的能力。SR-TP 技术扩展则是通过 service SID，引入双向隧道功能和端到端保护功能，兼容 MPLS-TP OAM 机制，大幅提升了网络的可靠性和运维效率。

⑧ 低时延技术。分组网络时延的关键影响因素在于"距离""转发速度""拥塞"，通过网络架构优化、转发面新技术和信道隔离，可以有效控制时延。低时延方案分三步走。第一步是通过架构优化降低时延，体现在 L3 下移，eX2（增强 X2 接口）就近转发和 MEC 下移，缩短距离。第二步是分组层低时延技术，体现在 IEEE 802.1 TSN[1]+ 低时延转发和利用直通转发技术，有助于设备转发时延下降一个数量级，达到 5 ～ 10us 级别。第三步是信道隔离，具体体现在 FlexE 带宽隔离和建立低时延业务专用通路，使设备转发时延最低可到百纳秒级。而低时延转发技术就是先利用低优先级报文发送，高优先级报文到达后，中断低优先级报文发送，完成高优先级报文发送后再发送低优先级报文，有效降低了时延。

⑨ SDN 技术。与核心网一样，SDN 技术也是承载网的关键技术之一。采用 SDN 技术能实现网络能力开放、承载与无线协同、集中调度。与网管系统的定位和要求不同，SDN 技术需要采用不同的技术架构和运维机制。

2.5　无线网关键技术

想要了解无线网，首先要对无线网基站有一个清楚的认知。根据 3GPP 标准，无线网基站可以分为宏基站、皮基站、飞基站和微基站。其中，宏基站布置在室外；皮基站和飞基站合称为"皮飞站"，一般布设在室内；微基站根据业务需求可以布设在

1　TSN（Time-Sensitive Network，时间敏感网络）。

室外,也可以布设在室内。宏基站一般是由 BBU、RRU,天线和馈线等组成。为了提高基站的性能,减少对承载网的带宽需求和增加双连接数据分发点,5G RAN 功能不断升级,采用分离设计技术,BBU 被拆分为两个单元,分别是 CU 和 DU,它们的接口都遵循 3GPP 标准,较 4G 无线网架构有了显著变化。其中,CU 负责处理无线网分组数据汇聚协议(Packet Data Convergence Protocol,PDCP)层以上的协议栈和不敏感时延,在靠近用户侧部署;DU 则负责处理 PDCP 层以下的协议栈和敏感时延,部署于云无线接入网(Cloud-Radio Access Network,C-RAN)机房,且由于技术和需求,5G 商用初期一般采取 CU 和 DU 合设方案,后期采取 CU 和 DU 分离部署方案。除了 BBU,另一个基站核心 RRU 设备也进行了升级——AAU。AAU 是考虑到随着无线网络的发展而导致 RRU 支持的端口变多、铁塔设备混乱等问题,最后将 RRU 与天线组合在一起的一种设备,能省去馈线物理连接,减少损耗。而随着大规模天线技术的引入,AAU 成为无线网的部署标配。无线网的室内部署会用到皮飞站、泄漏电缆或无源馈线分布系统。在室内建设皮飞站能有效提升室内网络覆盖的质量。而对于隧道、地铁等封闭场景,泄漏电缆运用广泛。泄漏电缆的全称是全程敷设泄漏电缆,优势在于能在很小的空间内完成无线网络通信的覆盖,减少信号间的相互干扰,保证高铁等交通工具在移动时的通信稳定。无源馈线分布系统采用电缆连接末端天线与 RRU,将 5G 信号引入室内,可复用原 2G/3G/4G 的分布系统,成熟度高、建设和维护成本低。

为了提升频谱效率,降低时延,提升能效,以满足 5G 关键绩效指标,5G 无线网包含的关键技术包括 C-RAN、SDR、认知无线电(Cognitive Radio,CR)、Small Cells、自组织网络(Self-Organizing Network,SON)、设备到设备(Device-to-Device,D2D)通信、MIM0.5 大规模 MIMO、Mini-Slot、毫米波、波形和多址接入技术、带内全双工、载波聚合和双连接技术、低时延技术、低功耗广域网络技术和卫星通信等。

1. C-RAN

C-RAN 将无线接入的网络功能软件化、虚拟化,并部署于标准的云环境中。C-RAN 概念由集中式 RAN 发展而来,目的是提升设计的灵活性和计算的可扩展性,提升能效,减少集成成本。在 C-RAN 架构下,BBU 功能是虚拟化的,且是集中化、池化部署,RRU 与天线分布式部署,RRU 通过前传网络连接 BBU 池,BBU 池可共享资源、灵活分配处理来自各个 RRU 的信号。

C-RAN 可以提升计算效率和能效，易于实现协同多点传输、多无线接入技术（Radio Access Technology，RAT）、动态小区配置等先进的联合优化方案，但 C-RAN 的前传网络设计和部署较为复杂。

2. SDR

SDR 可实现部分或全部物理层功能在软件中的定义。需要注意的是，软件定义无线电和软件控制无线电的区别，后者仅指物理层功能由软件控制。

SDR 可实现调制、解调、滤波、信道增益和频率选择等一些传统的物理层功能，这些软件计算可在通用芯片、图形处理单元（Graphics Processing Unit，GPU）、数字信号处理器（Digital Processor，DSP）、现场可编程门阵列（Field Programmable Gate Array，FPGA）和其他专用处理芯片上完成。

3. CR

CR 又被称为智能无线电，它具有灵活、智能、可重配置等显著特征，通过感知外界环境，使用人工智能技术，有目的地实时改变某些操作参数（例如传输功率、载波频率和调制技术等），使其内部状态适应接收到的无线信号的统计变化，从而实现任何时间、任何地点的高可靠通信，以及对异构网络环境有限的无线频谱资源进行高效利用。CR 的核心思想是通过频谱感知和系统的智能学习能力，实现动态频谱分配和频谱共享。

4. Small Cells

Small Cells 是指小基站（小小区），相较于传统宏基站，Small Cells 的发射功率更低，覆盖范围更小，通常覆盖十几米到几百米的范围，Small Cells 根据覆盖范围的大小依次分为微蜂窝、Picocell 和家庭 Femtocell。

Small Cells 的使命是不断补充宏基站的覆盖盲点和容量，以更低的成本提高网络服务质量。考虑到 5G 无线频段越来越高，未来还将部署 5G 毫米波频段，无线信号频段越高，覆盖范围越小，加之未来多场景下的用户流量需求不断攀升，后 5G 时代必将部署大量的 Small Cells，这些 Small Cells 将与宏基站组成超级密集的混合异构网络，这将为网络管理、频率干扰等带来空前的复杂性挑战。

5. SON

SON 是指可自动协调相邻小区、自动配置和自优化的网络，以减少网络干扰，提升网络的运行效率。

SON 早在 3G 时代就被提出，进入 5G 时代，SON 也是一项至关重要的技术。5G 时代网络的致密化对网络干扰和管理提出了空前的挑战，需要 SON 使网络干扰降到最低，但即便是 SON 也难以应付超级密集的 5G 网络，因此还需要用到 CR 技术。

6. D2D

D2D 通信是指数据传输不通过基站，但允许一个移动终端设备与另一个移动终端设备直接通信。D2D 源于 4G 时代，被称为 LTE Proximity Services（ProSe）技术，是一种基于 3GPP 通信系统的近距离通信技术，主要包括以下两大功能。

① 直连发现功能，终端发现周围有可以直连的终端。

② 直连通信，与周围的终端进行数据交互。

在 4G 时代，D2D 通信主要应用于公共安全领域，进入 5G 时代，由于车联网、自动驾驶、可穿戴设备等物联网应用的大量兴起，D2D 通信的应用范围必将大大拓展，但会面临安全性和资源分配公平性挑战。

7. MIMO 与大规模 MIMO

MIMO 是指在发射端和接收端同时使用多个天线的通信系统，本质即多输入多输出的天线技术。信号在传输过程中为了防止被干扰，会经过多重切割，为了将分割的信号重新组合，接收端配备多重天线进行同步传送并接收，通过计算组合还原信号。这样做的优势在于增加了数据的吞吐量，提高了系统的可靠性，降低了块差错率（Block Error Rate，BLER），提高了系统的有效性和频谱利用率。MIMO 的方法主要有 3 种——空间分集、空间复用、波束赋形。空间分集是利用大尺度分隔的天线形成独立的信道，以消除信道衰落影响发送和接收，能有效减少信号深度衰落，提升可靠性。空间复用即在多条独立的路径上同时传送独立的数据，提高系统容量，增强有效性。波束赋形则是通过天线波列使波束的宽度减小，产生一个指向性波束，减少信号干扰，增强信号的覆盖强度和品质。随着移动通信的发展，MIMO 技术可与 OFDM 技术相结合，支撑下一代高速无线局域网的发展。

5G 在无线传输领域的一大创新体现在大规模 MIMO。5G 大规模 MIMO 技术最早是由美国的技术人员提出，他们经过研究发现，在小区的基站天线数趋于无穷时，影响系统性能的热噪声和小区间的干扰等负面影响可以忽略不计，传输效率大幅提高。大规模 MIMO 技术就是让基站使用多条天线，用更大的天线阵列来形成更窄的波束，提高基站传输的能量效率，以及覆盖和频谱效率。相较于 MIMO 技术，大规模 MIMO 技术在深度挖掘空间资源和提高复用能力方面有了显著提高。大规模 MIMO 天线体积小，适合 Small Cells、室内、固定无线和回传等场景的部署。

8. Mini-Slot

时隙（Slot）是 5G 无线网络调度和传输机制中的一个传输单位，Mini-Slot 则是 5G（NR）网络中数据传输可以从任一 OFDM 符号开始直至最后一个保持通信所需的符号，将时隙变成符号，实现符号级别的调度，有利于实现更低的时延。简而言之，Mini-Slot 较 Slot 所包含的符号数变少，可以实现更细的时间粒度调度，有效支撑快速传输，达到 uRLLC 业务低时延的要求。

9. 毫米波

毫米波是指射频（Radio Frequency，RF）频率在 30 ～ 300GHz 的无线电波，波长范围为 1 ～ 10mm。5G 与 2G/3G/4G 最大的区别是引入了毫米波。毫米波的缺点是传播损耗大、穿透能力弱，毫米波的优点是带宽大、速率高。

10. 波形和多址接入技术

4G 时代采用 OFDM 技术，OFDM 具有减少小区间干扰、抗多径干扰、可降低发射机和接收机的实现复杂度，以及与 MIMO 技术兼容等优点。但到了 5G 时代，eMBB、mMTC 和 uRLLC 三大应用场景不但要考虑抗多径干扰、与 MIMO 的兼容性等问题，而且对频谱效率、系统吞吐量、时延、可靠性、可同时接入的终端数量、信令开销、实现复杂度等提出了新的要求。为此，5G R15 使用了 CP-OFDM 波形并能适配灵活可变的参数集，以灵活支持不同的子载波间隔，复用不同等级和时延的 5G 业务。对于 5G mMTC 场景，由于正交多址可能无法满足其所需的连接密度，非正交多址方案成为广泛讨论的对象。

11. 带内全双工

带内全双工可能是 5G 时代最希望得到突破的技术。频分双工（Frequency-Division Duplex，FDD）和时分双工（Time-Division Duplex，TDD）都不是全双工，因为它们不能实现在同一频率信道下同时进行发射和接收信号，而带内全双工可以在相同的频段中实现同时发送和接收，这与半双工方案相比可以将传输速率提高两倍。不过，带内全双工会带来强大的自干扰，实现这一技术的关键是要消除自干扰，目前，自干扰消除技术不断进步，但最大的挑战是实现的复杂度和成本太高。

12. 载波聚合和双连接技术

载波聚合通过组合多个独立的载波信道来提升带宽、数据速率和容量。载波聚合分为带内连续、带内非连续和带间不连续 3 种组合方式，实现复杂度依次增加。载波聚合已在 4G LTE 中采用，并且将成为 5G 的关键技术之一。5G 物理层可支持聚合多达 16 个载波，以实现更高的传输速率。

双连接（Dual Connectiviby，DC）就是手机在连接状态下可同时使用至少两个不同基站的无线资源（分为主站和从站）。双连接引入了"分流承载"的概念，即在 PDCP 层将数据分流到两个基站，主站用户面的 PDCP 层负责分组数据单元（Packet Data Unit，PDU）编号、主从站之间的数据分流和聚合等功能。双连接不同于载波聚合，主要表现在数据分流和聚合所在的层不同。

未来，4G 与 5G 将长期共存，4G 无线网与 5G NR 的双连接（EN-DC）、5G NR 与 4G 无线网的双连接（NE-DC）、5G 核心网下的 4G 无线网与 5G NR 的双连接（NGEN-DC）、5G NR 与 5G NR 的双连接等不同的双连接形式将在 5G 网络演进中长期存在。

13. 低时延技术

为了满足 5G uRLLC 场景需求，例如自动驾驶、远程控制等应用，低时延是 5G 关键技术之一。为了降低网络数据包传输时延，5G 主要从无线空口和有线回传两个方面来实现。在无线空口侧，5G 主要通过缩短传输时间间隔（Transmission Time Interval，TTI）、增强调度算法等来降低空口时延；在有线回传方面，5G 通过部署 MEC，数据和计算更接近用户侧，从而减少网络回传带来的物理时延。

14. 低功耗广域网络技术

mMTC 是 5G 的一大场景，5G 的目标是实现万物互联，考虑到未来物联网设备数量呈指数级增长，低功耗广域网络（Low-Power Wide-Area Network，LPWAN）技术在 5G 时代至关重要。

一些 LPWAN 技术正在广泛部署，例如 LTE-M、窄带物联网（Narrow Band Internet of Things，NB-IoT）、Lora、Sigfox 等，功耗低、覆盖广、成本低和连接数量大，是这些技术共有的特点，但这些技术特点是相互矛盾的。一方面，产业界通过降低功耗的方法来延长电池寿命，例如让物联网终端发送完数据后进入休眠状态成缩小覆盖范围；另一方面，产业界又不得不增加每比特的传输功率和降低数据速率来扩大覆盖范围，因此，根据不同的应用场景权衡利弊，在这些矛盾中寻求最佳的平衡点，是 LPWAN 技术的长期课题。

4G 时代已定义了 NB-IoT 和 LTE-M 两大蜂窝物联网技术，NB-IoT 和 LTE-M 将继续从 4G R13、R14 一路演进到 5G R15、R16、R17，它们属于未来 5G mMTC 场景，是 5G 万物互联的重要组成部分。

15. 卫星通信

卫星通信接入已被纳入 5G 标准。与 2G/3G/4G 网络相比，5G 是"网络的网络"，卫星通信将整合到 5G 网络架构中，以实现由卫星、地面无线和其他电信基础设施组成的天地一体化无缝互联网络，未来 5G 流量将根据带宽、时延、网络环境和应用需求等在无缝互联的网络中动态流动。

第 3 章

面向行业应用的
5G 创新技术

$\boxed{3.1}$ 面向行业的 5G 专网

3.1.1 行业专网需求

1. 从 toC 到 toB 的转变

目前，toC 市场增长放缓，而 toB 市场则必将取代 toC 个人消费者市场，成为 5G 应用的主角。因此，toB 市场将会是 5G 下一个关键的增长点。基于此，全球运营商都将 5G 战略重点转向智慧城市、智慧交通、智慧医疗等领域，最终实现 5G 时代从 toC 向 toB 的转变。toC 和 toB 的对比见表 3-1。

表 3-1　toC 和 toB 的对比

	toC（消费互联网）	toB（产业互联网/物联网）
业务类型	单一，主要以 eMBB 场景为主	多样，包括 eMBB、uRLLC、mMTC、V2X[1] 等多场景
用户	个人用户	企业、政府或垂直行业等
用户规模	用户规模大，依赖现网用户基数	用户规模小，处于培育期，未来发展可期
市场特点	市场成熟，安全可靠，需求稳定	机会市场，敏捷和创新
标准成熟度	标准成熟，定制需求少	标准有待完善，定制需求多
现网关联	和现网互操作联系紧密	相对独立，可不依赖现网单独发展

注：1. V2X（Vehicle to X，车用无线通信技术）。这是指车辆与其他交通参与者（包括其他车辆、行人交通信号灯、路标、道路设施等）之间进行通信和交互的技术。

2. 个性化专网的兴起

专网是指在特定区域实现网络信号覆盖，为特定用户在组织、指挥、管理、生产、调度等环节提供通信服务的专业网络。

由于 toC 向 toB 的业务需求转变，传统公网的组网架构已无法适用部分行业对通信的可靠性需求，因为这些行业对网络的隔离性要求较高，而使用公网无法保障数据的安全性和满足对时延的高要求，所以在 5G 商用之前，已有部分行业基于专网频段独立自建，形成与公网完全隔离的个性化行业专网，这样既保障了网络的稳定性，又保障了网络的隐私和安全性。

同时，专网的覆盖范围和需求场景比较固定，具有个性化和专用性的特点。一方面，行业客户部署专网，实现"企业私有数据"在内部专网中传输，而普通用户数据在公网中传输，两者相互隔离。另一方面，专网的应用不仅能满足行业客户实现远程控制、视频采集、智能分析、设备管理等功能，还能满足数据在专网区域内本地化交换和处理的需求，达到降低成本、提高效率的目的。

5G 实际上也给予了通信网络运营商从 toC 转向 toB 的契机与突破口。通信网络运营商在洞悉各个行业的痛点及需求后，可将个性化、智能便捷、安全可靠的 5G 行业专网解决方案嵌入垂直行业的价值链，以此重构通信网络运营商与各个行业之间的商业模式，并驱动整个社会数字化转型。

3.1.2　5G 行业专网分类

中国移动针对不同的覆盖范围、时延、隔离度及 SLA 需求，提供了"优享、专享、尊享"3 种 5G 专网模式。

这 3 种模式为用户提供了不同的无线网、核心网资源专用方案，从优享到专享再到尊享，网络能力逐步叠加，网络专用程度逐步提高，数据安全逐步增强。同时，由于它支持叠加差异化运维服务，行业客户可按需选择。

优享、专享、尊享 3 种模式的具体区别见表 3-2。

表 3-2　优享、专享、尊享 3 种模式的具体区别

	优享	专享	尊享
关键技术	切片、QoS、数据网络名称（Data Network Name，DNN）	增强覆盖、边缘计算	专用基站、专用频率
网络类功能	业务加速、业务隔离	本地业务保障、数据不出场、边缘节点	本地业务保障、数据不出场、边缘节点、超级上行、用户专用接入（白名单）

	优享	专享	尊享
服务类功能	网络运维服务	网络设计服务、网络优化服务、网络运维服务、重保服务	网络设计服务、网络优化服务、网络运维服务、重保服务

1. 优享模式

优享模式依托的是公共网络，它基于面向公众的无线资源，通过切片、QoS 等手段，实现业务逻辑隔离，满足客户对网络速率、时延及可靠性的优先保障需求。优享模式的组网方案如图 3-1 所示。

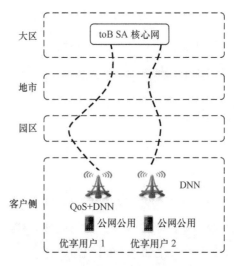

图 3-1　优享模式的组网方案

2. 专享模式

专享模式是公网专用，它提供无线网络增强覆盖，通过网络切片、边缘计算技术，实现本地业务处理，满足数据不出场、超低时延等需求，为客户提供专属网络服务。专享模式的组网方案如图 3-2 所示。

3. 尊享模式

尊享模式是专网专用，通过对基站、频率等专建专享，为企业客户构建专用网络，提供高安全性、高隔离度的定制化建网服务。尊享模式的组网方案如图 3-3 所示。

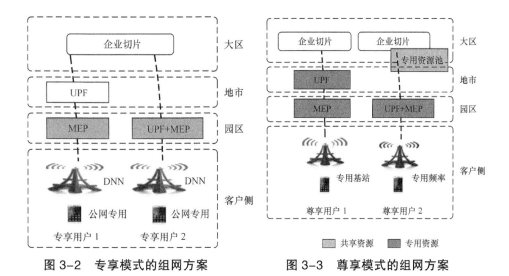

图 3-2　专享模式的组网方案　　　　图 3-3　尊享模式的组网方案

3.1.3　面向行业的创新技术

5G 的发展推动了移动网络在行业应用方面的发展，而这些行业的需求也促进了 5G 的发展。下面通过关键行业应用来介绍 5G 面向行业的创新技术。

① 物联网。物联网已经处于快速发展阶段，随着 5G 的引入，5G 基础设施能够将数十亿设备连接到互联网。家庭物联网中越来越多的设备为硬件制造商提供了巨大的机遇，但真正的潜力在于工业物联网。GSMA Intelligence 的数据显示，2017 年至 2025 年，全球物联网连接（蜂窝网和非蜂窝网）的数量将增长 3 倍多（增至 251 亿）。

物联网技术已经改变了包括制造业、农业、零售业、城市服务在内的各个领域，为互联家庭、互联汽车和智慧城市、智能能源、智慧医疗提供了有力的解决方案。例如，在智慧医疗领域，物联网可以提供全新的治疗方式，基于可穿戴设备传感器生成的数据，5G 能够驱动应用创新，例如远程机器人手术和个性化医疗。

② 车联网。5G 对自动驾驶技术的发展至关重要。智能联网车辆将需要检测障碍物，与智能标志（例如交通信号灯）进行信息交互，实现精确地图导航及自动驾驶，并相互通信，甚至与其他制造商生产的汽车进行通信。为了确保乘客安全，大量的数据需要实时传输和处理，只有 5G 能够满足数百万辆自动驾驶汽车行驶时所需的容量、速度、低时延和可靠性。

自动驾驶汽车不仅具有减少污染、缓解拥堵、提高乘客安全的美好前景，而且还可以开拓一个全新的市场。随着驾驶员成为乘客，他们将获得额外的空闲时间，这可能会带来针对特定旅行时间量身定制的全新平台和模式。

③ 沉浸式娱乐。自从无线网络出现后，消费者对移动视频的需求与日俱增，这在一定程度上推动了 5G 网络的发展。同时，消费者对沉浸式媒体（即互动性、多感官、数字化体验）的热情不断高涨，借助 VR 和 AR 等技术，5G 的大容量、高速率和低时延特性也将有助于实现全新的沉浸式娱乐。这些技术通过 AR 游戏和互动游戏等创新，从而提升体育和其他直播事件的用户体验，而 VR 则可实现在家中和移动设备上重新创造现场场景。

以上场景对 5G 最主要的需求是高速率、高可靠性、低时延、大数据传输及网络安全。

根据这些行业应用需求，5G 提出了三大核心应用场景—— eMBB、mMTC 及 uRLLC。eMBB 是指 3D 超高清视频等大流量移动宽带业务，mMTC 是指大规模物联网业务，uRLLC 是指需要低时延的业务，例如无人驾驶和工业自动化。这 3 个核心应用场景指向不同的领域，涵盖了我们工作和生活的各个方面。

① eMBB。eMBB 是指在现有移动宽带业务场景的基础上，进一步提升用户体验。这也是最接近我们日常生活的应用场景。5G 在 eMBB 场景带来的最直观的体验是网络速率的大幅提升。

目前，业界已达成共识，高清视频将成为消费移动通信网络流量的主要业务。因此，在现在 5G 快速发展的背景下，流媒体必然会实现快速增长，这也是 5G 对个人生活带来的主要影响。

② mMTC。mMTC 主要在 6GHz 以下的频段发展，并应用于大规模物联网。目前，这方面比较明显的发展是 NB-IoT。在过去，Wi-Fi、ZigBee 和蓝牙等无线传输技术主要应用于家庭、办公室等小范围场景，回传线路主要基于 LTE。近年来，随着 NB-IoT、LoRa 等技术标准的大范围覆盖，物联网的发展更加广泛。

5G 低功耗、大连接、低时延、高可靠性场景主要面向物联网业务。物联网业务是 5G 新拓展的场景，重点满足了物联网在垂直行业的应用需求，而这在传统移动通信技术下无法获得很好的支持。低功耗和大连接主要针对以传感和数据收集为目标的应用场景，例如智能城市、环境监测、智能农业和森林防火。它们具有数据包小、功耗低、连接量大等特点。这样的终端分布范围广、数量多，不仅要求网络具有超千亿连接的支持能力，满足每平方千米 100 万的连接密度要求，同时也保证了终端的非超低功耗和超低成本。

③ uRLLC。uRLLC 的应用场景包括工业生产控制、交通设施控制和无人驾驶、远程制造、远程培训、远程手术等。uRLLC 在无人驾驶领域具有巨大的潜力。此外，uRLLC 对于安防行业也非常重要。工业自动化控制需要大约 10ms 的时延，这在 4G 时代是很难实现的。无人驾驶对时延要求较高，传输时延要求低至 1ms，对安全性和可靠性的要求也更高。基于此，物联网网关在 5G 的加持下，不仅使无人驾驶汽车能达到更快的运算速率，还增加了安全性。

3.2　网络切片

3.2.1　网络切片的概念

网络切片是根据不同业务应用对用户数、QoS、带宽的要求，将一个物理网络切割成多个虚拟的端到端网络，每个切片都可以获得逻辑独立的网络资源，且各个切片之间相互隔离。因此，当某个切片出现错误或故障时，并不会影响其他切片。

而 5G 网络切片就是将 5G 网络切出多张虚拟网络，实行类似于交通管理的分流管理，其本质是将现实存在的物理网络在逻辑层面上划分为多个不同类型的虚拟网络，依照不同用户的服务需求，以时延高低、带宽大小、可靠性强弱等指标来进行划分，从而应对复杂多变的应用场景。

为何 5G 需要网络切片？实际上，从 2G 到 4G 网络只是实现了单一的通信或上网需求，却无法满足随着海量数据而来的新业务需求，且传统网络改造起来非常麻烦。可以说，5G 是为了 toB 行业应用而产生的，需要面向多连接与多样化业务，需要部署得更加灵活，还要分类管理，而网络切片正是这样一种按需组网的方式。网络切片如图 3-4 所示。

网络切片是提供特定网络能力的、端到端的逻辑专用网络。一个网络切片是由网络功能和所需的物理 / 虚拟资源组成的，具体包含了无线网、核心网、承载网及应用。网络切片可以以传统的专有硬件为基础，也可以以 NFV/SDN 的通用基础设施为基础。

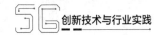

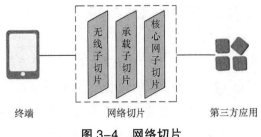

终端　　　　　　网络切片　　　　　第三方应用

图 3-4　网络切片

3.2.2　网络切片的需求与分类

5G 网络切片与传统的 4G 网络 one fit all 形式不同，它旨在基于统一的基础设施和统一的网络提供多种端到端逻辑"专用网络"，最大限度地满足行业用户的各种业务需求。而根据性能指标、功能差异、对网络的需求、运维模式等维度，5G 的需求可以划分为以下两大类。

（1）公众网用户需求

5G 公众网全面继承 4G 为个人提供的业务，保证一致甚至更好的用户体验。

（2）行业网用户需求

行业网用户需求分为普通行业需求和特需行业需求。普通行业需求面向普通行业用户，存在一定的隔离、业务质量保障需求，在连接管理等方面有定制化差异。而特需行业需求则面向有高度隔离需求的用户，对安全等级的要求极高。

此外，5G 公众网与行业网既有共享，又有区隔（即相互隔离独立的网元）。首先，5G 公众网与行业网共享的是核心网硬件资源池、传输资源、无线资源，这种共享可以充分发挥网络规模效应和边际效应。其次，5G 公众网与行业网也是两类不同的切片，用户层面可以分别采用物联网码号和公众网码号进行业务应用隔离，分别使用独立网元、独立资源、独立基站等，提供多样的灵活架构和配置方式。

总之，在综合权衡了隔离性及部署运营要求的前提下，为了满足上述两大类 5G 网络切片需求，5G 网络切片被分为公众网切片和行业网切片两个相对独立的网络。

3.2.3　网络切片的应用场景

5G 网络切片在 5G 三大场景中的应用如图 3-5 所示。如果将其看成三大类"立交桥"，则第一大类专门负责 eMBB 业务，第二大类专门负责 uRLLC 业务，第三大类专门负责 mMTC 业务。具体到每一层，可再细分成更多的子层，供不同的"交通工具"使用。这就相当于原来的一条"路"被切成好几层，每层还要细切成很多子层，这些子层就是所谓的 5G 网络切片。

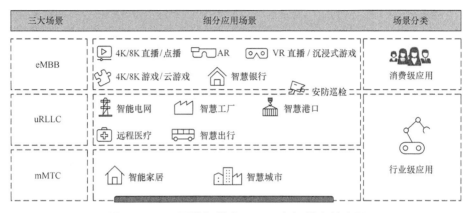

图 3-5　5G 网络切片在 5G 三大场景中的应用

在 5G 网络架构中，这 3 个大层和其中的子层针对 5G 海量的应用场景分工合作，各自应对其擅长的业务，由此让整个网络有条不紊地运行，构成万物互联的基础。三大场景的应用切片如图 3-6 所示。第一大层负责 eMBB 业务，被切成很多子层，包括智能手机业务层、虚拟现实业务层等。第二大层负责 uRLLC 业务，有自动驾驶业务层、工业控制业务层、远程医疗业务层等。第三大层负责 mMTC 业务，其内部也被切成很多子层，有自动抄表业务层、智能停车业务层等。

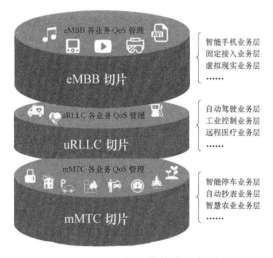

图 3-6　三大场景的应用切片

5G 网络切片被分为公众网切片和行业网切片两个相对独立的网络，下面分别对它们的具体应用场景进行介绍。

1. 公众网切片的应用场景

公众网切片主要应用在公众网个人客户业务及 toB、toC 业务上，业务类型包括移动数据流量类业务、基础通信类业务、增值类业务、视频及泛娱乐类业务等。

（1）移动数据流量类业务

公众网切片为个人客户提供了增强的移动数据流量类业务，它不仅增强了用户在带宽和时延方面的体验，还可以根据个人用户和应用的不同需要，在带宽和时延方面提供差异性的服务质量保障。

（2）基础通信类业务

基础通信类业务分为 5G 语音业务和 5G 消息类业务。5G 语音业务能够提供与 LTE 语音承载相同的语音业务功能，包括高清音视频通话、补充业务、智能网业务和增值业务等。而 5G 消息类业务则可以分为短消息和融合通信"新消息"。另外，针对短消息，终端会优先采用 SMSoIP 方式，但如果终端不支持 SMSoIP，则采用 SMSoNAS 方式。5G 网络也会继续支持融合通信"新消息"业务，和短消息互通。

（3）增值类业务

增值类业务分为定位业务、彩铃和彩印。

定位业务延续了 2G/3G/4G 的业务形态及用户体验。控制面不仅可以实现基本的 Cell-ID 定位，还支持后续精确定位的技术演进，从而在 OMA SUPL2.0 的基础上，在用户面上实现辅助卫星定位。

彩铃业务的用户体验延续了 2G/3G/4G 的业务形态，并且它可以使用语音彩铃和视频彩铃。

彩印业务的用户体验延续了 3G/4G 的业务形态，它可以由被叫用户定制，在通话过程中附加图文内容传递的信息服务产品。主叫用户在语音呼叫接通前、通话中，由系统自动把被叫用户预先设定好的彩印内容推送到主叫用户手机上，使主叫用户看到相关内容，以达到彰显个性、分享心情、传递商情等目的。

（4）视频及泛娱乐类业务

视频及泛娱乐类业务主要针对超高清视频和 VR/AR。

超高清视频业务支持 4K 和 8K 分辨率。用户体验（例如色彩丰富性、画面生动性等）受画面帧率、抽样比、压缩比、码率等因素的影响。

VR/AR 融合了近眼现实、感知交互、渲染处理、网络传输和内容制作等新一代信息技术，对网络带宽、时延要求分级提升。而良好的 VR/AR 体验亟须解决渲染能力不足、互动体验不强和终端移动性差等的技术问题，基于云计算的 Cloud VR 能将大量数据和计算密集型任务转移到云端，并利用 5G 的超宽带高速传输能力解决这些问题。

2. 行业网切片的应用场景

行业网切片主要用在垂直行业类应用，例如智慧城市、智能电网、智慧医疗、智慧金融等典型行业应用场景。行业应用场景会随着 5G 网络的不断成熟而更加丰富。

（1）智慧城市

智慧城市的业务种类丰富，需求繁多，主要包括市政、环保、交通、应急管理等。这些业务的通信场景主要有高清视频监控、高精度定位追踪、语音 / 视频通话、无人机安防远程实时操控、机器人自动巡逻等。这些业务场景对 5G 的带宽、时延、定位精度、隔离性支持等方面提出了需求。

（2）智能电网

5G 智能电网应用大致可以分成控制类和采集类两类。控制类包含了智能分布式配电自动化、用电负荷需求侧响应、分布式能源调控等。采集类主要包含了高级计量、智能巡检和智能电网大视频应用等。5G 网络会针对不同的场景，同时满足带宽、时延、可靠性、高精度网络授时和覆盖范围的要求。因为国家能源局对电力业务系统的安全隔离有明确要求，5G SA 网络切片则很好地满足了这一要求，电网业务可以通过 5G SA 网络切片承载，并实现电网控制类业务与管理类业务、电力业务与非电业务的端到端物理隔离。

（3）智慧医疗

智慧医疗的业务场景分为 3 类：基于医疗设备数据无线采集的医疗监护与护理（无线监护、移动医护、医疗设备和患者定位等）、视频与图像交互医疗诊断与指导（远程会诊、远程示教等）、远程检查操控与移动场景下的实时交互（远程超声、远程手术、应急救援等）。这些业务场景对 5G 网络在带宽、时延、可靠性、定位精度方面提出了需求。

（4）智慧金融

智慧金融业务场景分为客户服务和运营管理两大类。其中，客户服务类包括 5G 沉浸式金融服务、金融智能机器人等应用场景，旨在优化业务体验，强化服务效率；运营管理类包括智慧资管、高清视频客服、平安网点等应用场景，旨在助力客户拓宽服务渠道，提升精细化运营能力。针对不同的业务场景，5G 网络需满足不同的带宽、时延、连接数和隔离性的要求。

3.3 业务分流

3.3.1 业务分流的概念

在核心网业务中，分流即对业务报文进行分流，让业务报文最终到达不同的网络和服务器。在未出现完整的"分流"概念的 4G 时代，移动网络已经出现比较广泛的、对数据目的地定制化的诉求：服务商将自己的服务器逐渐下沉部署，希望减少线路迂回以提升用户体验；一些企业能够对企业内的移动网络进行定制化管理，获得更高的安全性和更有保障性的带宽。

这些诉求在 4G 时代并没有得到很好的解决。对于前者诉求，服务器确实下沉了，但从用户设备（User Equipment，UE）到核心网的距离并没有本质上的改变，因此线路迂回仍然较长。对于后者诉求，4G 网络可以通过让企业用户接入独立接入点（Access Point Name，APN）来完成，但是这会导致用户无法访问外部网络。

在 5G 时代，这些问题在分流面前迎刃而解。通过在 UPF 部署上行分类器（Uplink Classifier，ULCL），将本地业务（例如企业内部使用的业务或服务商部署的下沉业务）与正常的业务区分开，并分别通过主 / 辅锚点 UPF，送达给中心网络或本地网络。这对使用网络的用户而言，可以提升便捷性。

5G 网络需要配合 MEC 做好用户数据的本地分流，为满足个人用户对专网的业务访问需求，5G 网络技术规范提供了多种解决方案，例如用户路由选择策略（UE Route Selection Policy，URSP）、IPv6 多归属方案、ULCL 方案。其中，URSP 需要终端支持，但具备该能力的手机并不广泛且产业成熟度不高，IPv6 多归属方案只能应用于 IPv6 类型的 PDU 会话，有一定的局限性。ULCL 方案和 IPv6 多归属方案属于单 PDU 会话的本地分流，用户数据分流在网络侧进行。

3.3.2　业务分流分类

1. ULCL

（1）ULCL 的基本内容

ULCL 的主要功能是在会话过程中根据业务需要将数据转发路径插入 PDU 会话中，并根据预先设置的规则，选择相应的 UPF 锚点提供分流服务，从而实现不同终端的不同业务的有效分流。

ULCL 功能的实现依靠 UPF，它在激活分流时由 SMF 插入用户会话中，并通过 N9 接口与锚点 UPF 连接，对于上行流量，按分流规则识别后，区分出需要发送给主锚点 UPF 和辅锚点 UPF 的报文并转发；对于下行流量，则对来自锚点 UPF 的报文进行聚合，并通过 N3 接口转发给基站。其目的是将满足业务过滤规则的数据包转发到指定的路径中。

ULCL 的主要特点是对 UE 无感知，分流策略全部由网络后台配置，插入和删除 ULCL 由 SMF 控制，通过 N4 接口对 UPF 进行操作。而 UE 全程不参与、无感知，有效减少了网络配置变化对用户使用的影响。

（2）ULCL 的网络部署架构

当一个 ULCL 被插入一条 PDU 会话数据通道中时，该 PDU 会话就有了多个 PDU 会话锚点，这些锚点提供接入同一个数据网络（Data Network，DN）的多条不同路径。

ULCL 将上行业务数据按照过滤器的要求转发到不同的 PDU 会话锚点，并将该 UE 的多个锚点的下行数据合并。ULCL 用户面网络架构如图 3-7 所示。

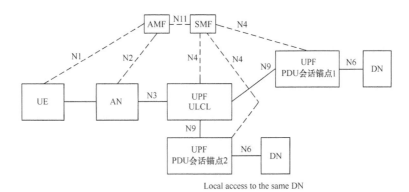

图 3-7　ULCL 用户面网络架构

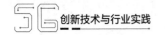

此外，从终端移动性的角度出发，ULCL 的组网架构有以下两种。

① 当边缘业务只能被约定的最大时间时序提前量（Timing Advance，TA）范围内的终端访问时，边缘业务不连接公网，具体表现为：UE 在边缘 UPF 服务区激活，UE 发起 PDU 会话建立流程，SMF 基于用户的 DNN 位置及数据网络接入标识符（Data Network Access Identifier，DNAI），选择 ULCL UPF 和辅锚点，并对其下发相应的分流规则来实现对用户数据的分流。ULCL 组网架构一如图 3-8 所示。

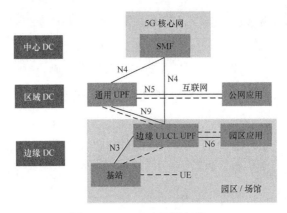

图 3-8　ULCL 组网架构一

② 当边缘业务能够被超过约定 TA 范围的终端访问时，边缘业务连接公网，具体表现为：UE 从其他区域移动到边缘 UPF 服务区，UE 发起 UE 位置区变更流程，触发 SMF 更新 SM 上下文中的位置区等信息，选择 ULCL UPF 和辅锚点，将其插入当前会话并下发相应的分流规则来实现对用户数据的分流。ULCL 组网架构二如图 3-9 所示。

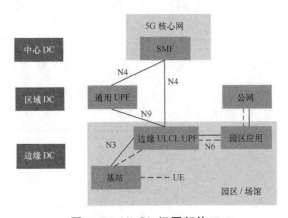

图 3-9　ULCL 组网架构二

（3）ULCL 的分流策略配置方案

以 ULCL UPF 为出发点，ULCL 分流策略配置方案如图 3-10 所示。

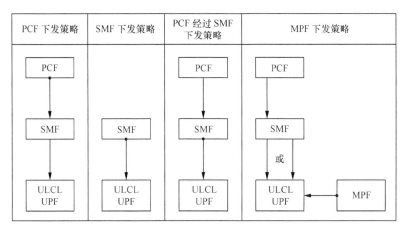

图 3-10 ULCL 分流策略配置方案

ULCL UPF 的分流策略配置方案有以下 4 种。

① PCF 下发策略。这种方式在 PCF 上配置完整的分流策略。当用户激活时，PCF 将完整的策略下发给 SMF，经过 SMF 处理后最终到达 ULCL UPF。

② SMF 下发策略。这种方式在 SMF 和 ULCL UPF 上同时配置相同的、完整的分流策略。当用户激活时，SMF 会根据用户的 DNN 位置等信息，下发需要启用的策略名称给 ULCL UPF。ULCL UPF 根据接收到的策略名称，启用对应的策略。

③ PCF 经过 SMF 下发策略。这种方式是升级版的"SMF 下发策略"，需要在 PCF 上配置策略名称，并在 SMF 和 UPF 上配置完整的分流策略（需要 PCF、SMF 和 ULCL UPF 配置的策略是相同的）。当用户激活时，PCF 根据用户签约信息，下发需要启用的策略名称给 SMF，经过 SMF 处理后，再将策略名称继续下发给 ULCL UPF。ULCL UPF 根据接收到的策略名称，启用对应的策略。

④ MPF 下发策略。这种方式在 MPF 上配置完整的分流策略，并在 PCF 和 SMF 上同步配置对应策略的名称。MPF 上配置的分流策略会实时与 ULCL UPF 同步，当用户激活时，通过"SMF 下发策略"或"PCF 经过 SMF 下发策略"的方式，ULCL UPF 接收到策略名称，启用对应的策略。

2. IPv6 多归属

IPv6 多归属方案是 3 个主流的 5G 网络分流技术之一。

IPv6 多归属方案支持边缘计算示意如图 3-11 所示。IPv6 多归属根据源地址分流，终端对不同的链接使用不同的前缀，可以同时访问本地网络和远程网络，这为边缘计算等场景提供了技术基础。

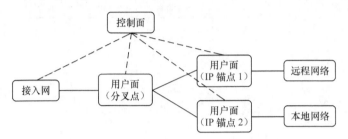

图 3-11　IPv6 多归属方案支持边缘计算示意

IPv6 多归属方案只能应用于 IPv6 类型的 PDU 会话。

当 UE 请求类型为 IPv6 或 IPv4v6（同时支持 IPv4 和 IPv6）的 PDU 会话时，UE 还向网络提供指示，说明它是否支持多归属 IPv6 PDU 会话。在实际部署中，网络将会为终端分配多个 IPv6 前缀地址，针对不同业务使用不同的 IPv6 前缀地址，从而实现一个 IP 地址进行远端业务，另一个 IP 地址进行本地 MEC 业务，通过分支点进行分流。

在 PDU 会话建立过程中或建立完成后，SMF 可以在 PDU 会话的数据路径中插入或者删除多归属会话分支点。在多归属场景下，一个 PDU 会话可以关联多个 IPv6 前缀，分支点 UPF 根据 SMF 下发的过滤规则，通过检查数据包源 IP 地址进行分流，将不同 IPv6 前缀的上行业务流转发至不同的 PDU 会话锚点 UPF，再接入数据网络，以及将来自链路上的不同 PDU 会话锚点 UPF 的下行业务流合并到 5G 终端，IPv6 多归属（BP）分流业务实现流程如图 3-12 所示。UPF 可同时作为 IPv6 多归属的分支点和 PDU 会话锚点。

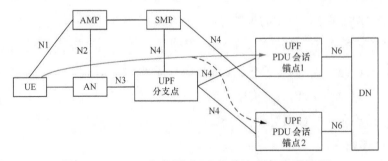

图 3-12　IPv6 多归属（BP）分流业务实现流程

3.URSP

（1）URSP 的基本内容

核心网和终端需要支持 URSP 规则的基础内容，包括业务匹配条件、URSP 规则执行条件和执行操作的灵活组合。

核心网应支持以下内容。

① App 描述信息（含 App ID）、IP 描述信息、DNN 描述信息、IP 描述信息等业务匹配条件。

② 规则优先级、时间窗口、区域限制等 URSP 规则执行条件。

③ 切片信息、DNN 信息、会话和服务连续（Session and Service Continuity，SSC）模式、接入类型等执行操作。

④ 灵活的 URSP 分片，即将 URSP 分片到不同的策略分段标识（Policy Segment Identifier，PSI）中。

无线接入网应支持传递携带 URSP 的网络附接存储（Network Attached Storage，NAS）信息。

终端应支持以下内容。

① 可有基本的预配置 URSP 规则。

② 网络下发 URSP 配置规则的接收、保存和更新。

③ 网络指示 URSP 的动态更新。

④ 优先使用由网络指示的 URSP 规则。

⑤ 根据 URSP 规则，提供业务应用的流量描述（例如 App ID、IP 三元组、完整域名、DNN、连接能力）等业务属性信息。

⑥ 根据 URSP 规则，将选取的流量描述与对应的单个网络切片选择协助信息（Single-Network Slice Selection Assistance Information，S-NSSAI）进行映射绑定。

⑦ 根据 URSP 的 PDU 会话进行相应的配置。

（2）URSP 传递流程

核心网和终端应支持 URSP 的安装、更新、删除。核心网应支持识别终端上报的 URSP 能力和 URSP 列表。URSP 下发流程示意如图 3-13 所示。

① 用户激活时，UDM 下发切片签约信息。

② 应用方为用户向能力开放平台申请应用需调用的切片，能力开放平台通过 PCF

的 N5 服务化接口写入用户的 URSP 信息。考虑到现阶段能力开放平台与 PCF 之间的 URSP 流程尚未得到支持，本阶段优先采用策略数据签约将 URSP 写入 PCF。

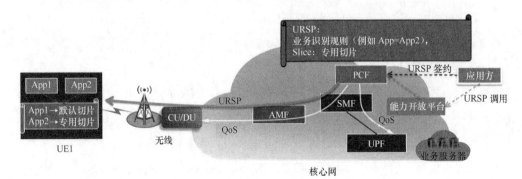

图 3-13 URSP 下发流程示意

③ PCF 将用户的 URSP 信息更新到用户终端。

④ 用户使用指定业务时，终端会为指定业务建立新的会话连接，携带 URSP 中指定的切片信息。

⑤ 网络根据切片信息为该业务连接分配专用切片。

⑥ 切片会话建立时，PCF 根据签约数据，为用户切片会话配置 QoS 参数。

（3）URSP 触发条件

AMF 应支持按照通信网络运营商的指定条件，触发建立和更新 PCF 会话。

PCF 应支持根据通信网络运营商的指定条件，配置灵活组合 URSP 内容，其中主要包括以下内容。

① 支持灵活配置 URSP 策略触发条件。

② 支持灵活配置 URSP 规则内容。可根据支持终端上报的 URSP 能力、内容更新 URSP 规则，灵活配置 URSP 规则到不同的 UE 策略中。

③ 支持灵活配置 URSP 的分片策略。

④ PCF 应支持的通用策略触发条件包括但不限于用户策略数据签约（例如用户、业务策略签约、终端策略签约等）、业务请求的 URSP 规则、基于其他策略触发的 URSP 关联（例如时间、位置、检测到指定业务）等。

（4）URSP 方案

考虑到初期终端对 URSP 的支持不完整，本阶段使用 URSP 规则中的 DNN 信息作为业务关联简化 URSP 的实现。具体要求如下。

① 核心网应支持下发完整的 URSP 列表。

② 业务 App 应支持在业务流程中携带预配置的 DNN 信息。

③ 终端应支持传递 DNN 信息至基带处理器进行处理，同时根据业务携带的 DNN 信息及存储的 URSP 规则触发 PDU 会话的建立。其中 Android 终端需要支持借助 APN 类型和网络能力实现 DNN 信息的传递。

3.4　高可靠专网

3.4.1　高可靠专网的概念

5G 高可靠专网主要指为满足特定行业应用业务高可用的特定需求，对 5G 专网进行端到端冗余设计及可靠性保障，综合多项技术能力保障 5G 网络服务持续不中断。5G 专网的高可靠性可通过多频组网、传输双路由、关键板卡备份、容灾备份和小型 5GC 下沉等组网关键技术实现。

3.4.2　高可靠专网的种类

1. 多频组网

高频段 5G 基站由于使用了较高的频率资源，基站覆盖半径小，室内覆盖效果差，适用于热点区域覆盖，发展小基站可以对热点区域进行连续覆盖、室内补盲覆盖。因此采用多频组网方式，低频段作为补充上行频点与高频段相结合，可以有效扩大高频段 5G 基站的覆盖半径，并可以有效解决频率干扰的问题。例如，在低频网络中采用超导滤波器技术，可提高基站接收机的灵敏度，降低带内、带外的各种干扰，从而提高信号传输质量，扩大上行覆盖面积。多频组网方案可以进一步扩大基站覆盖面积，对人口稀少及沿海区域的覆盖起到积极作用。此外，低频段网络还可以解决长期困扰人们的高速交通工具内的通信问题。

2. 传输双路由

传输双路由，其主要目的是通过在不同的网络节点间建设两条独立的传输路由，当一条路由发生故障时，另一条路由可以立即接管传输业务，从而保证数据的不间断传输。

3. 关键板卡备份

5G 关键板卡备份包括 BBU 的电源板、主控板、基带板备份，以及传输设备的主要板件的备份（包括热备和冷备）。关键板卡备份对维持 5G 网络系统的稳定性与可靠性起到关键作用。

4. 容灾备份

5GC 采用三级容灾备份机制——虚拟网络功能（Virtual Network Function，VNF）组件备份（类似于传统设备的板卡备份）、网元备份、资源池备份。通过三级容灾备份机制提高了 5GC 的整体可靠性。

5GC 各网元的备份方式包括：AMF、SMF、UPF 采用 Pool 备份；UDM/AUSF、PCF 采用 N+1 备份；UDR[1]、NRF、BSF、NSSF 采用 1+1 备份。

5GC 设备部署在核心节点城市的两个及两个以上的数据中心机楼，实现了地理容灾，同时提高了 5GC 的可靠性。

VNF 的各组件支持热备技术，在线会话的状态信息将实时备份到冗余组件中，可以实现当一个组件发生故障时，其他备份组件无缝接管故障组件的业务，实现零中断的业务连续性，防止系统故障对在线业务和新建业务造成影响。

相较于虚拟化层的备份恢复机制，应用层热备能力提供了更快的故障检测和恢复、更准确的应用故障检测、更高的业务恢复率，以及更小的计算和网络资源消耗，是实现电信级高可靠虚拟化网络必不可少的功能之一。

5. 小型 5GC 下沉

UPF 下沉内网是指将核心网的 UPF 下沉到工业企业，无线网侧与公网用户共享，但部分无线频率为内网独占。

在无线网侧，基站由通信运营商建设，公网与内网用户共用，考虑到工业园区的用户密度不高，可以划分部分公网无线频率给内网独占，保证互不干扰；在核心网侧，控制面由内网和公网用户共享，但实施了逻辑隔离，两方数据不互通，用户面已下沉至工业企业，企业内的数据只经过本地 UPF，数据不出场，内网数据传输可靠，同时保证公网用户的数据不经过企业 UPF，直接进入公网核心网。

5GC 下沉内网是指将整个核心网（包括控制面和用户面）完全下沉至工业企业，由于 5G 无线频段属于授权频段，基站一般与公网用户共享，划分部分频率为内网独占。

1　UDR（Unified Data Repository，统一数据存储库）。

在无线网侧，与 UPF 下沉内网相同，公网专网用户的频率占比可视实际情况而定；在核心网侧，内网用户的信令信息和数据信息都经由独占频率接入本地 5GC，实现卡号、数据、应用的所有信息完全不出场，同时保障了工业企业内的公网用户使用体验，公网用户经公网频率进入公网 5GC，不会与 5G 内网交互。

3.5 高精度定位

3.5.1 基本概念

5G 室内高精度定位系统通过 5G 基站融合定位技术实现室内人员及物品的高精度定位。2020 年 6 月冻结的 3GPP R16 版本引入了 5G 基站定位功能。R16 的设计目标为室内水平维和垂直维定位精度均小于 3m（区域内 80% 的用户），端到端时延小于 1s。

3.5.2 定位架构

5G 室内高精度定位服务架构涉及的网元较少，可实现快速部署。局域定位架构如图 3-14 所示。

图 3-14　局域定位架构

（1）终端

终端可主动发送探测参考信号给网络侧，由网络侧完成信号测量及位置计算，这种方法被称为上行到达时间差（Uplink Time Difference of Arrival，UTDOA）定位法。基于网络配置，终端周期性上报基站的探测参考信号（Sounding Reference Signal，SRS），网络侧多个基站接收终端的 SRS，并结合基站的坐标，通过相对时间差计算终端位置。或者由网络侧下行定位参考信号，由 5G 终端自身完成信号测量，并将测量结果反馈给网络计算位置，这种方法被称为往返路程时间（Round Trip Time，RTT）定位法。基站定期发射定位参考信号（Positioning Reference Signal，PRS），终端定期上报 SRS，基站和终端分别接收上下行参考信号，各自进行时延计算后，上报给位置服务器，由位置服务器计算 RTT，同时结合基站的坐标进一步计算终端的位置信息。

（2）基站

以上行测量为例，无线基站对 5G 终端的 SRS 进行到达时间 / 信号强度等测量，并将测量结果上报给定位服务器。

（3）定位服务器

以上行测量为例，定位服务器根据 BBU 上报的测量信息进行定位计算，完成位置信息与用户信息的绑定，并支持将位置信息批量上报给通信运营商位置服务平台。

（4）通信运营商位置服务平台

通信运营商位置服务平台作为第三方应用与 5G 定位网络的中间桥梁，通过开放的 REST API 为用户提供基于 5G 定位网络的位置能力，例如实时位置推送、电子围栏、地图管理、位置告警、轨迹查询、视频联动、位置数据分析等服务。

3.5.3　技术种类

3GPP R16 中引入了多种定位使能技术，例如 UTDOA 定位法、到达角度（Angle of Arrival，AOA）定位法、RTT 定位法等。本节重点介绍 UTDOA 定位法、AOA 定位法、RTT 定位法。

① UTDOA 定位法。UTDOA 定位法原理如图 3-15 所示。该定位方法通过计算终端上行 SRS 到达不同基站的时间差来计算终端相对基站的位置。UTDOA 定位法要求至少有 3 个基站参与，对终端要求低，流程简单，产业成熟度高，是众多定位技术中使用较广泛的技术之一，适用于室内皮站场景。

② AOA 定位法。AOA 定位法基于信号的入射角度进行定位。在仅有 AOA 定位法的情况下，两个基站即可完成终端定位。

但 AOA 定位法为了准确测量出电磁波的入射角度，接收机需配备方向性强的天线阵列。实际部署对工程条件要求极高，需要非常准确的记录基站部署位置，通过严格对准基站天线阵列的方向等，来确保入射角测量的准确性。基于这些严格的工程要求，AOA 定位法一直处于探索阶段，尚未得到规模商用。AOA 定位法对基站天线数目的要求较高，适用于室外宏站场景。

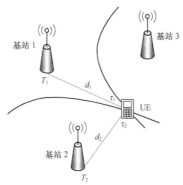

图 3-15　UTDOA 定位法原理

③ RTT 定位法。RTT 定位法原理如图 3-16 所示。RTT 定位法通过分别测量下行 PRS、上行 SRS，得到被定位终端与多个基站的 RTT，从而确定终端的位置。PTT 定位法支持单站和多站定位。当只有一个基站参与定位时，RTT 定位法需与 AOA 定位法结合。RTT 技术不需要站间严格同步，室内外均可使用。

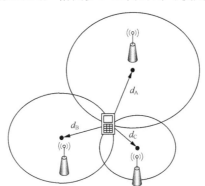

图 3-16　RTT 定位法原理

3.6　超大上行

3.6.1　基本概念

超大上行是结合 5G 网络特性及频段优势，通过引入多项增强技术，为特定行业应用提供优于常规网络上行服务带宽的能力。为了满足日常公众用户的服务需求，常规大网的时隙配比大多以下行时隙为主，优先满足下行业务服务需求。而在行业应用场景中，大量业务以上行回传为主，下行业务占比相对较小。在一些存在大量信息数据快速回传的行业应用场景下，需要 5G 提供更强大的上行服务带宽。

3.6.2 实现方式

1.时隙配比调整

中国移动通过调整上下行时隙配比，分配更多上行时隙资源，从而提升网络上行服务带宽。中国移动特有的 4.9G 的 100M 频谱资源，通过在特定行业搭建 5G 行业专网，利用 4.9G 超大带宽结合上行时隙配比优化，可以提供峰值速率达 750Mbit/s 的上行带宽。常规公网与超大上行的时隙配比如图 3-17 所示。

常规公网时隙配比（7D2U） D D D D D D D S U U
超大上行时隙配比（1D3U） D S U U U D S U U U

图 3-17 常规公网与超大上行的时隙配比

2.上行链路载波聚合

上行链路载波聚合（UL CA）能够进行上行两载波并发，通过载波聚合技术实现上行带宽的增强。UL CA 在两个通道还可以分别采用 TDD 和 FDD，实现网络服务能力的充分利用。UL CA 功能最先在 2019 年 6 月的 R15 协议中冻结。R16 版本支持 CA 能力的增强，包括支持上行通道切换、帧头非对齐、快速测量上报 / 小区配置 / 激活 / 建立，以及不同 SCS 跨载波调度等。

3.6.3 应用场景

5G 时代万物互联，5G 将会全面渗透 toB 行业应用，而 toB 行业的海量数据是自下而上产生的，上行大带宽成为刚性需求。无论是远程控制、远程医疗，还是智慧安防、智能工厂、4K/8K 高清直播等 5G 应用，都需要上行大带宽、低时延能力来支撑。只有提升网络上行能力，才能发挥"5G 改变社会"的作用。较具代表性的超大上行应用场景主要如下。

1.智慧港口

在港口业务的应用中，核心诉求集中在岸桥装卸区和集装箱堆场区，因此，整个港口对无线网络的核心诉求集中在桥吊、集卡运输、轮胎吊和轨道吊等作业流程中，主要涉及高清视频监控、远程驾驶、无人驾驶、机器视觉检测等应用场景。

船舶在进港之后，根据货物流向，其全部作业流程包括桥吊卸货、集装箱理货、场内水平运输、堆场装卸货等。

5G 超大上行可以凭借大带宽、低时延能力基本满足当前部分业务的远程操控、高清监控、机器视觉等需求，提升作业效率，并为整个港口的性能提升和成本下降提供保障，加快港口的自动化、智能化转变，为港口发展提供新的空间。

2. 智慧钢铁

传统的自动化钢铁产业受制于生产厂区范围大、生产环境苛刻、电磁屏蔽严重，且当前 Wi-Fi 信号传输丢包严重，无法满足目前业务对网络带宽和实时性的要求，导致很多作业仍需要人工进行操作。

凭借 5G 超大上行技术，网络连接由以有线为主向以无线为主过渡，由多种接入方式整合为以"5G＋光纤"共存的模式，从而打造低时延、高可靠的基础网络，实现生产环境、物料、物流车辆、生产设备、制造执行控制系统、各要素各环节深度互联，以推进工厂的数字化转型。

3. 智慧煤炭

煤炭是基础能源和重要基础产业，自动化技术在煤矿企业得到了广泛应用。但是，煤炭的智能化开采还处于示范阶段，采煤作业面仍然需要工作人员现场操控采煤机，需要大量人员对采煤现场的设备进行现场检查等，且工作环境恶劣、工作人员劳动强度大、用工成本高，一旦出现事故，易造成巨大的损失。

凭借 5G 超大上行的低时延、大带宽能力，5G 智慧煤炭可实现智能控制、全面感知及实时互联三大场景。智能控制场景主要实现远程精准控制，后续基于机器视觉的自行判断进行作业。全面感知场景基于状态、视频、定位感知，主要通过上传不同形式的数据，用于监控。实时互联场景主要用于随时随地的通信及简单的远程诊断。

3.7　TSN

3.7.1　基本概念

TSN 是在标准以太网的基础上发展而来的，它是由 IEEE 802.1 TSN 任务组制定的一系列 IEEE 802 以太网子标准集，可以使以太网在默认情况下具有确定性。TSN 位于开放系统互连（Open Systems Interconnect，OSI）模型的第 2 层，并增加了一些定义来保证以太网中的确定性和吞吐量。ISN 位于 OSI 模型的第 2 层如图 3-18 所示。

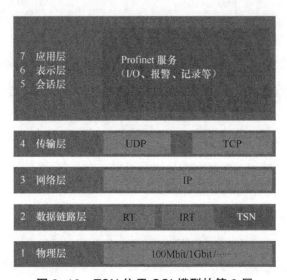

图 3-18　TSN 位于 OSI 模型的第 2 层

TSN 主要具有时间同步、确定性传输、网络的动态配置等特性。

（1）时间同步

大部分 TSN 标准的基础是全局时间同步，用于保证数据帧在各个设备中传输时隙的正确匹配，满足通信流的端到端确定性时延和无排队传输要求。TSN 利用 IEEE Std 802.1AS 在各个时间感知系统之间传递同步消息，提供精确的时间同步。

（2）确定性传输

在数据传输方面，TSN 重要的不是"最快的传输"和"平均传输时延"，而是在最坏的情况下确保数据传输时延指标。TSN 通过数据流量整形、无缝冗余传输、过滤和优先级调度等技术，实现对关键数据的高可靠、低时延、零分组丢失的确定性传输。

（3）网络的动态配置

大多数网络的配置需要重启网络设备，影响业务正常运行，但对于工业控制等应用，重启网络设备几乎是不可能的。TSN 通过 IEEE 802.1Qcc 引入集中网络控制器（Centralized Network Configuration，CNC）和集中用户控制器（Centralized User Configuration，CUC）来实现网络的动态配置，在网络运行时灵活地配置新的设备和数据流。

TSN 以传统以太网为基础，支持关键流量和 BE[1] 流量共享同一个网络基础设施，保证关键流量的传输不受干扰。同时，TSN 是开放的以太网标准而非专用协议，来自不同供应商的支持 TSN 的设备可以相互兼容，为用户提供了极大的便利。

TSN 利用 IEEE 802.1Qci 对输入交换机的数据进行筛选和管控，对不符合规范的数据帧进行阻拦，及时隔断外来入侵数据，实时保护网络的安全；TSN 还能与其他安全协议协同使用，进一步提升网络的安全性能。

3.7.2　应用场景

TSN 主要用于解决二层网络确定性保证问题，目前主要应用于汽车控制领域、工厂内网、智能电网等场景。

在 5G 场景中，3GPP R16 将 5G 端到端时延目标定为 1ms 或更低，就现有 5G uRLLC 标准而言，TSN 主要用于实现无线终端与基站之间的传输，其技术思路与时间敏感网络并不相同。

3GPP R16 23.501 已将 TSN 技术纳入 5G 标准，用于满足 5G 承载网的高可靠、确定性需求，与 uRLLC 形成确定性传输的技术接力。5G uRLLC 技术主要关注可靠性和时延方面的业务保证，TSN 技术则在时延抖动及时间同步方面对 5G 网络进行进一步的增强。

3GPP R17 提出 TSN 增强架构，即实现 5G 核心网架构增强，控制面设计支持 TSN 相关控制面功能；实现 5G 核心网确定性传输调度机制，而不依赖于外部 TSN；通过 UPF 增强实现终端间的确定性传输；实现可靠性保障增强；实现工业以太网协议对接；支持多时钟源技术。

3.8　5G 消息

3.8.1　基本概念

5G 消息是传统短彩信业务的升级，它支持文本、图片、音频、视频、位置、联系人等媒体格式。借助通信业务的实名制、互联互通等特性，5G 消息具有无须安装、注册，100% 触达，超低获客成本，通用开放，全球互通等优势。

1　BE（Best-Effort，尽力而为）。

2020 年 4 月，中国电信、中国移动、中国联通 3 家通信运营商联合发布《5G 消息白皮书》，首次在国内正式提出 5G 消息概念。3 家通信运营商已经完成平台部署，并于 2021 年实现全面商用。

5G 消息系统采用云化架构，分为 5G 消息中心、消息即平台（Messaging as a Platform，MaaP）、总部内容安全策略（Content Security Policy，CSP）平台和群聊 AS 四大组件。5G 消息架构如图 3-19 所示。

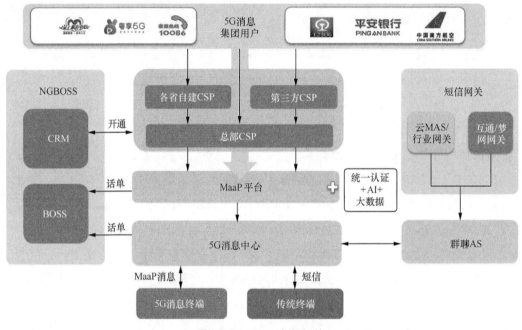

图 3-19　5G 消息架构

根据交互类型，5G 消息分为两大类：一类是个人用户之间交互的消息，另一类是行业客户与个人用户之间交互的消息。5G 消息业务具有功能丰富、流量入口、原生应用、安全可靠、跨平台连接等优势。

（1）功能丰富

5G 消息兼具 OTT[1] 类应用的聊天小程序，以及各类服务类 App 的功能。

（2）流量入口

5G 消息直接占据手机短信这一强入口。

1　OTT：Over The Top，是过顶传球的意思，指互联网公司越过通信运营商，发展基于开放互联网的各种视频及数据服务业务。

（3）原生应用

5G 消息不需要下载、注册、登录等前置操作，不需要绑定手机号、收取验证码等动作，即开即用。

（4）安全可靠

5G 消息基于手机号实名认证的强关联，让个人数据在不同应用之间互联互通，保障数据安全可靠。

（5）跨平台连接

5G 消息的用户不需要切换多个 App，实现跨应用交互，应用互联互通。

3.8.2　业务功能

1. 个人用户之间的消息功能

（1）基础功能

5G 消息中个人用户之间传送的消息可支持多种媒体格式，包括文本、图片、音频、视频、位置、联系人等。5G 消息支持在线消息和离线消息，并可向用户提供消息状态报告和消息历史管理。

（2）点对点消息

点对点消息是指一个用户向另一个用户发送的消息。除了支持基本功能，点对点消息还支持消息与短信之间的相互转化。若消息接收方不是 5G 消息用户或消息接收方是 5G 消息用户但当前不在线，则网络通过短信通道下发该消息。若消息中包括多媒体内容，回落为短信时，在短信内容中携带提取该多媒体内容的统一资源定位符（Uniform Resource Locator，URL），接收方收到短信后点击该 URL 即可访问该多媒体内容。

（3）群发消息

群发消息是指一个用户一次输入或选择多个联系人，向该联系人列表群发消息。群发消息在接收方终端上呈现为点对点消息。群发消息除了支持基本功能，还支持消息转化为短信。若消息接收方不是 5G 消息用户或消息接收方是 5G 消息用户但当前不在线，则网络通过短信通道下发该消息。若消息中包含多媒体内容，回落为短信时，在短信内容中携带提取该多媒体内容的 URL，接收方收到短信后点击该 URL 即可访问该多媒体内容。

（4）群与群聊

用户可以选择多个具备 5G 消息能力的联系人来创建群。群创建成功后，所有已经加入群的用户可以在群中进行消息交互。用户可对群进行管理，包括创建群、加入群、退出群、删除群成员和解散群等。

2. 行业客户与个人用户之间的消息功能

（1）基本功能

行业客户以 Chatbot 的形式与个人用户通过通信运营商网络进行消息交互。

个人用户向行业客户的 Chatbot 发送的消息内容包含文本、图片、音频、视频、位置和联系人等。

行业客户的 Chatbot 通过点对点和群发消息方式向个人用户发送的消息内容包含文本、图片、音频、视频、位置和联系人等，此外还可以包含富媒体卡片，消息中还可携带选项列表（包括"建议回复"和"建议操作"）。

（2）发现 Chatbot 服务

用户与 Chatbot 的消息交互可以通过多种方式触发，例如在消息搜索框内搜索后点击搜索结果触发，从浏览器的网页上点击触发、扫描二维码触发，输入 Chatbot ID 触发，触发后即可进入消息交互界面。

（3）查看 Chatbot 详细信息

Chatbot 的详细信息包括账号、名称、头像、服务描述和客服电话等。用户可以查看终端，获取 Chatbot 详细信息。

用户可将 Chatbot 详细信息存储在本地终端，也可删除本地终端已存储的 Chatbot 详细信息。第一次收到来自 Chatbot 的消息后，终端将向通信运营商网络查询校验此 Chatbot 的详细信息，若未发现该 Chatbot，则认为此消息的来源不可信，不向用户展示，从而确保了消息来源的可靠性。

3.8.3 应用场景

1. 政务服务

在由中国移动发起的 5G 行业消息评选活动中的 15 个试点省（自治区、直辖市）中的 800 个案例中，深圳南山 5G 消息应用脱颖而出，成为广东省唯一政务类 5G 行业消息优秀案例。

5G 消息可以实现对第三方 App、H5 页面的自由跳转，与"i 深圳"等平台进行连接，实现用户服务的无缝衔接。下一步，深圳南山 5G 消息应用还将实现常规性政务服务的"能力迁移"。

深圳市南山区政务服务数据管理相关负责人表示，深圳市南山区的"5G ＋ 政务服务"更大的应用前景在于内容创新、交互创新等方面。

以征兵、禁毒为例，以前政府相关部门只能通过"征兵是每个公民应尽的义务""珍爱生命、远离毒品"这样的手机文字短信来广播与通知，这对当下的青年群体而言是"无感"的。而 5G 消息则可以通过视频、H5 动画甚至是交互式游戏，让接收消息的年轻人在沉浸式体验中产生共情，从而有效实现消息传递的转化率与目标。

2. 金融服务

在 5G 网络稳定的情况下，依托通信运营商安全服务，5G 消息可以承担全量的移动端业务，完成各类银行金融性交易，例如转账、缴费、理财等。

在当前 5G 发展的情况下，5G 消息分为以下两类业务。一是营销推广，即机构联动用户。5G 消息可以利用短信渠道随时将消息推送给用户，这既是营销渠道，也是交易渠道，如果用户对推送的服务感兴趣，可以通过 5G 消息的交易功能实现场景内下单。二是用户服务，即用户联动机构。5G 消息通过良好的流程、精美的画面可以实现随时随地访问服务，解决目前客服语音提供服务、多媒体信息无法同步传递的问题。

除了以上 2 种服务，5G 消息还可以应用于医疗服务，在预约挂号、远程问诊、用药咨询、健康管理等方面提供高效率、高精准的服务；应用于电商服务，使目标商品快速购买、提供及时的售后服务和便捷的物流查询等。总之，基于自身的特性，5G 消息将会应用于各行各业与个人用户交流的场景。

3.9　5G 网络安全

作为普适性的全连接网络，5G 更加开放，安全保障能力更强。同时，通信运营商可以将网络安全作为一种网络能力，通过 API 开放给垂直行业使用，降低行业用户的网络安全应用门槛，通信运营商可以充分利用网络安全基础设施，根据丰富的业务经验，与垂直行业一起共同创造和分享价值。

3.9.1 5G 网络安全体系架构

5G 网络安全体系架构涉及 5G 网络 7 个域的安全。它是在 4G 网络安全框架的基础上,针对 5G 网络开放性与虚拟化的特点,引入了网络开放接口安全切片与 VNF 安全;针对终端的高安全防护能力要求,引入了终端安全;针对移动边缘计算等新型移动服务方式,扩展了应用安全。

目前,基于 5G 发展现状,5G 网络安全体系架构主要包括基础共性类、终端安全类、IT 化网络设施安全类、通信网络安全类、应用与服务安全类、数据应用安全类、安全运营管理类。

1. 基础共性类

在基础共性类方面,目前国内外均已展开有关 5G 网络安全体系架构相关标准的制定,主要包括参考模型、通用技术要求等标准。其中,参考模型类标准被应用于 5G 网络安全参考模型相关标准的规范;通用技术要求类标准被应用于 5G 网络安全通用要求相关标准的规范。GB/T 22239—2020《信息安全技术 网络安全等级保护基本要求》、YD/T 3628—2019《5G 移动通信网 安全技术要求》,以及在研标准《5G 移动通信网通信安全技术要求》对 5G 网络安全提出了相关要求,可作为后续标准化的基础。

2. 终端安全类

终端安全类标准主要对连接 5G 网络的终端提出安全要求,包括移动智能终端安全、物联网终端安全、专用终端安全等。终端安全还需要关注终端设备与用户身份标识模块之间的双向认证,在用户接入网络之前确保设备和用户身份标识模块的合法性及用户的隐私安全等。

① 移动智能终端安全标准。移动智能终端安全标准应覆盖移动智能终端操作系统、应用软件安全模型和防护机制、安全开发和生命周期管理等方面的安全要求。

② 物联网终端安全标准。物联网终端安全标准主要关注终端接入和管理的安全要求,以保障各类安全防护能力差异明显的物联网终端可管可控。

③ 专用终端安全标准。专用终端安全标准主要面向高安全级别或有特殊安全要求的行业,主要涉及特定行业的安全资产定义和威胁分析、安全体系结构、行业特色安全要求、安全功能和保障、安全评测等。

3. IT 化网络设施安全类

IT 化网络设施安全类标准主要对 5G 通过 IT 实现的基础设施提出了要求,包括虚拟化安全、云平台安全等,需要保障用户设备上的应用与服务提供方之间的通信安全性。

① 虚拟化安全标准。虚拟化安全标准应重点关注 NFV 基础设施安全、NFV 安全功能实现等方面的要求。

② 云平台安全标准。云平台安全标准应重点关注云基础设施的要求。

4. 通信网络安全类

通信网络安全类标准包括无线通信安全标准、核心网安全标准、边缘计算安全标准、切片安全标准和 5G 网络设备安全标准。

① 无线通信安全标准。无线通信安全标准应重点关注终端接入鉴权、空中接口协议、通信接口、通信协议及参数、通信数据安全、通信密钥管理、双向认证、日志审计等方面的安全要求。

② 核心网安全标准。核心网安全标准应重点关注核心网网元间的通信安全,包括 SBA 下的网元直接通信和间接通信、SEPP 安全等方面的安全要求。

③ 边缘计算安全标准。边缘计算安全标准应覆盖 MEC 平台、MEC 编排管理系统、UPF 及 App 安全等。

④ 切片安全标准。切片安全标准应重点关注终端与切片安全隔离、切片安全认证、切片管理等。

⑤ 5G 网络设备安全标准。5G 网络设备安全标准应覆盖网络设备的通信协议安全和网络设备的自身安全及安全功能要求。

5. 应用与服务安全类

应用与服务安全类标准可用于指导重要行业和领域的 5G 网络安全规划和建设,包括基于 5G 网络的通用应用安全和行业应用安全等标准。

① 通用应用安全标准。通用应用安全标准对 5G 网络的应用提出了要求,包括 5G 应用安全框架,以及 eMBB、mMTC、uRLLC 三大应用场景下的安全风险防范要求等。

② 行业应用安全标准。行业应用安全标准针对工业互联网、智慧城市、车联网、智能家居、智能安防、智慧医疗、公共服务等行业领域,指导各行业安全开展 5G 网

络应用和服务。

6. 数据应用安全类

数据应用安全类标准应重点覆盖 5G 网络相关技术在数据安全管理和技术等方面的要求。5G 网络的数据安全问题是由边缘计算、网络切片、虚拟化等新技术的应用引入的。5G 网络支撑海量物联网设备连接，势必造成无线网和核心网之间信令的频繁交互，从而耗费网络带宽，应在满足信令和数据包传输要求的基础上，确保信令和数据传输的安全性，例如隐私保护和完整性保护。

7. 安全运营管理类

安全运营管理类标准应重点覆盖 5G 网络运维管理、应急响应、供应链安全等方面的要求。在监测和分析的基础上为系统维护者提供全局的系统安全视角，包括安全上下文管理、密钥管理、内容安全和安全编排等。

3.9.2 网络安全措施

1. 数据不出场

数据不出场是边缘计算的特点之一，在制造、医疗、能源等行业领域中，数据敏感度较高，行业客户通常要求数据不出场，即数据在园区 App 实现闭环。

在这种情况下，边缘计算节点应支持按照行业客户要求设置专属 UPF，并在 UPF 上设置专属（DNN）或上行分类器（Uplink Classifier，UL CL）分流等，实现客户数据只在园区 App 上流转。

2. 网络切片

网络切片是 5G 的重要功能，它使通信运营商可以根据不同的市场情景和事务的需求定制网络，以提供最优的服务。一个网络切片是一系列为特定场景提供通信服务的网络功能的逻辑组合。因此，对不同业务进行切片隔离是切片网络的基本要求。

为了实现切片隔离，每个切片被预先配置一个切片 ID，同时，符合网络规范条件的切片安全规则被存放于切片安全服务器（Slice Security Server，SSS）中，用户设备（User Equipment，UE）在附着网络时需要提供切片 ID，附着请求到达 HSS 时，由 HSS 根据 SSS 中对应切片的安全配置采取与该切片 ID 对应的安全措施，并选择对应的安全算法，再据此创建 UE 的认证矢量，该认证矢量的计算将绑定切片 ID。

因此，5G 网络可以通过网络切片来实现不同安全等级的网络，并按需组网。安全分级，即通过按需组网、安全分级的网络切片安全关键技术，根据业务场景和业务需求实现切片的安全隔离，采用不同的安全机制实现不同的安全等级，实现终端的接入认证、鉴权及切片间的通信安全。

3. 二次鉴权

在 5G 专网（园区、校园等）组网过程中，可以在 5GC 的基础鉴权（认证与密钥协商协议）上，进一步叠加终端的二次鉴权，企业可以自主决策该终端是否能访问企业内部网络。总体来说，二次鉴权是继承使用 4G 时代的 Radius 鉴权流程来保证接入安全，即 SMF 发起（或 UPF 中转）向 AAA[1] 的鉴权请求，并根据结果确定是否允许用户上线。

二次鉴权有两种链路可选方式：直连方式和通过 UPF 转发方式。其中，直连方式是传统方式，即通过专线直连。但专线直连存在弊端，例如成本、时间等问题，且有些园区不一定能建立专线。通过 UPF 转发方式，即通过 SMF → UPF → AAA 的中转模式进行转发，UPF 把 SMF 消息当成普通报文进行转发。

二次鉴权（UPF 转发）功能主要应用于 5G 场景：当 UPF 下沉，DN-AAA 部署到企业园区时，SMF 与 DN-AAA 之间不能直接互通，需要经过 UPF 转接。此场景下 SMF 和 UPF 间建立设备级的 N4 隧道（N4 GTP-U 隧道），用来转发 SMF 与 DN-AAA 之间二次鉴权的消息。

二次认证可以携带的消息包含 SUPI（IMSI）、PEI（IMEI）、GPSI（MSISDN）、ULI[2]，也可以在鉴权流程汇总，与企业的资产管理系统对接。在交互过程中，使用 Radius 协议的 PAP、CHAP 鉴权方式，携带 IMEI、IMSI、MSISDN 等附加信息，企业 DN-AAA 可以通过这些附加信息对终端的合法性进行校验，达到准入二次控制的目的。

同时，UE 需要支持 Radius 协议的 PAP、CHAP。如果终端不支持，则由 SMF 补充用户名 / 密码的透明鉴权方式实现 PAP/CHAP 鉴权。在终端二次鉴权中，UPF 与 SMF 连接使用的逻辑接口是 N4。UPF 与 SMF 间建立用于转发鉴权消息的 N4 隧道，使用的是 GTP-U 协议，即 N4-U 隧道。

4. 超级 SIM 卡

自 2016 年开始，SIM 卡进入超级 SIM 时代，逐步增加数字证书、国密算法

1　AAA（Authentication、Authorization、Accounting，鉴权、授权和结算）。
2　ULI（User Location Information，用户位置信息）。

等，2021 年推出的"3.0 +"卡具备更强的运算能力，且支持独立传输协议（Bearer Independent Protocol，BIP）通道，为 SIM 卡应用下载提供更高速、更便捷的通道。

超级 SIM 卡具备芯片高安全（EAL4+）、通道高可用（机卡交互）、算法更高效（国密算法）、接口更丰富（开放 API）等显著特征。它采用最新的软件定义边界架构，打破"内部等于可信任"和"外部等于不可信任"的思维。基于超级 SIM 卡认证和国产密码算法，可以直接拒绝访问或注销登录，从而避免共享热点对内网业务造成威胁。

此外，超级 SIM 卡采用了认证加密的第三代单包授权（Single Packet Authorization，SPA）技术，当终端环境发生变化或者未使用可信应用时，可以直接拒绝访问或注销登录，从而避免共享热点对内网业务造成威胁。

超级 SIM 卡还结合了零信任理念，对用户进行持续信任评估，实现动态访问控制策略，全方位保障用户身份安全、业务数据安全及传输安全。访问控制策略结合用户业务访问数据及通信运营商网络连接数据（例如，基于用户超级 SIM 卡的位置信息、网络标识等数据），根据策略界定阻断访问、二次增强认证等灰度处置。另外，超级 SIM 卡提供覆盖 iOS、Android、HarmonyOS 等操作系统移动终端的安全沙箱功能。在用户终端上创建一个与个人环境逻辑隔离的安全工作空间，支持针对不同用户启用不同的终端权限管理策略，实现通信数据加密、落地文件加密、内外网络访问隔离、严禁截屏转发、文件外发管控、屏幕水印等终端数据保护。

3.10　9 One 平台

在 5G 及云网融合的数字底座基础上，中国移动九大行业现状及需求打造了一系列综合服务平台，统称为 9 One 平台，后根据细分行业的深度发展持续迭代更新，现已发展为 10 个平台，但仍习惯合称为 9 One 平台。

2020 年 11 月，中国移动在全球合作伙伴大会上首次正式发布"平台 9 One 计划"，面向行业梳理"一揽子"方案，面向伙伴开放"一站式"赋能，面向客户提供"一体化"交付，全面升级 5G +AICDE[1] 能力体系。目前，9 One 平台作为中国移动垂直行业关键能力底座核心，在行业规模拓展中下接云网、上承应用，贯通"连接＋算力＋能力"，

1　AICDE（A代表人工智能、I代表物联网、C代表云计算、D代表大数据、E代表边缘计算）。

全面赋能解决方案一体交付。2022 年，9 One平台实现了从"概念引领"到"实质卡位"的转变，灵活拼搭、立体组合，聚合生态精品应用、助力集成交付，推进从聚能到赋能的转变。

3.10.1　OnePoint 平台

OnePoint 平台以中国移动超 4000 座北斗地面基准站网络为基础，对接北斗卫星导航系统，兼容 GPS、Galileo 等全球卫星导航系统。OnePoint 运用平台可以实现高精度定位解算、播发、数据质检等功能，为用户提供动态亚米级、厘米级、静态毫米级定位能力及时空综合数据服务、短报文融合通信、组合后处理定位等多种时空信息和通导服务。

OnePoint 平台具体包括以下 6 个服务能力。

① 动态亚米级定位服务能力：通过播发单频实时动态（Real Time Kinematic，RTK）载波相位差分数据 / 实时动态伪距差分（Real Time Differential，RTD）数据，开阔环境下可实现亚米级定位服务，可应用于车道级导航、电摩单车管理、道路管理、园区管理、物流管理、手机、智能可穿戴设备定位等场景。

② 动态厘米级定位服务能力：通过平台播发多频 RTK 数据，开阔环境下可实现动态厘米级定位，可应用于自动驾驶、测量测绘、无人机等场景。

③ 静态毫米级定位服务能力：通过后处理高精度差分定位算法，在观测环境良好的情况下可实现静态毫米级定位服务，可广泛应用于交通基础设施监测、防灾减灾等场景。

④ 时空综合数据服务能力：基于统一时空基准，实现安全、高效的轨迹回溯、电子围栏、实时监控、轨迹追踪、轨迹分析挖掘等基础功能，以及基于历史轨迹数据的驾驶行为分析、经验路线分析、停留点分析等数据挖掘功能，完成对一个位置的全生命周期管理，为政企用户终端位置管理提供便捷有效的手段，降低运营成本。

⑤ 短报文融合通信服务能力：通过建设星地融合、天地一体的融合通信服务体系，打造统一、融合、多源、低冗余、高可靠的业界领先的时空信息基础服务网络，为各垂直行业、政府机构、个人用户提供星地融合双向通信能力。

⑥ 组合导航后处理服务能力：基于中国移动地基增强系统划分的全国各网点数据和终端多源传感器数据，进行组合导航事后处理计算，为用户提供后处理的高精度轨迹及姿态数据解算服务，服务功能包括卫星后处理服务、卫惯（卫星定位系统和惯

性测量系统）组合后处理服务，具有全覆盖、高精度、高效率、高可靠、低成本的特性。

OnePoint 平台目前已为智能驾驶、监测检测、智慧物流、无人机、共享单车等多个领域提供应用服务，基于其特有的优势，OnePoint 平台获得了广泛的应用，具体包括以下 4 个性能。

① 网络覆盖全面：OnePoint 平台拥有全球最大规模北斗地基基准站网络，北至漠河、南至三亚、东至舟山群岛、西至新疆塔县柯柯亚乡。

② 服务质量领先：动态厘米级、静态毫米级定位精度达到行业领先水平，亚米级 RTK 服务统计精度水平方向小于或等于 70 厘米，垂直方向小于或等于 1.2 米；亚米级 RTD 服务统计精度方向小于或等于 1.5 米，垂直方向小于或等于 3 米；厘米级 RTK 服务统计精度水平方向小于或等于 5 厘米，垂直方向小于或等于 8 厘米；毫米级 RTK 服务在观测环境良好的情况下，统计精度水平方向为 3 毫米误差不超过 0.5×10^{-6}（95%），垂直方向为 5 毫米误差不超过 0.5×10^{-6}（95%）；数据可用率在 99.9% 以上。

③ 支持北斗三代，兼容 5 星 16 频：以北斗卫星导航系统为主，兼容北斗三代，且支持单北斗独立运行、CGCS2000、WGS84、ITRF2008 三大坐标系及北斗、GPS、GLONASS、Galileo、QZSS 五大卫星导航系统（即 5 星 16 频）。

④ 兼容多种终端接入：支持全球导航卫星系统（Global Navigation Satellite System，GNSS）接收机、车载定位终端、人员定位终端等多种主流高精度终端接入，兼容单频和多频终端。

OnePoint 平台具备以下 4 个核心优势。

① 网络覆盖全域化：OnePiont 平台连接全球最大规模的 5G 和北斗 RTK 定位网络，精准定位、通导一体，服务覆盖全国；3 档专网模式兼顾不同应用场景的网络性能、服务及成本平衡，多类定位服务实现要素精准定位。

② 数据安全体系化：OnePoint 平台提供"7×24"小时电信级可靠服务保障，全国范围央企级属地服务；基准站坐标框架通过国家测绘产品质量检验测试中心权威认证；依托中国移动通信网络保证用户位置数据安全，保护用户隐私。

③ 业务模式多样化：OnePoint 平台面向智能驾驶、共享单车、无人机等多场景的应用需求，提供账号接入（标准 Ntrip 协议）及 SDK 接入（终端鉴权认证）等多种接入方式及计费模式，面向智能公交、智慧港航、智慧物流等行业客户的实际个性

化需求，发挥中国移动 5G＋高精度定位的禀赋优势，可提供完整的端到端解决方案。

④ 运营服务专业化：标准化产品订购，客户可以通过客户经理、客户服务热线、在线客服（官方网站）等渠道进行业务咨询、问题解答、产品投诉、服务报障、意见建议等。定制化产品订购，基于区域中心面向 31 个省（自治区、直辖市）配备了专属的商务经理，负责售前商务对接，协同产品交付团队、产品运营团队进行售中售后全流程支撑，推动项目落地。

3.10.2　OneTraffic 平台

OneTraffic 平台是中国移动向交通行业客户提供算力资源和应用能力的"一站式"服务门户。平台基于"5G＋北斗＋车路协同（V2X）"融合网络，接入汇聚多种类交通要素实时数据，实现云、边、网、端一体化协同。OneTraffic 平台基于"连接＋定位"层、中台能力层构建能力底座，打造智能网联、车路协同、智慧港航 3 个应用子平台，并提供统一门户、开放接口，实现基础设施、出行工具、运输服务、交通管理的"能力一点接入、性能一点升级、服务一点触达"。3 个应用子平台具体服务能力如下。

（1）智能网联平台

① 前装车辆 4G/5G 网联服务能力：以卡管理为核心，为车企提供制卡发卡、配置管理、用量监控、API 服务等标准产品服务及售后运营等一体化全流程服务能力。

② 车主服务能力：面向车主在权限管理、车载娱乐内容、车载网络管理等方面的需求，提供"权益＋内容＋流量"的融合服务能力。

③ 后装车辆网联管理能力：面向企事业、营运车企业，实现车辆日常监管、调度等服务，提高用车效率和企业管理水平，主要包括车辆监管、派单、报表统计、违规用车报警等功能。

④ 网联车辆远程控制能力：面向政府、车企、行业客户，通过远控平台实现统一调度、实时监管及远程控制功能，解决自动驾驶"长尾问题"。

（2）车路协同平台

① V2X 终端接入管理能力：提供 V2X 终端（RSU、OBU、摄像头、雷达、路侧计算单元等）的统一接入、运维管理；支持实时查看设备状态、设备点位、在线设备数量、实时监控预览、远程升级；支持接收终端的 V2X 消息上报，支持 V2X 事

件下发至路侧、车载终端。

② 车路网数据融合和仿真决策能力：实现路网／路段／路口交通全要素感知与融合，提供交通事件检测、交通流量检测、交通路网状况检测、交通态势分析、信号控制优化、动态车道管理、多维交通评价、交通平行仿真、交通数字孪生等服务，为路网交通精细化管控提供数据支撑。

③ 车路协同应用数据下发及分析能力：针对海量路侧设备、自动驾驶车辆提供统一高效的数据分析，呈现运营监管界面及高精度数字孪生；支持通过 5G 网络及车路协同网络向自动驾驶车辆、网联车辆及智能终端下发全场景车路协同应用信息。

（3）智慧港航平台

① 数字孪生港口能力：通过集成 3D 模型与高精度地图，实时展示集卡、场桥、岸桥、堆场／集装箱、船舶、设备设施状态等信息，并通过电子围栏告警等功能实现港区的监控管理。

② 港航 5G 专网管理能力：对港区所有 5G 基站的资源和性能数据进行可视化呈现，提供港口全量设备网络接入数据的查询与管理能力，并可通过端到端拨测系统提供网络整体运维信息，实时监测港口水平运输场景与垂直运输（港机远控）场景业务质量。

③ 低时延视频及图像识别能力：提供低时延视频服务，端到端时延小于 200ms，可实现高清视频回传，辅助港机远控；支持港口交通信息的融合感知及智能调度，实现港口水平运输无人化作业；通过比对箱号、拖车号、海湾等关键数据，升级智能理货应用。

OneTraffic 平台具备以下 3 个核心优势。

① 接入全球最大规模的"5G 网络 + 北斗"高精度定位网络，实现分级定位能力：OneTraffic 平台连接全球最大规模 5G 和北斗高精度定位网络，服务覆盖全国，支持 LBS、RTD、RTK 等模式，并兼顾不同应用场景网络性能、服务及成本平衡，多类定位服务实现交通要素精准定位。

② 支持边缘—区域—中心三级云化部署，算力弹性调整扩容，实现高并发低时延：OneTraffic 平台依托遍布全国的分级云算力资源，可支持百万级终端设备接入、千万级 V2X 消息毫秒级并发处理和转发，V2X 消息处理时延小于 60ms。

③ 提供超 500 项标准化功能，支持 20 余类 5G 智慧交通场景应用能力：OneTraffic 平台支持车联网、车路协同、设施监测、智慧港口、智慧航运等 20 多种

交通应用场景，提供网络接入、远程控制、图像识别、定位轨迹、运营分析等 500 多项标准化功能，提供定制开发服务。

3.10.3　OnePower 平台

OnePower 平台面向区域政府、工业园区，以及工厂、矿山、冶金、电力和能源化工等细分行业，基于 5G+AICDE，提供涵盖端侧、网侧、平台侧和应用侧的产品和服务。

OnePower 平台由基线平台与行业子平台组成，聚焦数字化连接、厂区监控、工业能耗管理、室内高精度定位和工业标识五大通用场景应用，构建了基线平台；融合生态力量与工业行业场景应用，构建了区域工业互联网平台、智慧工厂、智慧矿山、智慧电力、智慧化工和智慧冶金 6 个行业子平台。同时，OnePower 平台将新型工业智能网关作为应用下沉的载体，通过云边协同落地平台能力，提供工业应用服务。

OnePower 基线平台沉淀用户管理、设备管理、应用集成、开发工具、数据处理、API 网关等通用能力，提供规模数据采集、AI 视觉监测、工业能耗分析、实时定位和标识解析等多种通用服务，整合自有及生态能力构建资源能力库，面向工业、能源等行业提供高水平应用；面向区域政府提供工业经济监测和政企服务；面向智慧工厂提供数字化运维等应用；面向智慧矿山提供矿用设备远控等服务；面向智慧冶金提供生产安全预测等服务；面向智慧电力提供切片管理等服务；面向智慧化工提供应急管理等服务。具体包括以下 5 个应用场景。

1. 数字化连接

OnePower 平台针对集团型企业、产业园区，海量接入工厂状态数据需求，基于数字化连接应用提供规模数据采集和设备上云的服务，实现对生产线、车间级的设备、人员的状态数据的采集和汇总，利用大数据工具，实现对工业的生产和经营数据的综合展示，方便集团客户开展统一管理。

2. 厂区监控

OnePower 平台针对各类型工业企业安全监控管理需求，基于厂区监控应用，提供远程监控工业现场服务，通过人工智能筛选有效视频，提高响应速度；利用 "5G+MEC" 部署的人工智能算法服务实现电子围栏、安全着装检测等。

3. 工业能耗管理

OnePower 平台针对工业企业节能减排需求，基于工业能耗管理应用，提供工业能耗数据分析服务，支持采集多类型能源（电、水、天然气等）数据，并对能源消耗进行分析，包括分类能耗、区域能耗，为企业提供能耗管理、用能监测、能耗分析等功能。

4. 室内高精度定位

室内高精度定位参见第 3.5.3 节。

5. 工业标识应用

OnePower 平台依托工业标识解析二级节点的标识注册、解析能力，提供智能标识管理、防伪溯源、数字化营销、仓储管理等应用，实现企业间的设计协同、制造共享、供应链优化，有效提升企业资源优化配置，推动企业制造敏捷性。工业标识应用场景如图 3-20 所示。

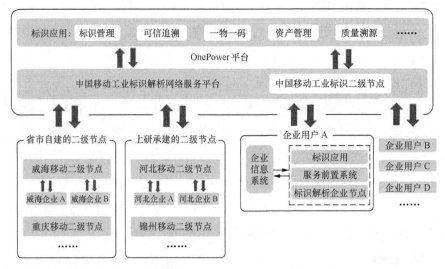

图 3-20 工业标识应用场景

在性能方面，OnePower 平台消息队列遥测传输（Message Queuing Telemetry Transport，MQTT）上下行可支持 3 万并发数，时延不超过 100ms，响应率大于或等于 99.9%；访问每秒查询次数（Query Per Second，QPS）大于或等于 1000，评价响应时间不超过 100ms；支持用户管理、DMP、第三方应用等，第三方调用的北向接口数量超过 500 个。

OnePower 平台的核心优势在于依托中国移动云网能力，以新型工业智能网关为载体，结合生态实现应用下沉，提供云、边、端网络架构，为行业应用提供轻量化、低成本的部署环境。OnePower 平台通用能力可灵活复用，部署配置快速灵活；打通设备、生产上下游的数据；开放架构，接入灵活。

3.10.4　OneFinT 平台

OneFinT 平台是基于 5G、人工智能、物联网、云计算、大数据和边缘计算技术，面向银行、保险和证券等金融机构提供解决方案的服务平台，助力金融机构数字化转型。OneFinT 平台重点承载大数据、5G 智慧银行、产业金融 3 条产品线。

① 大数据的主要产品包括基础信息核验、客户关系修复、定制模型和支付卫士，为客户提供身份信息核验，反欺诈等数据验证服务。

② 5G 智慧银行的主要产品包括金融云问、5G+XR 沉浸营销、数字人客服，应用于客户业务咨询、精准获客和智能外呼等业务场景。

③ 产业金融的主要产品包括供应链金融和物联网金融，为客户的融资贷款审批、动产抵质押物监控等业务提供信息化平台服务，降低贷款审批风险。

OneFinT 智慧金融平台沉淀了 6 项核心能力，以满足金融行业基础信息核验、反欺诈识别、精准营销、智能获客、贷款融资和抵质押物监控等业务需求。OneFinT 平台如图 3-21 所示。

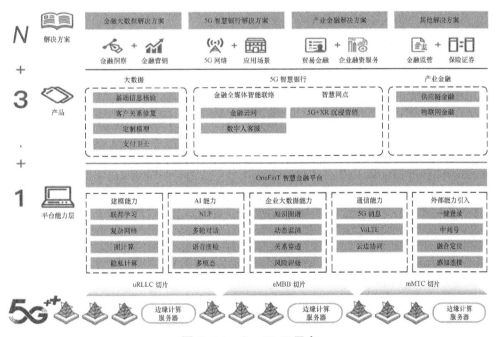

图 3-21　OneFinT 平台

① 图计算能力。OneFinT 平台可通过人、物之间的联系，计算出潜在商机或风险，

为金融行业反欺诈识别、骗保识别、高价值客户获取等场景赋能。

② 隐私计算、联邦学习能力。OneFinT 平台可满足金融行业数据不出局的需求，依托加密数据开展模型训练，为客户提供合法合规的定制化联合建模服务。

③ 多轮对话能力。OneFinT 平台具备全双工交互、多轮对话能力的机器人，具备精准识别用户意图能力，可支持打断，情绪识别准确率超过 93%。

④ 多模态能力。OneFinT 平台具备多种数字人形象，支持客户定制，等比还原真人脸部特征，建设了一个超过 200 个肢体动作库，人物形象生动。

⑤ 动态监测能力。OneFinT 平台支持 20 余种物联网感知设备接入，通过个人计算机、手机等多种终端，对各类型抵质押物进行监控，实时掌握资产整体情况。

⑥ 风险评级能力。OneFinT 平台支持多维度企业信贷风险模型，实现异常风险识别、预警告警等功能，降低金融机构贷款风险。

OneFinT 平台具有以下 6 个核心优势。

① 平台性能优势。OneFinT 平台支持并发 5000TPS、业务查询时延最小 300ms，兼容谷歌、Edge、360 等浏览器，软件终端支持 Windows、Linux、MacOS 操作系统，支持摄像机、智能显示器、边缘服务器等硬件终端。

② 中国移动云网优势。OneFinT 平台借助中国移动 5G 网络低时延、高可靠优势，可实现各项业务数据毫秒级传输，依托移动云灵活部署优势，满足用户各类功能架构部署需求。

③ 云边协同架构。OneFinT 平台具备"中心 + 边缘"的业务架构，服务内容云端部署，展示内容边缘服务器渲染，高性能满足用户业务实时性要求。

④ 客服模板。OneFinT 平台支持活动邀约、通知提醒、回访等多种专业客服模板，涵盖多个业务场景，实现场景灵活配置。

⑤ 业务即开即用。用户通过个人计算机和网络，即可登录云平台开通业务，操作流程简单易上手。

⑥ 系统灵活部署。OneFinT 平台提供云化、私有化部署，支持单机、集群部署，部署方式灵活满足用户业务管理需求，支撑业务快速上线。

3.10.5 OneEdu 和教育平台

OneEdu 和教育平台以 5G 云网为基础，以统一融合平台为核心底座，上层承载智慧校园、智慧幼教、智慧家校、智慧高校、智慧考场、教育治理等多领域应用，形成

"1 张 5G 教育专网 + 1 个教育云服务 + 1 个统一融合平台 + 六大重点应用"的中国移动 5G 教育产品体系，提供教学、管理、考试、评价全场景的教育信息化服务，打造智慧教育新基建建设蓝图。OneEdu 和教育平台如图 3-22 所示。

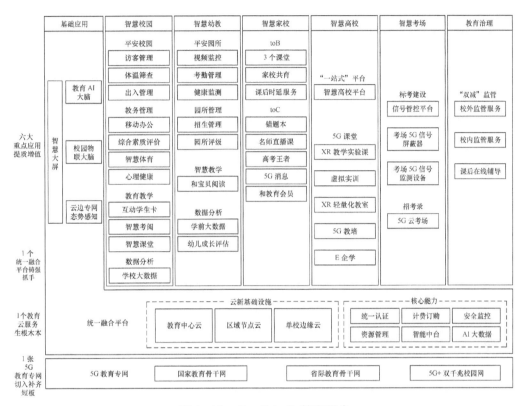

图 3-22　OneEdu 和教育平台

统一融合平台是 OneEdu 和教育平台的能力底座，具备数据治理、资源管理及配套综合管理能力，已在全国 29 个省（自治区、直辖市）落地，助力构建全网—省侧两级数据、能力、运营服务体系，解决传统模式下教育信息化建设各自为战的"孤岛"格局，实现数据融合、能力共享、应用协同。

① 数据治理能力是 OneEdu 和教育平台的数字底座，可提供实时采集、治理、存储、查询、展示数据等功能，并搭载数据智能引擎，高效积累数据资产，赋能业务应用场景，助力用户构建扎实的数据根基，辅助科学决策，实现数字化经营。

② 资源管理能力是 OneEdu 和教育平台的业务调度核心，可提供资源引入、审核功能，实现资源在省、市、区、县级和全体师生之间的多级分布及可视化、个性化调度，

打造"连通所有市县、覆盖全体学校、服务全体师生"的教育资源共建共享生态格局。

③ 综合管理能力是 OneEdu 和教育平台的能力开放基石，可为第三方应用或其他业务系统提供统一认证、统一消息服务、智能搜索等标准化通用能力，提供高效率低成本的技术输出服务，避免重复开发。具体标准化能力如下。

·IM 及推送：移动端调用即时通信能力，实现群聊、单聊、消息推送等功能。

·二维码订购和支付能力：包含制码能力、扫码解码能力、二维码管理能力、扫码订购能力，提供一班一码、一校一码、一商一码 3 种形式。

·AI 内容审核能力：自动审核上传的图片、视频，依据审核结果显示内容或不允许上传或提示人工审核。

·AI 图片识别能力：建立以单个学生为单位的人脸识别库，建立独立相册，通过图片识图调度程序，将上传的图片识别至归属相册，并分类存储。

·统一智能推荐能力：收集用户浏览数据，自动推荐相似资源给用户，例如，商品、应用、图片、视频等。为用户提供精准的"相关推荐"，实现个性化推荐，改善用户体验。

·统一智能搜索能力：提供智能化纠正拼写错误、联想等提升搜索效率的功能。

·统一媒资能力：支持将音 / 视频课件和文档（例如 PDF、Word、Excel、PPT 等）上传到媒资库，支持按策略对上传资源进行审核，并分类管理；支持视频加密，对课程进行版权保护，防止盗播。

OneEdu 和教育平台服务性能主要体现在以下 6 个方面。

① 平台承载量：系统支持用户数不少于 5000 万人。

② 平台并发量：系统支持并发用户数不少于 3.5 万人。

③ 平台请求间隙：系统发起参数请求至结果返回时间小于 1s，系统发起规则运算请求至结果返回时间小于 2s。

④ 平台响应：应用界面响应时间小于 2s。

⑤ 平台稳定性：系统无故障运行时间大于 5000 h。

⑥ 应急响应：影响全网用户使用的重大故障，系统恢复时间小于 0.5h；影响部分用户使用的严重故障，系统恢复时间小于 1h。

OneEdu 和教育平台具备以下 5 个核心优势。

① 支撑灵活：支持多样化教育工具、多元化教学内容，支持与智能化教学设备对接，提供自助式支持。

② 高兼容性：支持接入第三方平台使用，兼容各行业、各类型应用。

③ 功能组件化：提供软件即服务（Software as a Service，SaaS）及功能模块化部署，支持独立封装，可按需灵活部署。

④ 自动化运维：自动发现、全栈监控、全景展示，实现全生命周期管理及效能分析。

⑤ 支持弹性扩容：可实现秒级扩容，从容应对突发流量，保障业务系统的高可用性。

3.10.6　OneHealth 平台

OneHealth 平台是中国移动为医卫行业打造的智慧医疗平台，面向政府监管部门、各级医疗机构等医疗行业客户，以 OneHealth 自研能力为核心，构建云网融合一体化的、可管可控可感知的新型 DICT 基础设施，提供涵盖智慧医院、智慧医保、智慧卫健、智慧康养等领域的产品和解决方案，助力行业数字化转型。

OneHealth 平台主要具备以下 4 种服务能力。

① 平台基础能力：提供统一认证、应用管理、用户管理、服务治理等基础服务能力，实现医疗能力组件及服务的开放与共享。

② 医疗设备接入与管理：针对医疗终端设备，提供统一数据采集、数据分析和设备管理等能力，赋能物联网医院场景。

③ 高清音 / 视频能力：提供统一的高清音 / 视频、行业视频监控等能力，助力医疗信息化形态升级。

④ 医疗 AI 能力：提供 AI 影像辅诊、医疗语音识别、重症监护室危险行为识别等多种医疗 AI 类服务，焕发医疗新活力。

OneHealth 平台是通信运营商在 5G 时代为医疗行业客户设计的新型 DICT 基础设施，平台能力底座沉淀影像辅助诊断、医疗语言处理、医疗语音识别、人脸识别等核心能力，满足各类医疗业务应用需求，助力打造远程医疗、移动医护、中移急救等多个 5G 智慧医疗创新应用。

① 智慧医院。OneHealth 平台面向各级卫生健康委员会、医院、医疗集团等，提供移动医护、资产管理、患者导航等业务服务，助力医院实现智慧医疗、智慧服务、智慧管理三位一体的数智化提升，为增强医院综合实力和智慧医院等级评定提供有力支持，可在物联网医院、移动医护领域提供专业化服务能力。

② 远程医疗。OneHealth 平台面向各级卫生健康委员会、医疗机构等，提供远程医疗和互联网诊疗服务。远程医疗可支持医疗机构之间开展远程会诊、远程影像、远程医疗教学等服务。互联网诊疗是以患者为中心，创新全预约资源池和智能随访引擎，提供在线问诊、一体化预约、智能随访等服务，打造线上、线下一体化，覆盖院前、院中、院后全闭环的互联网医院服务体系。

③ 中移急救。OneHealth 平台面向急救中心、医院等，打造 5G 急救系统、120 救护车视频调度系统，提供车载会诊、院前电子病历、视频呼叫、5G 急救消息、急救任务调度管理、重症危机预警等自研能力，支持从 120 调度到院前急救的端到端信息化服务，实现急救医疗网络的高效运行，全面提升紧急医疗救援与服务的效率和质量，助力公共卫生应急管理水平的升级发展。

④ 智慧康养。OneHealth 平台充分发挥中国移动云网优势，聚焦养老业务痛点，整合养老生态资源，建立以居家为基础、以社区为依托、以平台机构为支撑的医护康养一体化平台，实现养老服务监管、体征及时检测、健康评估及指导、远程咨询、数据互通共享等功能，以信息技术赋能康养服务升级。

3.10.7 OneTrip 平台

中国移动依托 4G/5G、云计算和大数据等能力优势，打造 OneTrip 平台，OneTrip 平台由全域监管平台、景区管控平台、智慧服务平台、智慧营销平台构成。

① 全域监管平台。该平台通过大数据分析手段，对区县全域旅游态势、客流情况、产业发展情况、涉旅消费等进行全方位多维度分析，助力政府文旅管理部门全面了解文旅行业现状，科学制定相关决策。

② 景区管控平台。基于大数据、物联网感知、5G 等技术，景区管控平台可帮助景区突破空间壁垒，使业务系统互联互通，实现景区内部资源的实时远程管理调度、"一张图"掌控全局。

③ 智慧服务平台。该平台可为游客提供贯穿全程的智能化服务，游玩前以云旅游、精准推荐等方式帮助游客快速了解景区；游玩中为游客提供安全保障、AR 导览、AI 互动、游戏互动等体验功能，让游客在景区体验到服务无处不在；游玩后为游客提供分享互动、评价建议功能，形成景区私域流量。

④ 智慧营销平台。该平台汇聚了全国景区实时直播链路，结合"5G + VR/AR"

等创新技术，为游客提供 360° 美景直播、景区讲解、天气预报、票务预订和游记攻略等服务；帮助政府、景区、涉旅企业实现旅游产品线上宣传、线下客流转化，提升景区、旅游产品的知名度和影响力，促进景区线下收入和二次消费收入。

目前，OneTrip 平台可提供以下 4 项应用服务。

① 政府监管。OneTrip 平台通过掌握各地旅游的运行实况，全面分析市场，为各级文旅管理部门开展监管调度、应急指挥提供有效手段，全面提升文旅部门的治理能力，为企业、游客提供更及时、准确的公共信息服务，助力全域旅游示范区验收工作顺利开展。

② 智慧景区。OneTrip 平台应用大数据技术对游客服务需求、营销需求进行多元化、多维度的及时跟踪和分析，为旅游景区（自然景区、红色景区、休闲度假村、房车营地等）制定合理有效的策略提供辅助。基于 5G、IoT、AI、GIS 等技术，实现景区"人、事、物"智能一体化管控，提高景区的管理运营能力和服务品质，助力景区顺利开展"创 A""升 A"工作。

③ 乡村旅游。OneTrip 平台运用数字化赋能乡村旅游管理、服务、营销、运营各环节，通过线上线下相结合，实现乡村旅游服务方式和管理模式创新，打造游前、游中、游后服务体验闭环。游客在出行前，可通过信息服务平台查询旅游信息、制订出游计划、进行在线预订；在游玩过程中，可通过智能化设施享受便捷的停车、导览、观光、购物、游玩、居住体验；在游玩后可进行分享互动。

④ 智慧文博。OneTrip 平台在文物盘点、查找和日常管理、人员出入、文物防盗、游客室内定位等环节为博物馆提供有效的信息化手段，提高博物馆的业务管理能力；通过 VR 直播、AR 导览、AI 互动等创新应用加深博物馆观众与文物的互动体验，提升博物馆的长期影响力。

3.10.8　OneVillage 平台

OneVillage 平台融合 5G、物联网、大数据、人工智能等技术，构筑了覆盖乡村振兴五大方向的数据公共平台和业务支撑平台。OneVillage 平台服务于基层政府、涉农企业和农民，以"乡村振兴"战略为总体牵引，面向乡村综治、数智农业、振兴管理、助农惠民、基层医疗、乡村教育六大领域，构筑"1+1+6"产品体系——1 张"空、天、地立体信息采集网"，1 个"乡村振兴云平台"，6 类"细分场景解决方案"。平台具备以下 6 种服务能力。

① 农业大数据能力。OneVillage 平台针对"三农"领域基础数据复杂、多变、动态、分散等特点，提供海量数据的采集、存储、加工及运维等大数据基础能力，同时提供定制化数据挖掘、数据分析、数据可视化展示服务，为用户在农业生产、经营、管理、服务等方向提供数据支撑。

② 农业人工智能能力。OneVillage 平台通过图像识别、场景检测、语义分析等基础能力沉淀，提供包括数据采集、数据标注、模型发布、模型训练、服务封装、能力编排在内的"一站式"人工智能能力集成，促进人工智能技术与农村治理、农业生产、农民服务深度融合。

③ 农业生态聚合能力。OneVillage 平台基于平台构筑生态，汇集六大领域通用能力，实现乡村振兴生态能力聚合，为内外部上层应用提供能力支撑与调用。

④ 数智农业服务能力。OneVillage 平台聚焦种植场景，提供农业生产管理、人工智能病虫害识别、作物生长模型、农技百科、"三农"信息服务等多种数智农业服务能力。

⑤ 乡村基层治理能力。OneVillage 平台通过基层党建、政务管理、积分制、数字门牌、智能填报、平安家园、事项管理等应用，协助乡镇、村政府工作人员提升工作效率。

⑥ 惠农服务能力。OneVillage 平台以信息惠农为宗旨，建立乡村振兴农技服务平台，建设农村金融服务体系；同时，助力基层政府发展乡村教育和基层医疗，通过信息化手段解决城乡教育、医疗资源不均衡的问题，提高农民的获得感、幸福感。

OneVillage 平台具备以下 3 个核心优势。

① 四屏互动。平台支持移动端、个人计算机端、电视端和大屏端，服务各类不同用户群体，提升信息触达率。

② 灵活部署。平台支持云化部署和本地化部署两种方式，既可以快速为用户开通 SaaS，也可以为用户提供定制化服务。

③ 安全保障。平台具备运营商级别数据安全能力，能够做到多重数据安全防护，确保数据不泄露、不丢失、可回溯。

OneVillage 平台目前在生产生活方面已实现以下两方面的主要应用。

① 乡村综合治理。OneVillage 平台以"三农"数据库为基础，为基层政府工作

人员提供基层党建、政务管理、积分制、数字门牌、智能填报、平安家园、事项管理等应用，解决数据采集难、事务管理难、村民自治难等农村实际生活和工作中的问题，提升基层政府人员的工作效率和公共服务水平，提升村民生活的便利性，全面推进乡村治理能力现代化。

② 数字农业产业园。OneVillage 平台服务园区内的农业生产企业，提供精准种植、农产品电商等产品，形成数智农业端到端解决方案，助力园区生产企业实现生产智能化、经营数字化、产销一体化的生产经营新模式；服务产业园管理方，提供产业园管理驾驶舱、园区服务管理工具，助力园区管理方实现服务信息化、管理可视化的管理服务新模式。

3.10.9　OneCity 平台

OneCity 平台是新一代新型智慧城市智能底座，可提供高质量的智慧城市顶层设计咨询服务、安全服务、运维运营服务。OneCity 平台是智慧城市领域的核心能力平台，提供面向城市统筹管理和城市治理、产业经济、民生服务、生态宜居等方面的核心能力和定制服务能力，助力政府客户智慧城市、数字政府和数字经济战略落地。OneCity 平台的核心平台包括城市 AI 平台、集成平台、城市大数据平台等。

（1）城市 AI 平台

城市 AI 平台面向智慧城市领域政务、城管、安防等场景，降低了 AI 应用落地门槛，帮助企业实现数字化转型。城市 AI 平台支持接入移动自研及第三方算法，提供资源分配及算法托管能力；支持接入各种数据及智能设备，并提供可视化的编排工具进行算法流程调度，帮助企业构建 AI 应用及 AI 运营环境。

（2）集成平台

集成平台构建"一站式"智慧城市业务集成开发体系，包含能力集成、应用集成、资源集成和服务集成服务。

① 能力集成：借助能力、消息、数据和设备集成融合技术，屏蔽 PaaS 层能力的差异性，向上提供统一标准的能力接口，赋能智慧城市行业应用，实现业务融合、行业赋能、构建生态、简化集成开发和云边协同的目标。

② 应用集成：提供低代码应用可视化构建平台，支持以拖曳、配置的方式构建应用和多应用协同场景创新业务，降低业务构建门槛，快速迭代交付。使用集成引擎

和流程引擎将不同应用、不同业务流程集成在一起，打通应用壁垒，实现跨部门、跨系统、跨企业的复杂流程共用。

③ 资源集成：构建云原生业务自动迁移方案，支持把非信创环境的云原生业务整体迁移到信创环境，打造信创迁移方案管理；适配更多的信创芯片、中间件和数据库。

④ 服务集成：打造统一且独立的"统一认证中心"，提供"一站式"统一认证解决方案，统一账户、统一认证、集中授权、单点登录等能力，支持异构资源接入、开放、运营的能力。

（3）城市大数据平台

城市大数据平台包含数据采集、数据治理、数据分析和数据服务等系统，实现对多源异构数据的统一汇聚和统筹管理，打破数字政府各系统间的数据壁垒，实现数据信息互通；构建统一的数据标准和流程规范，建设行业数据模型，为上层应用提供标准化服务，推动行业数字化转型。

① 数据采集系统：数据采集系统实现多源异构数据的采集和汇聚，包括结构化、半结构化、非结构化数据，并支持实时和离线数据采集场景，同时匹配库表、API、爬虫等多种数据采集方式。

② 数据治理系统：数据治理系统基于元数据，结合数据标准，对数据进行标准化处理，将数据应用于业务、管理、战略决策，发挥数据价值。数据治理系统包含数据资源目录、元数据管理、数据标准、数仓建模、数据安全、数据资产等功能。

③ 数据分析系统：数据分析系统提供数据多维分析框架，包含数据加工、数据分析、即时查询等功能，将任务的调度、发布、运维、监控、告警等进行整合，提供"一站式"的多人集成开发环境。业务人员不需要安装任何服务，也不需要关心底层技术的实现，只需要专注于业务的开发，帮助各部门快速构建数据服务，赋能业务。

④ 数据服务系统：数据服务采用可视化配置的方式，高效开发数据 API、消息通道等类型的服务，助力结构化数据（实时、非实时）和非结构化数据的有效开放。通过安全管理、服务监控、流控策略、API 计费等功能，帮助平台运营者管理和运营平台的数据服务，为数据资源提供者和应用开发者提供更好的服务。

OneCity 平台具备以下 4 个核心优势。

① 技术能力优势：基于 OneCity 平台、5G 网络和信令数据等优势提供综合事务管理，搭建统一门户等能力支持。

②产品落地优势：支持应用快速部署与交付，具备丰富的政府客户项目建设经验。

③业务运营优势：利用属地运营及客情优势，提供一体化建设运营服务。

④数据安全优势：基于最新数字安全屏障，提供数据安全高保障服务。

3.10.10　OnePark 平台

OnePark 平台是 5G 智慧园区解决方案的核心能力平台，面向集团型园区、大中型园区、中小型园区及社区 / 楼宇用户，以平台为核心，以移动云为底座，融合"5G 专网、物联网、千兆网"3 张网络，打造园区运营平台、园区管理平台、园区小程序三大产品形态。园区运营平台包含多园区账号开通、设备监控、运行预警、数据态势等功能，满足集团型等多园区客户统一管理、运营的需求。园区管理平台提供全方位园区安防、一体化物业管理、精细化能源管控、"一站式"运营招商、可视化指挥调度等 N 大场景应用，助力园区智能化升级和智慧化管理。园区小程序提供访客预约、门禁钥匙、停车缴费、反向寻车等服务，提高园区日常通行效率，提升用户体验。

OnePark 平台创新打造多园区、模块化、微服务架构，提供多园区统一管理、单园区模块订阅的平台功能扩展能力，全面满足用户不同发展阶段的差异化诉求。主要打造全面场景智能联动和智能数据专题分析两大智慧化管理能力，通过智能化技术赋能园区降本增效。重点融合移动 5G 高速网络构建 5G 无人机、5G 机器人和 5G 摄像头的地空立体安防监控能力，实现园区实时、无死角安全保障。同时基于移动基站大数据、数据孪生技术构建立体空间视角的人流来源、用户画像、消费特征的分析服务，满足园区用户精准运营管理的诉求。最终协同实现全园数据融合、状态可观、业务可管、事件可控。OnePark 平台有以下 8 个核心优势。

（1）5G 技术赋能立体安全防护

OnePark 平台提供 5G 高清视频接入，通过地面 5G 摄像头、5G 机器人巡检和空中 5G 无人机自动巡查实现全方位、无死角立体安防监控，支持线上设定自动巡查路线、实时查看高清视频和回放录像；5G 网络确保 4K 视频实时传输，无人机控制时延降低至 50ms。

（2）数字孪生和指挥调度深度融合

OnePark 平台可实现数字世界与物理世界数据的无缝打通、实时双向对接和互联。

（3）场景事件全面智能联动

OnePark 平台将场景事件拆分为告警事件、分析模型、处理工具、流程记录，用户可以根据管理诉求对事件处理流程进行自定义配置，实现智能联动；平台内置 15 个以上联动场景，实现事件触发、辅助分析、过程管理、事后回溯的管理流程闭环，达到降本增效的运营效果。

（4）基站大数据人流画像分析

OnePark 平台运用移动基站大数据，支持园内分区实时人流数据和地域来源统计，根据人群消费、习惯特征实现人流画像分析，指导园区业主方实现日常精准运营和招商引流，开拓增值业务；人流特征数据更新速度达到分钟级别，数据存储周期大于 365 天。

（5）智能数据专题分析

OnePark 平台通过统一数据关口，实现设备、业务、视频数据全量汇聚，抽象园区管理指标模型，形成安全、人员、车辆、能耗、产业等 10 个以上指标专题，并通过智能化分析和内置 20 个以上数据面板进行直观化展现，赋能园区管理层日常决策分析。

（6）智能运行中心指标面板自由定制

OnePark 平台支持智能运营中心数据面板自由配置，可以根据长、中、短期运营指标，调整数据监控面板，实时关注园区业务发展趋势，确保团队目标驱动化运营管理；平台支持高精度拖拉曳定位面板位置，自由更换背景图片，自由定义主题名称。

（7）多园区模块化平台架构

OnePark 平台打造创新多园区架构，不同园区业务数据安全隔离，实现一个平台多园区管理和数据安全共享，支持 5000 多个园区管理；平台实现原子能力模块化，用户可以根据管理需求自由选择功能模块，实现按时、按需订阅，不需要担忧平台模块扩展和升级限制。

（8）"7×24"小时实时运维监控

OnePark 平台融合移动云技术，针对平台部署资源池、技术中间件、应用后台服务、前端响应体验进行全方位实时性能监测，实现平台故障及时预警、工单快速派发、故障高效修复，提供"7×24"小时稳定、可靠、安全运维保障。

第 4 章

5G 行业应用实践案例

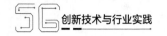

4.1 5G + 智慧交通

　　智慧交通是在整个交通运输领域充分利用 5G、物联网、空间感知、云计算、移动互联网等新一代信息技术，综合运用交通科学、系统方法、人工智能、知识挖掘等理论与工具，以全面感知、深度融合、主动服务、科学决策为目标，通过建设实时的动态信息服务体系，深度挖掘交通运输相关数据，形成问题分析模型，实现行业资源配置优化能力、公共决策能力、行业管理能力及公众服务能力的整体提升，推动交通行业更安全、更高效、更便捷、更经济、更环保、更舒适地运行和发展，带动交通行业业相关产业转型、升级。

　　我国在智慧交通建设上走出了一条以新技术和大数据共同推进、以业务为导向、结合国情实际的科学发展之路，并在智慧交通的建设模式、试点示范、产业推广、运营模式和标准体系建设等诸多方面取得了不菲的成绩。在通信技术日新月异的时代背景下，智慧交通的发展开始受到多方关注，国家层面也陆续发布了《交通强国建设纲要》《中国交通的可持续发展白皮书》《国家综合立体交通网规划纲要》和《中华人民共和国国民经济和社会发展第十四个五年规划和 2035 年远景目标纲要》等相关法规政策来推动行业的发展。随着相关政策法规的颁布，智慧交通行业的发展迎来了前所未有的良好际遇。"新基建"的持续利好及"铁公基"传统基建的硬性需求，将共同推动智慧交通行业蓬勃发展。

4.1.1　行业需求与 5G

1. 行业需求

　　改革开放以来，交通基础设施经历了大规模的建设，交通运输基础架构网络基本成型。目前我国高速铁路、公路的总里程位列全球第一，并拥有一批在全世界吞吐量都居于前列的大型航空枢纽和港口，交通运输管理对数字化、网络化、智能化的需求日渐迫切。

　　铁路、公路、航空和水路等交通运输基础设施的日益完善，意味着我国正在逐步迈入全面协同、优化发展的交通强国发展阶段。在这个全新的阶段，需要解决以下 3 个问题。

① 随着智慧交通的不断发展，智慧出行方式的创新给交通管理带来了全新的问题和挑战。同时，随着机构改革的深入，交通运输管理逐步形成了一体化监管的大交通运输局面。现有交通管理的技术、手段和模式等支撑体系还不能很好地适应交通的一体化感知体系，因此在交通精细化管理等方面仍需进一步提升。同时，由于历史诸多因素的影响，交通跨板块信息共享联动较为困难，与一体化综合交通服务的目标尚有一段距离。

② 虽然目前我国交通基础设施的通车里程数高居世界第一，但随着居民人均车辆拥有数的不断增加，已有的道路基础设施与出行需求不匹配的现象仍然存在，居民出行所需时间和经济成本仍然居高不下。同时，随着智慧出行方式的不断发展，传统出行模式受到较大的冲击，出行门槛不断提高，给弱势群体的出行带来诸多不便。

③ 国内的桥梁、高速公路、涵洞通车、隧道里程均居世界前列，巨大的里程数字也意味着交通基础设施的维护保养作业面大，养护资金支出压力大。养护工作方式普遍基于人工巡检，因此存在巡检周期过长、巡检不到位、巡检遗漏等问题，造成交通基础设施的养护不全面、不到位，导致交通基础设施设备的性能下滑、精度降低，从而影响了交通出行的安全及出行体验。此外，交通基础设施的运营养护投入了大量的人力与物力，相应的经济效益随之下降，需引入更高效的技术和管理手段实现提质增效。

近年来，随着人工智能算法的持续演进及新能源汽车销量的不断增长，自动驾驶技术出现爆发式发展，国内外多家新能源汽车厂商、专业自动驾驶解决方案公司、传统汽车厂商等纷纷突破自动驾驶技术。同时，国内多个城市也在不断扩充城市自动驾驶测试路线，形成多个标杆示范区，并开展不同类型的自动驾驶测试及验证。目前广州市已部署番禺、琶洲、黄埔、花都等多个自动驾驶测试示范基地，汇集了广汽、小马智行、文远知行等多家行业龙头企业。2022 年自动驾驶企业小马智行获得国内第一张出租车营运牌照，并在南沙特区率先完成商业化部署。广州市民可以直接在打车软件上约到自动驾驶汽车，亲身体验全新的出行模式。同时，广州市还中标国家级 5G ＋ 车联网项目，将开展 161 个车联网应用场景测试，目标是建成全国领先的 5G ＋ 车联网应用示范基地。自动驾驶应用的主要需求包括以下 5 个。

① 面向大众用户出行需求，提供安全便捷的自动驾驶服务。

② 面向自动驾驶出租车等网联智能驾驶车辆定位、感知与规划需求，提供北斗高精度定位服务，通过无线及 V2X 网络协同，落地交通安全、交通效率类车联网应用服务。

③ 依托 5G、车路协同等技术，通过自动驾驶车辆感知的道路信息与平台进行交互，实现车端感知信息实时共享。

④ 使用远程协助，通过无线网络实现远程操作员对无人车周围路况的实时监控，并通过远程指令实时控制车辆，快速完成紧急情况处理。

⑤ 路况实时告警。通过无线网络实现施工区域、突发事故的实时告警功能，车辆发现施工区域后通知后台平台，其他车辆通过无线网络获取通知后，动态调节行驶车道与路径，提升通行效率。

2. 5G 与智慧交通

交通的主体大多具有移动性，天然需要无线的移动通信网络实现数据交互。5G 具有广连接、低时延、高速率的优势，以提升互联通信水平为基础，将其应用到智慧交通领域，能更好地支撑实时的信息连接、全面的信息传输和丰富的信息服务。5G 主要从交通安全、出行效率和驾乘体验 3 个方面，更好地提升交通管理智能化水平，实现对智慧交通的赋能。

5G 对交通安全的赋能主要体现在 5G 能够接入更全面的终端设备，并基于更广泛的信息接入，大幅提高车辆对所处路况、环境的感知能力，而不仅仅局限于车载设备所获得的信息。同时，5G 相比其他网络可以提供更高的安全性保障，从多个方面保障可信终端接入、网络通信数据保护等，确保交通数据及信息的整体安全防护。5G 对出行效率的赋能主要体现在 5G 能够以更低时延传输信息，因此能更好地支撑车路协同、编队行驶及远程驾驶等智能出行的需求，同时也给交通管理部门的交通管理、交通调度实时优化提供及时的支撑。5G 对驾乘体验的赋能主要体现在 5G 能够在更高速率的情况下传输数据，因此能实现增强现实、超高清视频等技术在车载即时通信、车载信息增强、高清视频客运、车载娱乐系统、商旅云办公等方面的应用，大幅提升车载信息服务水平和出行体验。

4.1.2 应用场景

1. 5G 高可靠专网服务

智慧交通的应用场景对网络服务要求特别高，特别是在远程操控类、实时监测类应用场景下，要求网络服务高可用，持续保持业务在线并保障网络服务带宽。因此，需要为相关行业应用业务提供更可靠的 5G 专网服务，通过技术手段保障核心业务不会因为网络某个节点的单点故障而中断，确保网络服务的持续有效。

在交通领域，5G 以专属网络的形式对应用场景创新、行业信息化、业务数字化进行全方位赋能，推动生产要素数字化、智慧化转型。行业专属网络的应用对 5G 提出了更高的要求，包括在外部网络出现故障或断开时，专网系统仍然能做到独立、安全、稳定地运行，保证数据传输及无线通信的稳定性、可靠性。低时延、大带宽、自主可控、安全、高可靠性是行业客户对 5G 高可靠专网提出的关键需求。我们可以通过对 5G 行业专网的冗余化设计、严格的工程建设部署，以及多维度的优化及保障运维，确保 5G 网络高可用，持续保障行业应用正常稳定运行。多层次网络保障示意如图 4-1 所示。

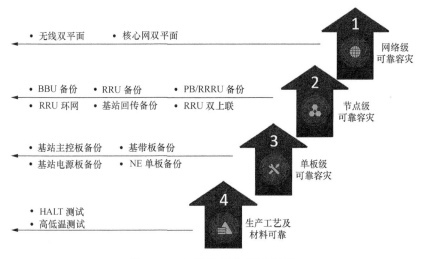

图 4-1　多层次网络保障示意

通过提供多层次的网络保障服务，匹配交通行业不同业务应用场景的使用需求，真正实现了网随业动。同时，通过不同的功能选择，为行业用户提供定制化、个性化的网络服务能力，深度适配实际业务应用需求。

2. 5G 视频监控

相较于传统光纤传输，5G 网络的大带宽、低时延的特性，使无线传输在智慧交通这个特殊场景中，具有高移动性、布网方便灵活、维护成本低、排障难度小及安全可靠等诸多优势。智慧交通业务的实现对视频监控有较大需求，通过在运输线网内加装摄像头，从而实施远程监控、数据采集，同时配合 AI 算法还可以实现智能识别、测距和扫描等。一般情况下，监控区内安装的摄像头清晰度普遍在 100 万像素以上，部分摄像头达到 800 万像素。大量的摄像头产生的监控视频需要及时回传，因此必须满足在广域范围内的超大上行容量需求，这对网络的上行带宽要求极高，以往的常规网络手段难以实现。5G 网络可以提供大带宽、低时延、广覆盖的能力，可以为智慧交通中的"车、人、路、环境"等交通要素互联互通提供可靠的服务保障。

在轨道交通领域，5G 摄像头可以部署在车辆内部，实现驾驶室、车厢、车外路况的多维度视频监控，通过全方位的视频感知，实现司机驾驶行为监控、车厢乘客拥挤情况监控、车外轨道路况及行进过程监控。移动状态下的车地通信需要 5G 无线网络支持，通过结合 5G 高可靠专网服务，为轨道交通领域提供安全可靠的视频监控服务。基于 5G 车辆的全景远程监控如图 4-2 所示。

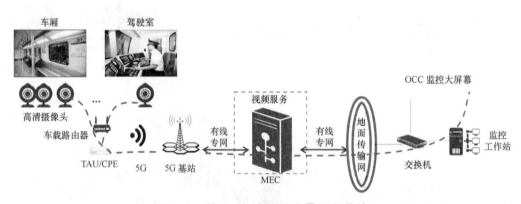

图 4-2　基于 5G 车辆的全景远程监控

在车站的站台站厅，如果新增视频监控设备，则需要额外拉线部署。但作为运营车站，新增线路布线十分困难，很难找到施工窗口。而通过 5G 摄像头来实现视频接入，只要解决供电问题，就可以实现对特定区域的快速安装部署。

在边坡监测领域，广东移动结合高速边坡安全特点，建设以 5G + GNSS + 传感器的多源感知系统，通过采集边坡体活动信息的全面数据，实现边坡安全状况的实时监测和预测预警。5G 提供高可靠、广连接、切片化的网络服务，其高精度定位能力实现边坡体高精度、绝对量的表面变形监测。广东移动的系统方案通过提高边坡监测系统运行效率，为隐患边坡的治理提供数据参考，辅助防灾减灾科学决策，可应用于滑坡体、泥石流、山体崩塌、地面塌陷等的监测。广东移动智慧边坡监测整体架构如图 4-3 所示。

图 4-3　广东移动智慧边坡监测整体架构

基于 5G 视频监控的边坡监测方案主要有以下 4 个优点。

① 合理的指标体系。系统基于边坡工程的安全等级、地质条件、边坡类型、支护边坡类型变形控制要求等，并结合项目实施目标与监测需求，确定合理可行的监测指标体系，快速掌握地灾状态，直击重点。

② 智能自动化报告报表。系统通过内置的模板及丰富的数据分析工具、可视化图形工具，自动提取指定时间段的监测数据，快速生成形式丰富的报告报表。

③ 与人工巡检、定检配合。系统提供地灾监测档案管理、系统预警、定期评估、应急评估等功能模块，通过与管养工程师的联动，形成对地灾监测状况的一种有效、快捷、灵活的信息交互机制。

④ 强大的可视化云平台。公路地灾监测的数据量大、来源复杂、管理难度大，可视化平台能够通过多种形式对监测数据进行简洁明了的展示，便于管养人员和决策人员过滤无效信息。

3. 5G + 自动驾驶

在一定程度上，5G 推动了以数据为基础的自动驾驶技术的发展，为其带来新的发展机遇。5G 能够以更快的速度传输更大容量的数据，在感知环境、信息获取上为自动驾驶汽车提供了更大量、更准确的实时路况信息，使自动驾驶汽车可以及时应对，提高工作效率，保障驾乘安全。

自动驾驶的关键性问题之一就是安全问题，保障行车安全的前提是需要更低时延的信息传输和处理来提升决策的高效性与准确性。与 4G 传输相比，5G 在传输信息时具有稳定性高、速度快、支持高频传输等特点。除此之外，5G 下的移动边缘计算使决策反应更高效。因此，在 5G 的高速可靠传输下，自动驾驶汽车可以以更快的反应速度、更准确的反应能力进行规划决策，保障行车安全。5G 应用在自动驾驶领域应用场景中实现的主要功能如下。

（1）车辆状态实时监控

车辆状态实时监控可以实时展示单车状态，例如行驶车速、行驶状态、位置信息等，并利用 5G 回传的高清视频监控车辆行驶路线，并随时在需要时进行远程驾驶接管介入。同时，利用 5G 收集车辆所有信息，包括位置、轨迹、车辆控制模式、传感器状态、车辆自动化运行状态、单车路径规划等，并通过人机交互，进一步提升监管与调度效率。车辆实时监控如图 4-4 所示。

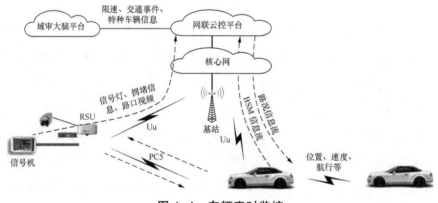

图 4-4　车辆实时监控

（2）基于车端感知结果的实时路况信息共享

自动驾驶车辆正常行驶时可通过自带的视频摄像头、雷达等感知设备，实时采集车辆周边的路况信息，包括施工围蔽、路面抛洒物、临时交通管控等，通过 5G 网络可及时将数据回传至控制中心，并通过控制中心及时下发到周边自动驾驶车辆，及时提醒道路异常情况，提升驾驶的安全性。实时采集车辆周边路况信息如图 4-5 所示。

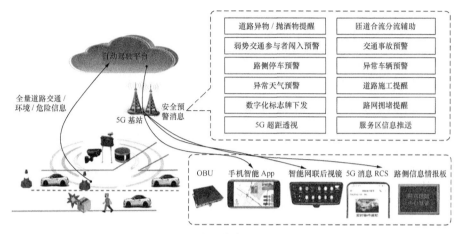

图 4-5 实时采集车辆周边路况信息

（3）5G 车辆远程协助

当自动驾驶汽车面对无法处理的特殊场景时，远程操作员通过中心平台监控车辆周围情况，并通过切换不同的摄像头或观察所有摄像头画面对当前道路及车辆实际情况进行判别，下发远程协助指令，指引车辆及时恢复正常安全驾驶。5G 车辆远程协助如图 4-6 所示。

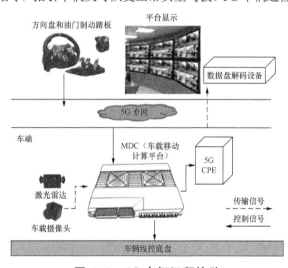

图 4-6 5G 车辆远程协助

当自动驾驶车辆被阻塞在某个路段且无法自主处理路况时，车辆会主动提醒远程操作员，操作员可以通过监控界面观察到被阻塞的情况并判断如何离开，然后发送相应操作指令给车辆。车辆接收指令后，会进行对应的操作，例如倒车、向左、向右躲避前方阻塞车辆等。当车辆脱离被困场景后，可以恢复常规自动驾驶状态。

（4）自动驾驶卡车货运

卡车在货运领域作用显著，特别是在长途货运场景下，卡车司机需要长时间连续作业，工作强度大，安全风险高。目前已有多家自动驾驶相关企业着手开展卡车自动驾驶测试，通过 5G 保障自动驾驶卡车的安全运行，进而推动货运卡车在城市快速路、高速公路的应用，实现货车便捷出行，有效节省货车司机人力成本，提升货运效率。为了提升货运效率，运营后台可以将同一线路的自动驾驶卡车创建编队，实现多车辆的列队行驶，由于所有自动驾驶车辆均在网联系统内部，通过 5G 网络可以实现系统内注册卡车间信息共享、协同行驶，进一步提升交通的通行效率和安全性。

（5）智能驾驶网联云控平台

通过对接中国移动 OnePoint 平台，打造智能驾驶网联云控平台，可实现自动驾驶车辆调度控制、高精度地图呈现、车辆位置 / 行驶轨迹实时监控、交通数据分析、发送远程指令以协助车辆决策等多项功能。OnePoint 平台基于 5G 车联网应用服务，越来越多的用于承载自动驾驶示范验证服务，推动车路云网一体化高等级自动驾驶落地，确保自动驾驶出租车安全运营。

（6）赋能自动驾驶运营示范区

5G 的引入可以加快推动政府打造智慧交通新型基础设施，配合落地智慧交通类应用场景。交通数据实时传输到"城市大脑"平台，辅助交通部门进行路网运行状态诊断，优化交通运输布局，提升整体交通效率。赋能自动驾驶运营示范区如图4-7所示。

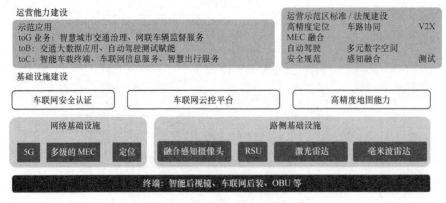

图4-7　赋能自动驾驶运营示范区

4. 5G 无人机

基于 5G 网络的大带宽、低时延能力,可实现无人机在城市消防、城市设施巡查、智慧物流、交通管理等方面的应用。5G 的大带宽可以满足无人机的高清视频及其他业务数据的实时回传需求。而 5G 的低时延能力则可以满足无人机的远程精准控制需求。

在私家车数量大幅上升的情况下,出行交通拥堵成为各大城市交通管理面临的问题之一。目前的城市交通管理仍以传统人工现场处理为主,部分地区尝试用无人机进行辅助处理,但受限于原有的通信技术手段,无人机处理难以取得较好的效果,因此交通管理存在的人工处理成本高、赶赴现场效率低、事故拥堵难疏导的问题仍难以解决。引入 5G 后,网联无人机的实时通信能力得到了极大的提升,无人机现场处置的能力进一步强化。无人机可安装喊话器、双光相机、夜视探照灯等多种设备,可快速到达目的地、实时远程控制,实现更高效的智慧交通管理,包括事故疏导、违法取证、交通巡检等。5G 无人机网络覆盖示意如图 4-8 所示。

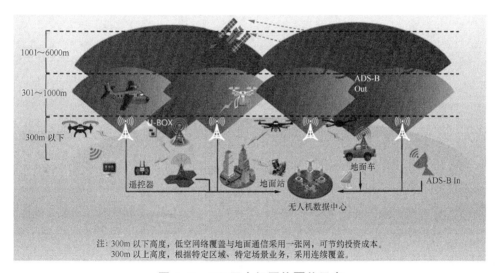

注:300m 以下高度,低空网络覆盖与地面通信采用一张网,可节约投资成本。
300m 以上高度,根据特定区域、特定场景业务,采用连续覆盖。

图 4-8　5G 无人机网络覆盖示意

为提升无人机在交通管理方面的效率,可为无人机搭建自动机库,实现无人机的自动出巡、返航、充电等,达到减少维护人员、降低人工成本的目的。有了自动机库的助力,无人机就可以自动出巡和返航,自动充电或更换电池,在无人干预的情况下实现全自动化作业。

在交通治理场景中,采用无人机搭载高清数字摄像头,对城市车流高峰时段开展大面积的巡逻，根据拥堵情况，利用中心平台的大数据分析能力，给出相关的治理方案，以提高道路的通行能力。同时，无人机还可以在城市主要路段进行巡逻，实时识别、取证违法违停车辆。

5. 海域 5G 应用

近年来，我国海洋信息通信基础设施日益完善，海洋信息化发展正步入大有可为的重要战略机遇期，海上智慧产业效应逐渐成为推动海洋经济高质量发展的新引擎。

在 5G 网络的广覆盖作用下，海上智慧应用得以推广，5G 上船正是其中之一。通过在船上部署的船载 5G 网络，船只上的船员和乘客可以像在陆地上一样实现正常的通信，同时还可以利用手机等通信设备进行丰富的娱乐活动，提高海洋出行体验。在满足游客出行体验的同时，5G 网络也为船只的出行提供了更好的保障及更精准的定位服务。针对海洋 5G 的特殊应用场景，可在船内部署 5G 覆盖，开展本地化 5G 网络服务，远航期间可通过卫星与陆地实现语音互通，构建 5G 在海洋领域的应用新场景，具体的应用场景包括以下 4 个。

（1）船只公网通信，开展卫星资源商业化应用

船上无线通信系统的基本要求是满足船上人与外界的通信。船上 5G 系统通过卫星链路回传，再通过地面站连接通信运营商的核心网设备，实现 5G 网络的贯通。船上的手机通过船上 5G 覆盖系统，再经过卫星回传到地面核心网，能够满足语音和短信业务的需求。该应用可以实现个人手机快速接入通信运营商通信网，实现海上通信。

（2）5G 互动娱乐

随着邮轮旅游的推广普及，旅行期间乘客的休闲娱乐服务体验需要进一步提升。船内部署的 5G 网络为内部的数字互娱提供了支撑平台，通过船载设备对用户业务进行识别，将访问本地业务的数据分流到本地服务器，降低对回传带宽的要求。在船上部署本地视频服务器、游戏服务器等，可以为船上用户提供本地视频、游戏娱乐服务。同时，船上还支持 VR/AR 等，实现了更多身临其境的娱乐体验，为乘客提供了更多的休闲选择。

（3）5G 智慧邮轮本地管理

邮轮船载 5G 网络的搭建为邮轮智慧应用提供了基础和平台。依托船载 5G 网络，开展邮轮智慧管理部署，包括对应用和基于船载 5G 的集群对讲开展本地调度和视频检修、部署视频监控，提升邮轮管理能力和水平。船上的船员及服务人员，可以通过本地专网实现内部服务管理、移动办公、集群对讲、立体监控、指挥调度等，让管理更高效。

依托 5G 网络提供覆盖全船各个仓室的通信服务，可发挥邮轮组织架构灵活管理、地图可视化调度、终端类型丰富、数据云化备份等优势，为客户提供专业对讲、多媒体传输和可视化调度等功能。部署 5G 网络后，数据都被存储在客户本地，不会泄露，且私有化定制还可提供二次开发接口，支持与客户自有系统对接。

船上区域可随时部署支持无线接入的高清摄像头或 CPE[1] + 高清摄像头，通过无线网络将视频回传到船载监控大厅的服务器平台，实现监控与安全管理。

（4）室内高精度定位

基于船内部署的 5G 皮飞基站，融合高精度室内定位功能，可以实现船内手机及作业终端的实时定位。例如，船上的乘客可以通过手机实现船上的室内定位和精准导航；船上的管理人员可以通过大数据平台查看人员热力图、开展人流分析等，实现客流控制，防止拥挤事故的发生。

4.1.3　典型案例

1. 5G + 智慧铁路

铁路对生产网络和行业个性化的要求极高，要求业务不能中断。某铁路集团与广州移动为此成立专题项目，组建了联合攻坚团队，深入铁路生产一线挖掘需求，从"规、建、维、优"全方位创新打造面向铁路行业的 5G 高可靠生产专网，为解决铁路现有网络问题、实现铁路数字化转型提供关键技术解决方案。项目融汇"产、学、研、用"各方面，联合轨道生态上下游合作伙伴，针对铁路交通行业实际生产需求中的问题，创新探索 5G 与行业应用需求的深度融合，共同建设 5G 智慧铁路行业应用示范标杆。

（1）5G 落地应用

随着 5G、人工智能、大数据、云计算等新一代信息技术的迅猛发展，铁路业务也正在向数据化、智能化的方向转型，将 5G 与 AI、大数据等新一代信息通信技术融合，助力铁路数智化业务发展。目前落地的 5G 应用主要包括 5 个。

① 基于 5G 的地面仿真系统的调机自动化。以往列车必须配置驾驶员，作业计划只能通过人工传递的方式开展，工作效率低。而通过 5G 网络，调机自动化系统可以在车地间传输控制指令，提高了车地通信的可靠性和实时性，时延小于 30ms，项目研发的编组站综合集成自动化系统（Computer Integrated Process System，CIPS）可

1　CPE（Customer Premise Equipment，用户驻地设备）。

根据调车作业信息（进路、地面信号、调车计划等）实现对调车机车作业过程的监控及作业防护的自动控制。5G 网络调机自动化系统如图 4-9 所示。

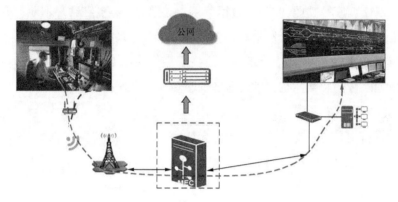

图 4-9　5G 网络调机自动化系统

5G 专网能够实现调机控制数据本地回传，以保障网络通道安全可靠，还可实现机车远程调度控制，减少人工介入，提升调机的安全性及稳定性。随着网络调机自动化系统的应用成熟，编组列车的无人驾驶将成为可能。

基于 5G 的地面仿真系统在铁路领域实现了多个突破，其中专调机车根据开放的信号状态和给定的推峰速度，自动计算目标距离，实现推峰自动控制、停车等功能。

② 基于"5G + 北斗卫星导航系统 + 数字孪生"的站场一体化监控。货运编组站作业地域较广，以往缺乏对工作人员、列车、设备及物资的高精度定位服务，导致编组站轨道交通车辆编组及运维只能以人工巡检方式统计和调度，效率较低，容易出错。

5G + 北斗卫星导航系统为铁路沿线作业人员、设备设施、机车车辆的精准定位提供条件，通过搭建数字孪生地图，将物理站场景复制到数字世界，方便统一管理站场人员及物资，实现站场的全息一体管控。本项目对站场多个调车场及区间线路进行测绘，形成铁路站场高精度二维专用地图，精度高达 2 ～ 5cm。

同时，项目采用固移结合的智能化立体监控及巡检系统，通过固定卡口监控、巡检机器人、巡检无人机等开展地空立体监控，利用 5G 高速回传通道并结合 AI 识别技术，及时掌握站场内部人、车、货实时动态。基于 5G 大带宽特性及北斗高精度定位，接入高清视频业务，实现高速率传输，监控中心可以设置电子围栏地图、实施危险区域监控、开展视频巡查等，从而规范站场作业管理，节省人力巡查，提升生产安全性。

③ 5G + AI 货检。传统人工货检作业人力耗费大，准确性低。利用 5G 大带宽视

频监控能力并结合 AI 识别，可以实现货物智能检测报警，识别准确率达 95% 以上，大幅降低人工识别误差。后续还可结合 VR/AR 技术，优化现场货检人员作业效率。通过 5G 专网实现视频的快速回传及后台 AI 识别，准确发现定位货车问题，并替代传统人力现场货检的方式，实现降本增效，预计减少货检人力成本支出 20% 以上。5G 智慧货检系统如图 4-10 所示。

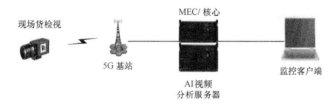

图 4-10　5G 智慧货检系统

④ 5G＋轨旁视频上车辅助预视系统。系统将列车运行前方一定距离的轨道沿线监控视频图像及异物侵限等异常信息通过 5G 网络实时传到列车司机室内的监控预视屏上，为司机提供前方几千米外的沿线视频，相当于为司机提供了一双"千里眼"，并结合智能图像技术，识别视频图像中出现的安全风险因素提示司机，使司机能够快速对前方运行状况做出判断，并进一步采取减速、制动等合理的行车处理措施。

业务需要每隔 100m 双向各部署一个监控摄像头，传到司机室的目标视频图像分辨率为 1080P，码率为 4Mbit/s，下行时延小于 100ms。司机室每 2 ～ 5s 向服务端发起请求。5G＋轨旁视频上车辅助预视系统如图 4-11 所示。

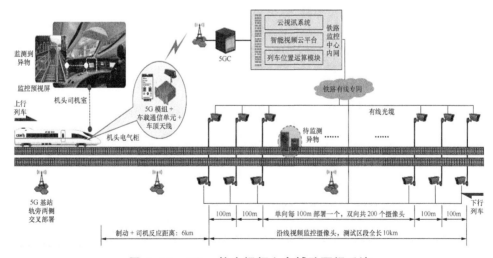

图 4-11　5G＋轨旁视频上车辅助预视系统

⑤ 5G＋机器视觉的列车底部件及设备智能检测业务。车辆全车运行故障动态图像综合监测系统利用安装在轨边的高速摄像机阵列，采集运行中的动车行走部件、制动配件、底架悬吊件、车体两侧、顶部等可视部位图像，使用图像自动识别等技术，自动分析对比，发现故障后报警，实现对运行中列车底部、侧部及顶部可视部件状态监控，同时报警数据实时传输至停车列检库，以此提高列检作业质量和作业效率，提升列车在运行中隐性故障的发现能力。5G＋机器视觉的列车底部件及设备智能检测工作原理及流程如图 4-12 所示。

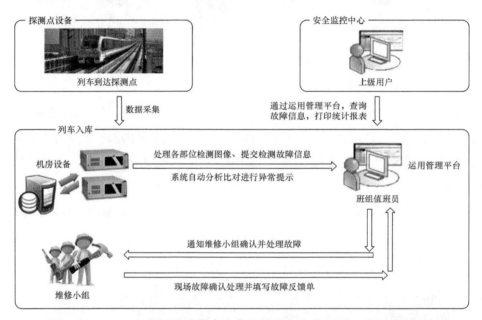

图 4-12　5G＋机器视觉的列车底部件及设备智能检测工作原理及流程

（2）项目成效

项目聚焦于铁路信息化管控手段弱、人工作业效率低、通信系统干扰大等问题，以 5G 赋能铁路，采用"产、学、研、用"一体化项目模式，实现"5G＋铁路网"深度融合发展。

① 5G 技术创新。创新打造与铁路交通行业生产需求深度融合的 5G 高可靠专网产品，从"规、建、维、优"全生命周期体系化开展专网设计、建设及日常运维服务，为 5G 行业专网的规模化推广开辟新路径。与实际行业客户网络服务要求深度融合，嵌入轨道交通实际生产环节，突出"连接＋算力＋能力"新型信息服务能力优势。项目搭建 5G 专网运

营监控平台,让行业客户随时掌握 5G 专网运行状态,给行业客户提供"看得见的 5G 网络"。

② 应用创新。创新打造铁路行业 5G 专网应用示范,开创了铁路行业多个"第一"——全国铁路首个 5G 智慧编组站、全国铁路首台调机 5G 自动化控制、全国首个面向铁路生产的 5G 高可靠专网。目前 5G 专网已在铁路生产环节落地多项创新应用,助力企业实现降本增效。

③ 合作模式创新。项目从行业客户的需求抓起,以 5G 专网为切入点,拉通铁路上下游多个生态,逐步引入更多智能化产品及能力,一点切入,多点开花。

项目帮助企业实现数字化升级改造,重构生产流程,实现降本增效。5G 行业专网可以满足铁路无线通信系统需求,逐步替代现有老旧通信系统。通过通信运营商统一建设,节省自建网络的成本和运营成本,提高系统融合的管理效率。

2. 5G + 智慧地铁

某特大城市地铁 2021 年线网日均客运量达 776.45 万人次,最高日均客运量达 1083.64 万人次,承担超过 50% 的公交客流运送任务。为加快企业数智化升级转型,持续提升乘客出行体验,该特大城市地铁集团与广州移动联合行业多家生态公司,创新开展"5G + 智慧地铁"项目。项目基于 5G SA,集中应用了网络切片、边缘计算、室内高精度定位等前沿的 5G 关键技术,建设地铁行业专网,实现敏感数据不出地铁、超低时延及超大带宽,承载了多项领先创新示范应用,打造了地铁行业专网业务应用新模式。

(1) 5G 落地应用

项目将 5G 深度融入地铁生产管理、乘客服务等业务领域,通过 5G 整合 AICDE 能力,开展更多地铁行业应用部署。此外,在 5G 网络方面,针对地铁特定环境,开展定制化网络专项优化,包括隧道覆盖优化、分层分级管理、室内高精度定位、网络安全保障等多项个性化研发,让地铁 5G 专网更好地为上层应用提供服务,为地铁行业提供从生产管理到乘客服务的一整套综合解决方案。

项目已成功部署人脸识别智慧、闸机、地铁智能客服系统、智慧票务系统、智慧安检、AR 眼镜安防应用、室内高精度定位、车地通信系统等多个应用,大幅提升站场运营效率和旅客出行效率,提高乘客满意度,具体有以下 8 个应用。

① 5G + 人脸识别智慧闸机。利用 5G 网络大带宽、低时延、不需要额外布线等特性,对地铁闸机进行智能化改造,实现人脸识别过闸,大幅提升通行效率。同时,通过人脸识别技术,及时识别危险人员,触发安全联动机制,保障出行安全。

② 5G+地铁智能客服系统。目前，基于 5G 网络和 5G CPE 部署的移动式电子引导屏、智能客服服务机、智能人脸识别闸机、5G 智能安检机、有害气体传感器已投入使用，验证 5G 的大带宽网络可承载电子引导屏、客服服务机和安检机等大带宽设备实时传输的需求。

③ 5G+智慧安检。通过 5G 网络将安检子系统中 X 光安检设备的摄像头、X 光监控数据等信息实时回传至监控后台，让后台指挥调度人员可以快速掌握安检机检查数据，方便监控后台统筹整个地铁站所有出入口的 X 光安检数据，快速定位危险物品及危险人员。目前已在多个地铁出入口配置 5G 智慧安检 X 光安检设备。

④ 5G+高清视频监控。通过 5G 网络连接地铁站内高清视频监控摄像头，利用监控后台视频 AI 分析能力，实现乘客客流分析、异常行为分析、人流疏散调度指挥等多种场景应用。

⑤ 5G+AR 眼镜安防应用。基于地铁站台、隧道、地面高架 5G 全线覆盖的大带宽、低时延能力，支持实时通过 AR 眼镜对站台、站厅进行巡查，并将采集的图像数据回传到控制中心进行比对，及时发现站台异常情况或可疑人员。

AR 眼镜端安装部署人脸检测 App，佩戴人员可对前方经过的乘客进行人脸检测，并将图像数据发送到 MEC。MEC 侧提取人脸特征，识别乘客身份，将识别结果推送到 AR 眼镜端。AR 眼镜安防应用如图 4-13 所示。

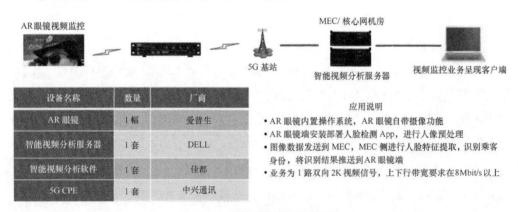

图 4-13 AR 眼镜安防应用

⑥ 边门求助方案。在边门上安装 5G 无线求助按钮及针孔视频监控终端。当有需要的乘客按下边门呼叫按钮后，能通过 5G 无线网络与后台监控中心管理人员进行通话，通过内置针孔摄像机查看并确认呼叫人信息，不需要专门安排地铁服务人员到边门提供帮助，从而大幅减少地铁服务人员的工作量。

⑦ 5G＋车地通信系统。5G＋车地通信系统将原来地铁车内乘客引流到车内基站，减少地铁乘客集中切换产生的信令风暴问题。4×4 MIMO 天线技术降低了地铁车体的穿透损耗。边缘计算能力使更多内容可以下沉本地，降低空口拥塞。车地通信系统如图 4-14 所示。

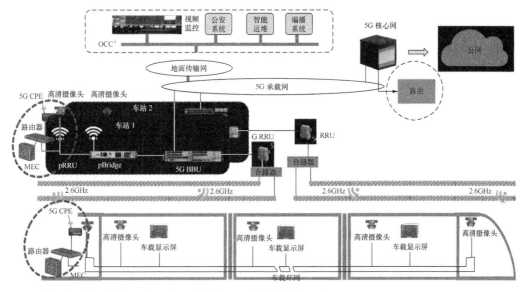

注：1. OCC（Operation Control Center，运行控制中心）。

图 4-14　车地通信系统

通过 5G＋车地通信系统可以提升旅客服务的信息化水平，缓解乘务人员的工作压力，提高工作效率。系统初步实现了列车运行状态的数字化，通过设备的实时状态监测和运行数据，进行分析和研究，提高车辆运维的针对性和实效性。同时，5G＋本地通信系统还解决了车厢公共区域视频监控录像保存时间不足 30 天的问题，满足公安部门对事件录像查看的要求。

⑧ 5G＋站内高精度定位。基于 5G Qcell+MEC 融合的站内高精度定位应用利用开放的 API，与第三方应用对接，为乘客提供精准的站内导航、信息推送等位置服务。站内融合定位如图 4-15 所示。

（2）项目成效

针对典型垂直行业与新一代信息通信网络核心技术缺乏深度融合、设备类型多样、协议标准各异、新型通信技术适合行业的接入设备少等问题，本项目基于 5G 专网、边缘计算、网络切片、云网融合等多方位新型网络共性技术，提出一张网、一朵云、一平台、N 应用的"1+1+1+N"的新型网络总体架构。本项目实现典型垂直行业与新一代信息通信网络核心技术的深度融合及行业应用的实时动态载入，解决多网络异构终端接入及网络信号冗余覆盖等问题，提高典型垂直行业系统构建及应用过程中系统的灵活性和可扩展性，打造典型垂直行业解决方案，推动了 5G 技术在典型行业的应用与发展，进而提升了这些行业企业的竞争力。

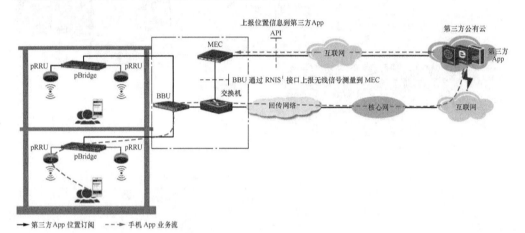

注：1. RNIS（Radio Network Information Service，无线网络信息服务）。

图 4-15　站内融合定位

地铁业务应用复杂，种类繁多，由 10 余个独立的专业子系统承载，集约化程度低，各子系统数据融合难，"信息孤岛"繁多，运维成本高。针对上述问题，基于地铁各类业务对带宽、时延、抖动、可靠性和安全性等网络性能需求的研究，本项目创新性地将 5G 端到端网络切片技术、边缘计算技术与地铁业务应用场景深度融合，设计 5G 地铁多业务网络切片模型。通过网络资源灵活分配、网络能力按需组合、资源多维度隔离和保障，实现多网络、多业务系统在 5G 网络上的整合，验证 5G 网络精准保障地铁多业务差异化的性能、安全隔离和可靠性需求的能力，形成多业务承载的 5G 地铁应用切片体系，简化网络，缩短故障响应时间，提升运维效率，降低运维成本。本项目将 5G 网络直接融入地铁新线设计，从地铁生产管理、乘客服务、基地维修三大业务领域开展更多的应用融合，让 5G 网络成为地铁新线路的标配。同时，针对地铁特殊的网络环境和应用部署环境，开展定制化地铁 5G 网络专项优化，从隧道无线信号覆盖、多普勒频偏补偿、专网分层分级管理、室内高精度定位、网络安全保障等多个维度进行专项研究，让 5G 网络更匹配地铁的应用场景。

3. 5G + 车联网

传统 4G+ 车联网无法满足客户对高清视频、大带宽、视频直播、云游戏等的网络需求。基于 5G 网络、边缘计算、平台权益等技术和资源打造复合性 5G + 车联网解决方案，可以为车主带来沉浸式的车载娱乐体验及行车应用。

国内某头部车企联合广州移动利用 5G 网络技术，研发多项 5G + 车联网新应用，实现 5G 云游戏、自动停车、视频上云等丰富多样的车载 5G "能力"，以 "连接 + 算力 + 能力" 为车载空间带来创新性体验。同时，本项目中标工业和信息化部 "建设 5G + 车联网先导应用环境构建及场景试验验证公共服务平台项目"，以广州市各区域的城市及业务应用特点，建成 "一带四区、区域互联" 的车联网示范应用环境，探索验证面向智慧交通、智慧城市和运营服务的新商业模式。

（1）5G 落地应用

面向 5G + 车上应用，探索 5G AVP[1]、车载云游戏、视频直播等 5G 应用上车。广州移动联合咪咕公司为车企提供 5G + 车载应用综合解决方案，借助 5G 的低时延、大带宽提供可靠连接，借助移动云的强劲算力，为车主带来沉浸式的车载娱乐体验及行车应用。

面向 5G +V2X 的落地探索，广州移动联合各车企通过 5G、C-V2X、高精定位网融合组网，在广州番禺、黄埔、花都、海珠四大车联网基地构建满足未来道路交通系统各种场景下 V2V[2]、V2I[3]、V2N[4] 等之间所需有线与无线传输相结合的混合式通信系统，从而打破车联网、自动驾驶等在感知、决策和控制全链条中的技术局限性。本项目基于国家级公共平台示范，率先实现 5G +V2X 车路协同技术的落地，让广州 "汽车之城" 的美誉增添更多的科技新元素。本项目落地的相关应用包括以下 7 个。

① 5G 驾驶预警。5G 驾驶预警可以用于危险路段、拥堵路段等驾驶员需要提前获知前方遮挡区域路况，以便更好地做出驾驶决策的场景。例如，在一些容易因遮挡而发生交通事故的危险路段，驾驶员可以通过路况透传功能提前获知遮挡区域的实时视频，提高驾驶安全性。视频数据对传输带宽要求非常大，基于 5G 的 eMBB 技术可以实现路侧摄像头和车载设备之间的通信，进而使当前车辆可以 "透视" 目标区域实

1　AVP（Automated Valet Parking，自动代客泊车）。
2　V2V（Vehicle to Vehicle），是指车辆到车辆。
3　V2I（Vehicle to Infrastructure），是指车与基础设施。
4　V2N（Vehicle to Network），是指车与网络。

时路况。

② 路网运行状态提醒。本项目应用可实时获取路网运行状态（例如交通拥堵、交通事故、道路施工等），并通过平台或 RSU 对附近车辆实时广播，或通过路面指示系统等向驾驶员发出路网运行状态提醒，提前实现分流及路径调整，提升出行效率。

③ 智慧公交调度。本项目打造高峰新干线运营模式和需求响应式公交新模式，优化分配运力，提升公共交通系统运行效率，实现公共交通差异化服务，提升用户满意度。

④ 前向碰撞预警及逆向超车预警。基于智能化道路和 V2X 网络，当主车在车道上行驶，可能会与在正前方同一车道的远车发生追尾碰撞时，本项目应用将对主车发出预警，提升车辆自身感知能力和决策能力。

基于网络和感知数据，当主车行驶时并借用逆向车道超车，可能会与逆向车道上的逆向行驶远车发生碰撞时，本项目应用将对主车发出预警，提升车辆场景决策、感知能力。

⑤ 左转辅助。左转辅助基于路侧感知设备感知数据和 V2X 信息传输，当主车在交叉路口左转时，可能会与对面驶来的远车发生碰撞，本项目应用将对主车发出预警，测试车辆自身感知能力和决策能力。

⑥ 车辆汇入预警。路侧传感装置（例如摄像头）对主路车辆和匝道车辆同时进行监测，并将监测信息及车辆状态信息发送至边缘服务器，匝道合流辅助功能利用视频分析、信息综合、路况预测等应用功能对车、人、障碍物等的位置、速度、方向角等进行分析和预测，并将合流点动态环境分析结果实时发送至相关车辆，提升车辆对周边环境的感知能力，减少交通事故的发生，提升交通效率。

⑦ 自动驾驶。自动驾驶是 5G 高精度定位在新兴领域的一项重要应用，但是单纯依靠车辆传感器实现自动驾驶定位成本过高，且绝对定位精度不高。基于中国移动高精度定位网络及 5G 网络，为 L3 级以上智能驾驶车辆提供实时厘米级定位服务；车辆可将 GNSS 定位信息与车载多种传感器进行融合，结合高精度地图，实现车辆在隧道、城市高楼或峡谷等复杂环境下的连续定位。自动驾驶如图 4-16 所示。

（2）项目成效

2011—2021 年，我国交通二氧化碳排放量增加了 5.8 亿吨，其中，5.1 亿吨来自道路交通，占总增加量的 88%，主要原因是近 10 年来我国乘用车保有量增长了

557%，是碳排放增长的主要驱动力，纯电动汽车将成为汽车行业实现"双碳"的主要方向。

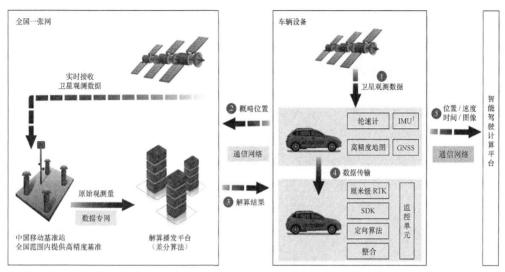

注：1. IMU（Inertial Measurement Unit，惯性测量装置）。

图 4-16　自动驾驶

本项目响应国家政策号召，配合车企布局新能源产业，以 5G 赋能实现更多车联网行业应用，加速新能源汽车在汽车行业市场的投放及提升新能源汽车受众的认可程度。

4. 5G + 自动驾驶

自动驾驶汽车是智能车企努力追求的目标，5G 无线通信技术的普及已为自动驾驶铺平了道路。路侧感知协作、车联网等智能网联汽车模式，也为汽车自动化驾驶提供了新助力，为自动驾驶车辆提供了盲区辅助和感知增强等能力，使自动驾驶更安全、可靠。

国内某自动驾驶公司联合广州移动开展"城市 5G 数字化自动驾驶"项目，以 5G、人工智能、大数据、自动驾驶等为依托，建设智慧的云、智慧的路、智慧的车、智慧的服务，构建自动驾驶标杆应用新示范。建设智慧城市需要打造更多的智慧交通场景，也需要车联网技术提高交通监控能力与整体交通效率。5G 专网、单车智能与高精度定位等网络能力相结合，优化了交通流和拥堵治理，提升了行人和非机动车在路权使用过程中的安全性，实现了交通大数据的管理和数字城市的实时数据收集，提升了车辆运营效率，满足了交通管理部门对自动驾驶车辆的管理和监督要求，助力推进智慧城市建设。

（1）5G 落地应用

本项目已在 5G 自动驾驶领域落地车辆状态实时监控、实时路况信息共享、车辆远程协助、远程自动驾驶、网联云控平台等多项应用。广州移动凭借在自动驾驶行业的技术积累及强大的"5G + DICT"的方案解决能力，通过创新设计 5G 智能驾驶网络链路、车路交互方式，落地自动驾驶示范应用，推进智能网联汽车在城市道路开展自动驾驶相关测试及运营的各项工作，验证车联网、网络切片技术与自动驾驶、北斗卫星导航定位结合、5G SA 的可行性，目标是打造完全自动驾驶车辆的安全配套功能与方案，提升车企在自动驾驶领域商业化运营能力，助力政府实现城市数字化路口、数字化道路建设，提高城市交通智慧化水平。

（2）项目成效

本项目采用 5G 网络与 C-V2X 混合组网方案，使用普通路段 5G 公网和特殊路段 C-V2X 专网部署的模式，通过打造智慧斑马线、路口红绿灯联动、匝道汇入路段、App 预约停靠站点、多车道汇集路段、5G 远程驾驶、隧道路段等多个应用场景。对比单一的车路协同专网，广州移动搭建的"5G 专网 +C-V2X 专网"具有广覆盖、低成本、高渗透、全服务的优势。本项目取得了以下 3 个成效。

① 打造 5G 自动驾驶专网示范应用。本项目深度介入自动驾驶行业应用，通过 5G 能力打造可靠高速信息通道。针对智能驾驶搭建的 5G 专网具备通用性和快速复制性，可灵活应用于其他自动驾驶车企、智能网联汽车、辅助驾驶等相关领域。建设专用下沉 UPF，可以将公众的手机和自动驾驶行业终端有效隔离，确保行业终端获得优质网络服务。结合网络切片技术，本项目可以为不同需求的用户提供定制化的网络服务能力，满足多种场景下的自动驾驶、辅助驾驶应用需求，为区域内不同企业提供与之相匹配的 5G 行业专网服务，加快 5G 网络在智能驾驶相关领域的融合与应用。

② 推动自动驾驶商业化运营。通过技术测试及验证，本项目推动了自动驾驶商业化运营，包括 Robotaxi、Robotbus 等，加速产业向商业化落地迈进，提供稳定的 5G 专网服务保障，确保运营车辆安全可靠行驶。一直以来，自动驾驶都是以个别区域的单点测试为主，各厂家独立开展，未能形成规模化协同优势。本项目通过 5G 网络的广覆盖特性，打通不同测试平台的"数据烟囱"，通过统一的管控平台，实现自

动驾驶的全局监控和管理。本项目不仅可以为自动驾驶车企开展能力测试、应用部署提供数据参考及管理辅助，还可以为政府交通管理部门提供统一的管控平台，实现对区域内全量自动驾驶车辆的整体管控，提升管理效率，总结和积累运营经验，为进一步扩大自动驾驶车辆商业化运营提供支撑。

③ 推动智慧城市建设。本项目推动了城市数字化路口、数字化道路建设，为自动驾驶、智能网联汽车智慧出行提供服务。同时，本项目通过加强城市自动驾驶车辆管理，促进了相关应用规范化运营，提升了城市交通智慧化水平。

5. 5G 智慧邮轮

邮轮的航程很长，在海上航行时间以周或月计算，旅客在邮轮上的文化生活体验、通信服务，以及邮轮上的智慧管理、安全管理、应急救援等工作都亟待解决，但网络有线传输导致目前邮轮行业普遍存在旅客体验满意度不高、邮轮智慧管理不足等行业痛点。

① 旅客体验有待提高。邮轮在海上时，远离陆地，完全没有移动通信信号。目前邮轮旅客普遍通过卫星通信与外界沟通，通信成本非常高。

② 邮轮智慧管理仍需提升。邮轮的人员调度、智慧导览、安全管理及应急救援都是邮轮企业管理亟待面对和解决的问题，如何更高效地开展邮轮工作人员调度、工作人员如何更加便利地沟通、如何监控邮轮游客的流动，避免过度聚集造成的安全风险，以及做好邮轮人员的应急救援，都是邮轮行业目前面对的痛点和难点。

③ 船舱内部智慧管理需求。邮轮船体普遍属于钢结构，这导致船舱内无线网络的应用基本无法实现，例如，智慧调度、本地互娱、视频监控等，亟须搭建相关网络实现邮轮智慧管理、安全管理。

④ 船舱内定位需求。邮轮内部结构复杂，功能分区越来越多，邮轮旅客需要更加精准的导航定位服务；同时为了避免安全事件的发生，邮轮的管理也需要相关定位功能对旅客的聚集情况进行监控分析。

基于上述背景，国内某邮轮信息技术公司联合广州移动，在邮轮上部署 5G 智慧邮轮解决方案，开创 5G + 邮轮应用先河，实现 5G 网络出海扬帆。

（1）5G 落地应用

邮轮 5G 应用场景包括 5G 海上语音通信、5G 海上短消息服务、5G 邮轮高精度室内定位、5G 集群通信、5G 移动办公、5G 邮轮娱乐共享、5G 邮轮游戏等。通过5G 信息化改造升级，邮轮具备与陆上通信同样的服务体验，让旅客在出游的过程中感受无差别的通信服务，让邮轮工作人员实现高速信息化办公及内部监控指挥调度，提升邮轮信息化、智能化水平。

（2）项目成效

本项目是卫星通信与 5G 网络融合的首次实践，是 5G 技术在邮轮行业的改革先行者，对整个邮轮行业及远洋产业的应用改革都有非常重要的借鉴意义。本项目以探索推进卫星通信与 5G 网络深度融合为目标，重点推进卫星回传、本地业务分流及室内精准定位等关键技术问题，构建了 5G 在邮轮行业的应用新场景。本项目技术结果将为 5G 与邮轮行业融合在技术上提供可行性，为"网络强国""互联网＋旅游"和"旅游强国"战略的实施提供坚实的技术支撑。

本项目在邮轮行业中推进卫星通信与 5G 网络的深度融合，借助 5G 网络高可靠、低时延、大带宽、多无线传输技术，运用大数据分析优势，在邮轮上开展 5G 应用部署，大幅提升邮轮客户服务体验、邮轮内部管理，带动邮轮旅游业的快速发展，并产生明显的经济效益。

本项目通过邮轮行业的应用示范，探索 5G 技术的深度融合，将产业链多家企业聚集在一起，在邮轮行业打造成熟的 5G 应用服务，推动网络数字经济发展的新动能，激发旅游行业的服务高质量发展。随着科技与旅游的深度融合，5G 网络在提升邮轮行业监管效能、推动旅游业态、促进产品创新、提升游客体验、优化营销效果等方面将发挥更重要的作用，成为推动邮轮旅游业高质量发展的重要力量。

4.2 5G + 智慧工业

智慧工业将具有环境感知能力的各类终端、基于泛在技术的计算模式、移动通信等不断地融入工业生产的各个环节，大幅提高了制造效率，改善了产品质量，降低了产品成本和资源消耗，将传统工业提升到智能化的新阶段。智慧工业通过人与智能机器的合作，扩大、延伸并取代人在制造过程中的一部分脑力劳动，把制造自动化的概念扩展至柔性化、智能化和高度集成化，使工厂设备之间互联互通。工厂互联互通是一种对制造环境的虚拟仿真构想，每台机器都能与工厂内和远程的所有机器或设备相互通信，通过连接、监测和控制任何地点的任何智能设备，提升运营生产率和盈利能力。

《"十四五"智能制造发展规划》中强调，作为制造强国建设的主攻方向，智能制造发展水平关乎我国未来制造业的全球地位。

我国大力支持工业互联网和制造业数字化转型,广东省围绕制造产业集聚发展特色,聚焦制造产业集群开展数字化转型工作,出台了多项政策文件,加快推进以"工业互联园区 + 行业平台 + 专精特新企业群 + 产业数字金融"为核心架构的新制造生态系统建设。

4.2.1　行业需求与 5G

1. 行业需求

智能制造是制造业转型的核心与基础。通常,离散非标制造企业的产品生产过程被分解成很多加工任务来完成。每项任务仅需要使用制造企业的一小部分资源,通过合理地安排生产流程,使生产效率实现最大化。离散非标制造企业对数智化的迫切需求如图 4-17 所示。

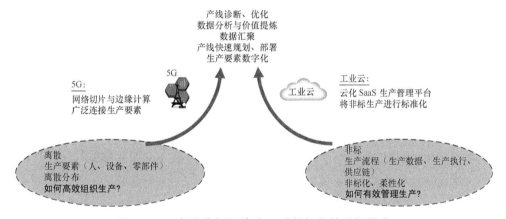

图 4-17　离散非标制造企业对数智化的迫切需求

① 面向高可靠场景的网络方案的需求。现代化智能工厂通常要求全天候运行,生产环节紧密相连、环环相扣,要求数据采集、机器视觉质检、自动导引车(Automated Guided Vehicle,AGV)控制等业务精准、高效、稳定运行,需要构建可靠、稳定的 5G 专网,以满足智能工厂实时的高精度操作和连续不间断运行的要求。

② 面向大宽带业务的组网需求。当前,工厂中的机器视觉检测、AR 远程协助、高清视频监控等典型行业应用涉及 1080P/4K/8K 高清视频、VR/AR 等大带宽业务,对网络带宽提出了更高的要求。制造业需要充分利用 5G 构建相应的网络通道,满足行业海量数据回传的需求。

③ 面向柔性制造的可拓展性网络组网的需求。现代化智能工厂对网络容量和业务类型的需求常伴随生产线调整或重新布局，亟须通过建设 5G 专网，为工厂生产设备"剪辫子、甩尾巴"，实现生产线专网业务快速上线，满足智能工厂定制化柔性制造的需求。

④ 面向工业企业上云的需求。随着工业信息化的发展，工业企业上云对安全、时延、成本等方面提出了更高的要求。一是要保障工业数据安全，实现实时动态监管；二是要实现海量数据的低时延处理与传输；三是要满足工业企业低成本数字化转型需求。基于工业企业发展痛点及信息化需求，推动制造信息化趋势演进由单一私有云向行业云发展转变，形成涵盖边缘云的全新制造产业集群生态体系是大势所趋。

2. 5G 在智慧工业中的作用

作为新一代移动通信技术，5G 在移动性、带宽、时延、网络覆盖等方面的性能，为工业自动化、智能化带来新的机会。在 5G 技术的支持下，工业网络通信时延能够得到有效降低，为物联网在智慧工业中的应用带来了巨大的发展机遇。现阶段，多数大型工厂已经采取闭环控制的方式实现自动化生产控制。工厂应用物联网和 5G 技术，能够对设备、机器等进行高效连接，为闭环控制功能的实现提供技术支撑。在位置、自动化和监测相关的不同业务场景中，工厂能够应用基于 5G 技术的物联网对人员、物品等信息资料进行跟踪管理，并且对产品线等进行监控管理。在工业自动化控制场景中，工厂采用物联网技术能够将机器人协作调度、制造执行系统（Manufacturing Execution System，MES）等控制软件部署在云端，实现工业集中控制。只要在相应自动化机械设备上加装 5G 通信模块即能实现无线连接，具体需要安装的通信模块包含 I/O、阀门、传送带等。从场景网络连接情况分析，带有典型工业控制网络切片性，通过在边缘云端部署 5G 核心网、虚拟接入网和虚拟可编程控制器等软件应用，能够使网络以低时延进行数据传输，从而保证工业自动化控制的可靠性。采用该技术，工厂可以实现环境监测管理，通过在环境监测传感器上加装 5G 物联网通信模块，能够对温度、粉尘、光照等参数进行数据采集和上传，然后利用云端应用部署进行环境分析和管理。在物料供应方面，工厂也可以采取这种物联网应用方案。在物料感应装置上安装 5G 通信模块，能将智能货架接入无线网络中，然后在云端部署运输设备管理软件。通过接入上游物料供应商远端云中物流数据，能够实现物料供应全流程管理，继而使物料供应得到自动化控制管理。

基于 5G 网络，5G 在智慧工业中的应用主要有以下 10 个方面。

① 协同研发设计。科研人员可以结合现场数据，远程在线协同完成实验；设计人员可以利用各类虚拟现实终端接入沉浸式虚拟环境，异地协同修改设计图纸。

② 远程设备操控。工业设备操控员可根据生产现场视频画面及各类数据，实时远程对现场工业设备进行精准操控。

③ 设备协同作业。生产现场的多台设备按需求可灵活组成一个协同工作体系，实现多个设备的协同调度及分工合作。

④ 柔性生产制造。数控机床等设备通过无线化改造可以实现快速重构，按照市场需求进行灵活配置。

⑤ 现场辅助装配。现场人员可通过 VR/AR 眼镜等智能终端获取增强图像叠加、装配可视化呈现等功能，辅助完成复杂精细的设备装配。

⑥ 机器视觉检测。检测终端可根据边端、云端算法对高清图像的识别与分析，实现产品缺陷实时检测、自动分拣与质量溯源。

⑦ 设备故障诊断。故障诊断系统利用设备全生命周期监测数据与数据挖掘等技术，实现对设备故障的诊断、定位、报警或动态预测。

⑧ 厂区智能物流。智能物流调度系统对厂区内的物流终端进行调度管理，实现全流程自动化、智能化的物流作业。

⑨ 无人智能巡检。工厂采用智能的巡检机器人或无人机等自动巡检设备代替传统的人工巡检，实现高效灵活、更大范围的安防巡检。

⑩ 生产现场监测。智能监测系统通过实时的数据采集、图像识别、自定义报警等技术，实现生产现场全方位智能化的安全监测和管理。

4.2.2　应用场景

1. 5G +AGV

AGV 有电磁或光学等自动导引装置，能够沿规定的导引路径行驶，具有安全保护和各种移载功能。AGV 以轮式移动为特征，与步行、爬行或其他非轮式的移动机器人相比，具有行动快捷、工作效率高、结构简单、可控性强、安全性好等优势。

5G 迎合了传统企业基于机器人转型升级对无线网络的应用需求，能够满足在当前的生产环境下机器人互联和远程交互的应用需求。5G 为 AGV 机器人之间的通信提供了高速网络支持，使 AGV 机器人具备自组织与协同能力，AGV 机器人的移动速度更快，动作更流畅，效率更高。5G 高可靠、低时延的特性能够使 AGV 机器人实时感知工作人员的动作，灵活地进行反馈和配合，同时始终与工作人员保持安全距离，保证人机协作的安全性。在高温、高压等某些不适合工作人员进入的特定生产环境，工作人员可以在监控中心通过 5G 网络实时远程操作 AGV 机器人，同步、安全地完成预定的工作。

大连接、低时延的 5G 网络可以将工厂内海量的生产设备及关键部件互联，并且可以提高生产数据采集的及时性，为生产流程优化、能耗管理提供强有力的网络支撑。5G 网络智能 AGV 系统生成的生产记录日志可以看到整个物流的整体运行状况，实时观察货物搬运时间、停留站点、运行轨迹等。在"工业 4.0"发展的设想中，AGV 机器人不仅是简单地把货物搬运到指定位置，而是要把大数据、物联网、云计算等技术贯穿于产品的设计中，让 AGV 机器人成为一种实时感应、安全识别、多重避障、智能决策、自动执行等多功能的新型智能工业设备。

在 5G 低时延、大带宽、高速率的推动下，5G 技术将为万物互联的发展装上高速助推器；AGV 应用范围将不断扩大，AGV 需要面对的环境也越发多样化，对 AGV 技术的要求也越来越高，未来，技术发展的方向应该是"大数据＋互联网"，让 AGV 实现真正的信息化、智能化。

2. 5G＋操作识别＋视觉检测

操作识别与时序动作检测是计算机视觉领域的研究重点，是视频分析中极具挑战性的研究问题，也是人工智能在工业化生产中的重要应用。近年来，工业界的自动驾驶也涉及操作识别，在智慧工厂中运用操作识别更是人机交互的核心。

视觉检测是用机器代替人眼进行测量和判断。视觉检测是指通过机器视觉产品（即图像获取装置）将被摄取目标转换成图像信号，传送至专用的图像处理系统，根据像素分布、亮度、颜色等信息，转变成数字信号；图像系统对这些数字信号进行各种运算，来抽取目标的特征，进而根据判别的结果来控制现场的设备动作。视觉检测的特点是提高了生产的柔性化和自动化程度。在一些不适合人工作业的危险工作环境或人工视觉难以满足要求的场景下，常用机器视觉来替代人工视觉；同时，在大批量工业生产过程中，人工视觉检查产品效率低且精度不高，使用机器视觉检测的方法可以大幅提高生产效率和生产的自动化程度。并且机器视觉易于实现信息集成，是实现计算机集成制造的基础技术。

智慧工业中的视觉检测贯穿零件加工、组装、包装等各个环节，是制造企业保障产品质量的关键，提升视觉检测水平能有效降低制造企业经营成本。例如，空调在生产过程中存在大量视觉检测场景，包括压缩机线序视觉检测、外机自动电气安全检测、整机外观检测、印刷品质量检测等。

　　5G 网络可构建平台化的视觉检测模式，实现多检测点并行检测、智能管理。MEC 是 5G 重要能力之一，可在移动网络的边缘提供 IT 服务和计算能力，支持将业务处理卸载到移动网络边缘节点。制造企业利用 MEC 本地分流能力，可极大降低端到端通信时延，并保证生产数据安全。基于 5G 技术的平台化视觉检测系统，将为制造企业创造更高的价值。

3. 5G + 数字化 CNC 平台

　　数字化运维—CNC 平台作为中国移动 OnePower 工业互联网平台的行业子平台，是面向机械加工离散制造领域，助力实现制造企业内部管理和制造过程的信息化转型产品。CNC 平台通过工业物联网技术打破企业—工厂—车间之间的"信息孤岛"，打造面向"工业 4.0"的数字化运维系统。产品基于精益生产的理念，持续提高生产效率，有效提高产品质量管理，降低库存成本，确保生产计划最优，实现工厂信息透明化和可视化的管理，为制造企业管理科学决策提供基础。

　　CNC 平台包括设备可视化、设备管理、车间管理、仓储管理、质量检验、刀具管理、生产排程管理、计划管理、程序管理、能耗管理等功能，所有功能模块都可以根据客户的需求来定制化开发，部分功能如下。

　　① 设备可视化：面向机械加工企业的轻量化应用产品，CNC 平台通过设备联网实现设备可视化，多维度统计设备综合效率，帮助机械加工企业管理者轻松掌握设备情况，把控企业生产过程。

　　② 设备管理：根据制造企业应用特点，CNC 平台针对制造企业车间设备的日常维保管理的需求而研发，通过设备的主数据管理、日常点检管理、分级保养管理、故障维修管理等功能，帮助制造企业建立预防性维修保养体系，实现制造企业对设备的全生命周期管理。

　　③ 车间管理：CNC 平台的车间管理包括订单管理、工艺管理与采购管理，生产派工 / 报工、生产进度 / 绩效查看、生产监控看板等众多功能，功能覆盖从订单承接、物料采购到实际生产的全流程，有效提升车间订单的信息化水平，实现生产全过程透明化。

④ 仓储管理：在满足制造企业物料仓储管理的同时，CNC 平台基于透明供应链的管理思想，对供应链的物流网络、资源、订单、仓库、运输配送等进行整体计划、协调、操作、控制和优化，通过仓储管理协同供应链上下游采购、供应和生产运营等环节，打造具有互联性、共享性、可视化的透明供应链仓储管理体系。

⑤ 质量检验：CNC 平台通过智能检测和人工质检采集生产现场质量数据，协助制造企业进行生产过程质量管控。

⑥ 刀具管理：CNC 平台对制造企业生产过程涉及的刀具、夹具与模具等工装工具进行整体流程化管理，借助刀具全生命周期管理过程中的各项实时数据，通过技术手段帮助库管员、工艺设计人员等更有效地改善工装工具管理过程，降低生产成本。

⑦ 生产排程管理：CNC 平台通过排程算法实现合理决策，充分考虑有限产能和多维度约束条件，依据预设排产规则，以及工厂日历、销售订单、产品物料清单等，CNC 平台的生产排程管理系统自动进行物料齐套检查、产能计算，从而自动生成生产订单、生产任务、派工单，派发至设备或人员。

⑧ 计划管理：针对机加工行业生产制造的特点，CNC 平台依据主生产计划、物料清单、库存记录和订单等数据，经由算法得到各种相关物料的需求状况，提出有效的采购计划和建议。

⑨ 程序管理：CNC 平台实现车间设备的程序文件联网管理，让制造企业摆脱烦琐的传统文件管理与传输方式。

⑩ 能耗管理：CNC 平台通过对各种能源（电、水、天然气）进行实时采集、动态监测、能耗分析、节能计量、计费、成本核算、行业对标并生成分析报告，实现制造企业能源精细化管理，促进节能降耗。

4. 5G + 数字孪生

数字孪生是指以数字方式为物理对象构建高写实虚拟模型，并模拟、分析、预测其行为，为实现信息技术与制造业融合铺平道路。借助数字孪生技术，智能工厂可以集成复杂的制造工艺，实现产品设计、制造和智能服务等闭环优化工作，数字孪生将成为未来数字化企业发展的核心技术。

在产品设计中，数字孪生可以展示、预测、分析数字模型和物理世界之间的互动过程。基于数字孪生的设计是对物理产品的虚拟映射，科学研究海量数据以获取有价值的知识，从而赋能产品创新。设计人员只需要将需求发布到工业互联网平台，平台管理人员就能精准匹配设计人员需要的数据服务，以及用以处理数据的模型和算法服务。通过调用、组合和操作这些服务，工业互联网平台将最终结果返回给设计人员。

另外，设计人员在设计产品的功能结构和组件之后，需要测试设计质量和可行性。借助数字孪生技术，设计人员可以通过验证虚拟产品迅速地模拟运行情况，实现虚拟设计和虚拟运行。服务封装后，模型服务可以通过服务搜索、匹配、调度和调用来使用。通过服务，数字孪生有效地运用于产品设计中，减少预期行为和设计行为不一致而导致的修改，大幅缩短设计周期，降低设计成本。

4.2.3　典型案例

1. 5G 智慧汽车装配项目

珠三角地区经济发达，传统汽车工业基础雄厚，聚集了多家龙头传统车企及头部新能源汽车企业，产业集群优势明显。国家统计局数据显示，2021 年，珠三角汽车产业集群 564.3 万辆。在广州黄埔区，汽车制造业是黄埔三大千亿级产业集群之一。黄埔区有 83 家规模以上汽车制造企业，2 家整车企业和 82 家规模以上汽车零部件制造企业，有 10 多家汽车装备制造提供商，以及超过 50 家装备制造商的上游供应商，形成超过 150 多家汽车装备企业的产业链集群。

国内某著名汽车装配工业龙头企业联合广州移动共同打造智能化水平领先的"5G＋云＋Wi-Fi"的数字制造与工业互联网全球数字智造 5G 总部标杆，并开展"5G＋智能制造"一体化解决方案合作研究，打造制造业大型企业、中小企业、产业集群参观展示基地，赋能汽车制造产业集群数字化转型升级与高质量发展。本项目提供汽车领域全球首个实现数字工厂虚拟制造与工业物联网大数据智能分析无缝对接服务，打通产业链上游核心装备／共性底座企业和下游汽车整机厂／零部件企业各环节，具备较强的技术资源整合能力和汽车生产线迭代创新转型方案交付服务能力。

（1）5G 落地应用

基于工业行业发展痛点及信息化需求，推动汽车制造信息化趋势演进由单一私有云向行业云发展转变，形成涵盖边缘云的全新汽车制造产业集群生态体系是大势所趋。而 5G 技术的应用，让工业企业上云更加便利，让数据流通更加快捷，创造了更多新价值空间。5G 的主要应用有以下 6 个。

① 5G＋数字孪生。通过 5G 的广域连接能力，连接上下游供应链的生产设备、

采集生产数据；通过 5G 低时延边缘计算网络进行数字孪生，实现现实生产线与孪生生产线实时映射，加速生产线建设效率，降低时间，减少成本。

另外，通过数字孪生，装备制造企业根据对生产制造数据收集分析、状态感知控制等手段来提升工作效率，降低企业成本，处理供应商、制造商、客户之间的信息不对称问题。数字孪生综合管理平台可汇聚并协同各业务线的数据，立体呈现问题，提升监控的准确性和应急能力，辅助决策判断。数字孪生流程如图 4-18 所示。

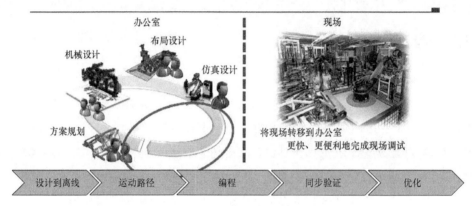

图 4-18　数字孪生流程

② 云化智能制造服务平台。当前，装备制造企业拥有自动化设备和自动化生产线，却没有配备相应的软件系统，没有实现设备数据的自动采集和车间联网；存在大量"信息化孤岛"和"自动化孤岛"等现象，企业运营层对生产线可视、可控程度仍较低。5G 为生产设备和数据提供了专用通信网络，实现设备、数据与云化管理软件互通。

生产全物料、全流程通过 5G 连接实现数据采集，在 5G 工业云部署的工业物联网智能制造服务平台（Manufacturing Intelligent-data Services Platform，MISP）上进行数据的汇聚与分析，并提供全生命周期的数据分析、资产管理和智能运维服务，实现制造业持续优化升级与增值。

工业物联网智能制造服务平台上云，云化 MISP 对生产线进行资产管理，对生产线 / 设备 / 元器件进行监控，把控生产进度并精确分析问题，优化生产线，提升产能。数据及时率达 100%，设备利用率提升 30%，生产线优化效率提升 80%，实现风机远程集中管控，电能节省超过 20%。

③ 远程运维。当前，装备制造企业面临诸多设备运维及设备全生命周期管理的难题，特别是离散制造导致各零部件分散生产，维护设备的差旅成本及时间成本越来越高，应快速定位设备并解决问题，保持生产线设备尽可能长时间运行。

5G 以大带宽、低时延赋能远程、高效运维，为装备制造企业开展实时远程监控、维护、工位辅导、AI 质检等提供可靠连接，快速实现故障诊断、设备修复、辅助决策，生产效率提升 20%，设备故障率下降 20%。

④ 柔性化生产。以 5G 网络替代有线布线方式，助力生产线模块化拼接。快速进行生产线柔性化改造，实现非标智能生产线"搭积木式"高标准高质量交付。

⑤ 5G + 上下游协同。5G 连接能力可以将数据从一条生产线扩展的离散非标生产的各环节扩展至上下游设计、采购和供应链，将非标自动化生产项目，分解成标准化软件、硬件及服务产品，为离散非标制造企业提供高价值、高效率、差异化的竞争力，赋能制造业高质量的可持续发展。

⑥ 敏捷供应链。基于 5G 网络切片技术，实现主生产线和多家供应商的安全连接，将上游的合作伙伴纳入生产线的 MES，有效解决因工业行业上中下游不同企业对生产任务、生产线健康状态、设备运行故障等运维信息不对称而造成的运维服务成本高、备件库存庞大、企业运行效率低、提档换速难等问题，同时，供应链企业可以通过 5G 网络进行实时远程协助、远程质检，实现生产全过程同步协作的敏捷制造。敏捷供应链架构如图 4-19 所示。

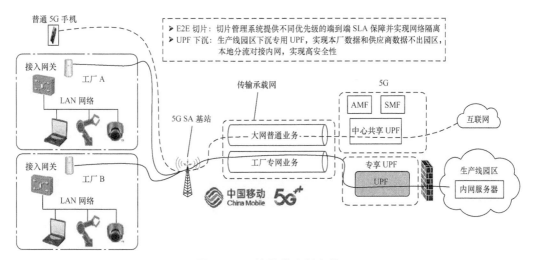

图 4-19　敏捷供应链架构

（2）项目成效

本项目的深化合作加强了汽车制造企业参与广州市工业和信息化局制造业或细分产业的产业联盟的积极性，通过和广州移动的合作充分利用各自领域的优势，强强联合，把工业制造与 5G、云计算、大数据等新一代信息技术融合，打造工业互联网解决方案，积极探索 5G 等新一代信息技术在工业互联网领域的应用，起到了打造自身能力、孵化行业应用、提供样板和示范标杆的作用。

伴随着新能源汽车与汽车智能装备制造行业的飞速发展，本项目推动汽车制造企业以自身 5G＋工业互联网实践为基础，打造汽车智能装备制造行业数字化转型模板，旨在助力构建广东省 5G＋制造发展的产业生态圈。本项目后续也将进一步推动汽车制造企业分享自身的经验与创新业务，继续发挥行业带头作用，带动产业链上下游一起进行数字化转型，推动整个行业健康可持续发展。

同时，本项目将共同推动建设地方产业联盟，打造 5G 下的离散与装备制造业数字化转型赋能的基础与平台，实现制造业的创新发展，赋能企业数字化转型升级与高质量发展，整合多方"产、学、研、用"等资源，形成链条完善、辐射带动强、区域影响力大的产业生态，共同为客户提供极具行业价值的解决方案。

未来，面向全国乃至全球化高水平制造竞争，5G 将继续助力推动高端设备、工业互联网，工业智能制造持续赋能。

2. 5G 智慧电器制造

广州某知名电器工业公司联合广州移动，针对智能制造工厂 AGV 物流控制通信效率低的问题，共同打造 5G 数字化生产示范项目，通过 5G 专网实现智能制造工厂 5G 专网覆盖，研究设计 AGV 车体扩展 5G 双模组，采用 5G 网络来实现 AGV 的全自动远程调度。

（1）5G 落地应用

项目在该电器工业公司智能配电设备绿色数字化生产基地内部形成 $18000m^2$ 的新一代通信网络应用示范工程。该电器工业公司建有行业内先进的智能配电设备绿色数字化生产基地，分智能中压成套和智能低压成套两个生产车间，建筑面积达 $58000m^2$。本项目落地 5G 应用包括以下两点。

① 云化 AGV。AGV 系统对高性能、灵活组网的无线网络的需求日益迫切。智慧工厂提前布设的 5G 网络能为 AGV 系统提供多样化、高质量的通信保障。和传统无线网

络相比，5G 网络在低时延、工厂应用的高密度海量连接、可靠性及网络移动性管理等方面优势突出，将使 AGV 系统更加高效。云化 AGV 网络结构如图 4-20 所示。

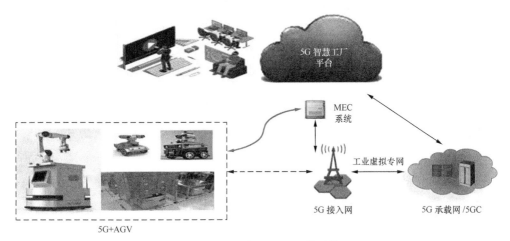

图 4-20　云化 AGV 网络结构

通过 5G 工业专网，AGV 协同能力加强。5G 为 AGV 之间的通信提供保障，使 AGV 具备自组织与协同能力，速度更快，动作更加流畅，工作效率更高。AGV 可以相互合作，完成过去单个 AGV 无法独立完成的任务。

通过 5G 工业专网，AGV 更加敏捷、安全地与工作人员协作。5G 高可靠、低时延的特性能使 AGV 实时感知工作人员的动作，灵活地进行反馈信息和配合工作，同时，始终与工作人员保持安全距离，保证人机协作的安全。

在高温、高电压等某些不适合工作人员进入的特定生产环境，工作人员可以在监控中心通过 5G 工业专网对 AGV 进行实时远程操作，同步、安全地完成预定工作。

② 5G + 工业质检。针对工业质检的两大应用场景：一是焊装钣金件焊缝质量检测，焊装钣金件在焊接 4 个角的时候会出现漏焊、虚焊等问题，该电器工业公司希望机器视觉自动检测焊接的质量；二是焊装钣金定位系统，当焊接完钣金件的 4 个角时会留下多余的焊料，通过打磨机械臂可将焊料磨平，但由于固定夹具工位的本身器件、机械臂本身差，以及焊装钣金件的尺寸存在误差，且打磨机械臂是按照固定程序移动，因此打磨位置会存在差异，导致钣金件不符合质检标准，该电器工业公司希望通过在线视觉检测定位角的位置，从而得到偏移量，将信号传输给机械臂以获得正确的打磨位置。

针对上述两个问题，项目基于 5G 网络提出了焊缝检测系统和定位系统解决方案。5G 网络大带宽性能将超高清工业摄像头拍摄的待检测产品图像上传至 MEC 边缘云系统，进行图像识别及分析。图像识别系统包括复杂的人工智能模型，该模型（各种深度学习、传统算法、自主知识产权的算法等的组合）根据大量场景（产品、配件、检测、设计等等）和不同环境（角度、大小、光亮）的图像进行训练（调整百万量级的模型参数和超参数）。另外，通过系统（移动边缘计算、Andon 或 ERP 等系统）把图像模型和产品编码关联集成，使质检时能够将图像识别的产品和产品编码对接，从而实现编码识别、校验和调测等功能。同时，该解决方案可有效记录待检测产品的瑕疵，为回溯缺陷原因提供数据分析的基础。

在 5G 和智能算法的帮助下，该解决方案较好地满足了智能质检的需求，同时，智能监测系统通过实时数据采集、图像识别、自定义报警等技术，实现生产现场全方位智能化安全监测和管理。

（2）项目成效

本项目带动 5G 在工业互联网的示范性应用，促进了 5G 智慧工厂的产业成熟。AGV 通过 5G 网络实现在移动过程中按需到达各个地点，在各种场景中进行不间断工作，满足工作内容的平滑切换，大幅提升了工厂物流效率；5G 网络稳定安全，支持99.95% 的稳定运行时间。本项目运用云化部署，节约了成本，工业质检大幅提高了检测的精确度，确保生产质量。传统的安防只能做到事后人工被动检查，借助 5G 智慧工厂的机器视觉功能，可升级为事前自动预警，降低安全生产风险。因此，5G 智慧工厂在节约成本、提高效益、降低风险等方面，与传统工厂相关指标相比，有着显著的提高。

5G 智慧工厂大幅改善工作环境，减少生产线人工干预，提高生产过程可控性，最重要的是借助信息化技术打通企业的各个流程，实现从设计、生产到销售每个环节的互连互通，并在此基础上实现资源的整合优化。

4.3 5G + 智慧执法

近年来，我国各单位针对行政执法、市场监管相继出台政策，为智能化监管方案的推广提供了利好的政策指引。2019 年，《国务院办公厅电子政务办公室关于印发〈各省（自治区、直辖市）"互联网＋监管"系统建设方案要点〉的通知》中明确要求建设"移动监管"系统：统筹建设本地区移动监管子系统，为本地区各级部门开展移动执法检查提供支撑，同时，归集、整合移动监管的全过程记录，纳入监管行为信息库统一管理和应用。结合本地区实际，基于移动监管子系统，利用移动终端设备、手机 App、全过程执法记录仪等开展行政执法、日常检查、双随机抽查等监管任务。2019 年国务院第 66 次常务会议通过《优化营商环境条例》，其中，第五十六条指出要推行以远程监管、移动监管、预警防控为特征的非现场监管，提升监管的精准化、智能化水平。第五十八条指出全面实现行政执法信息及时准确公示、行政执法全过程留痕和可回溯管理、重大行政执法决定法制审核全覆盖。

5G 智慧执法以提升执法机关核心战斗力为主要目标，以实施大数据战略为路径，以大数据、云计算、人工智能、移动互联网、物联网等技术为支撑，打造执法工作智慧化的新理念和新模式。5G 智慧执法的提出顺应了执法智能化的潮流，是执法智能化的一种重要形态。随着 5G 智慧执法的不断发展，出现了更加集中的省级执法大数据云中心和统一的移动执法应用平台，以及高度融合、协同作战、一体化运作的指挥中心、情报中心、新闻中心和互联网监控中心，逐步形成大数据驱动下的执法新机制、新模式，从而实现系统化、智能化、扁平化、精准化、动态化、人性化的智慧执法，提升了执法信息化、智能化、现代化水平，推动执法工作的跨越式发展。

4.3.1　行业需求与 5G

1. 行业需求

城市数字化治理是"十四五"规划的重要方向之一，广州市作为全国文明城市的先行者，紧跟国家政策导向，坚持以智慧执法、精细执法、文明执法建设为抓手，推进城市数字化治理步伐。传统的治理方式主要靠人工查验，部分联网终端因为 4G 带宽不足，在一些人群聚集区域（集散市场、大型活动、城中村等），经常出现卡顿，影响治理效能，无法彻底解放人力。当下执法存在以下 8 种需求。

① 监管效能亟待提升，信息化需求迫切。

② 执法全程留痕，并为后期追责提供依据。

③ 减少监管过程漏洞。

④ 统一可视化调度指挥。

⑤ 执法信息现场查询。

⑥ 执法信息现场采集。

⑦ 执法机关办公需求。

⑧ 现场执法人员与指挥中心等部门之间的请示与批示。

2. 5G 在智慧执法中的作用

5G 技术应用创造了各种大带宽、低时延、广覆盖的技术能力，可以实现无人机空中巡航、摩托车沿路巡逻、AR 眼镜精确抓捕等立体巡防模式，从而进一步提升我国智慧执法的应用水平，助力执法部门提高社区安全监管水平。

目前，国内各省市纷纷将 5G 技术应用于智慧执法当中，借助 5G 产业发展的契机建立现代执法体制机制，加快推进社会治理现代化，通过 5G 为智慧执法赋能。5G 赋能智慧执法体现在执法工作形式的创新和移动执法能力的增强上，5G 在智慧执法上的作用主要体现在以下 5 个方面。

① 5G 无人机 + 定位。5G 时代，精确的无人机搭载超高清摄像头，通过 5G 快速超高清的视频回传，执法人员可以更精准地锁定嫌疑人的位置，并在第一时间掌握最清晰的视频资料，使指挥中心更及时、准确地掌握信息，提高指挥决策能力。

② 5G 视频 +AI 识别。借助 5G 的大带宽，各种人脸识别 / 车辆识别算法可快速引入移动执法应用中，实现人车定位、分析研判、指挥调度等执法工作，并可以随时随地获取执法业务信息的支持，实现实时比对。同时，5G 技术还可以将现场采集的数据及时回传至执法单位内部信息中心，有效地解决通缉、协查、堵截、搜查、处罚等一线执法工作中人工识别照片等问题。

③ 5G 执法 +AI 研判。移动执法是智慧执法的核心，5G 赋能智慧执法的关键在于具备大带宽、低时延、广覆盖的技术，可有效推动当前的移动执法向融合 AI 研判的全方位、高清可视化的移动执法新体系演进。

④ 5G 执法终端体系。5G 网络满足多种执法工作场景，带来了全方位的移动执法新体系，支持包括高空天眼、无人机、警车 / 机器人、执法终端、AR 眼镜等各种终端接入，打造无缝连接的全方位移动执法终端体系。

⑤ 高清视频回传。5G 网络支持各种移动执法终端的 4K 高清视频或高清图像回传，实现了高清视频化的移动执法新体系，为执法平台和执法信息系统提供了高质量信息。

5G 智慧执法的主要优势体现在以下 7 点。

① 极大地减少了重复工作，提高了工作效率。

② 减少了人工纸质记录和录入环节，避免了在这两个环节中所出现的错误，保证了信息的及时性和准确性。

③ 为执法人员提供了知识库和单位数据库等大量数据支持，使执法人员在执法过程中更轻松。

④ 给执法人员搭建了日常工作流程，可以省去很多繁琐的操作。

⑤ 定位功能既可以帮助执法人员导航，又可以方便管理者随时查看执法人员的地理位置，便于应急响应或处理紧急事件。

⑥ 有助于监管和查看外出执法人员的情况。

⑦ 更好地保障了社会安定和群众安全。

4.3.2　应用场景

5G 在智慧执法中的具体应用主要有以下 7 个方面。

1. 5G 移动执法车

移动执法是相对原有的传统执法（手工执法）而言的。传统执法时，执法人员在执法现场需要用纸质媒介记录相关资料，执法完毕后把记录的相关资料输入单位计算机并分析和保存。同时，受制于时间、空间、设备等条件，执法人员无法在现场调用稽查对象的历史资料，无法及时将当前的执法信息上报，在突发事件处理上无法及时得到上级的指示，难以及时得到相关部门的支援。移动执法解决方案可以及时查询案件线索，录入新线索，提高案件线索处理和待办工作处理等执法工作的速度。

5G 移动执法主要是将移动通信、GIS、GPS 等技术设备装载到智能执法车上并搭建相关支撑系统。执法部门联合广州移动对执法车进行 5G 智能改造，前端摄像头采用 GB 28181 的要求对接视频云，实现前端全景摄像头的图像回传，并针对 5G 网络的特点优化执法车的信息发布和路线规划平台，让执法车具备远程图像、语音及视频信息的发布的能力。5G 移动执法车可以进行拍照、摄像、录音、查询被监督单位信息、现场打印罚单、打印执法文书等多个操作。

5G 移动执法车通过装配 5G 一体化集成摄像头，实现 5G 网络回传，将采集的视频图像实时传至云端进行 AI 处理（识别人员、车辆等），及时对可疑的人员、车辆进行盘查，实现无感采集和精准盘查，优化警务巡逻流程。

2. 5G 执法记录仪

目前，公安机关对移动警务的需求主要包含两个部分：一部分是移动的视频采集设备，能够在出警过程中拍摄、采集业务过程视频或应急事件现场视频，这种设备在当前发展较为成熟，例如，执法记录仪、车载监控、临时布点设备，基于手机的视频采集 App；另一部分是警员在执行任务时所需要的警务终端，主要是警务通，方便警员移动办公。警务通可以直接连通公安内网业务系统，实时查看警务数据和业务处理进度，提高工作效率。

5G 技术的引入可以为警车巡逻、侦查取证、处置突发事件、处理自然灾害事故等各种现场提供视频、图像、语音等多种通信业务服务，还可为指挥调控人员提供实时、准确的现场实况，为正确决策和指挥一线工作提供直观、可靠的第一手资料，进而提高相关单位快速响应、统一指挥、协同作战的能力。

5G 技术也赋能了传统安防行业中的视频业务，基于移动警务的视频应用呈现爆发性增长。一部移动警务终端可以根据警员在现场的需求，随时随地在警务数据查询终端、警务数据采集终端、执法记录仪、单兵图传设备、指挥调度系统之间切换，为执行任务的一线警员带来极大的便利。

5G 技术在移动执法领域应用的典型产品之一是 5G 执法记录仪。该产品完全体现了透明执法、双向监督，提升了执法队伍的公信力及说服力。另外，科技执法做到了简单高效，5G 执法记录仪显著提升执法队伍遇事应变的能力和处事的效率。通过文明执法，全程监控，守护在执法过程中双方的安全。

5G 执法记录仪与指挥调度系统相结合，可对突发事件做出快速反应和精确分析，科学制定对策，快速组织相关资源，实施现场作战调度指挥。具备实时高清视频通信功能的 5G 执法记录仪的应用范围和领域可进一步开发扩展，例如，扩展电力巡检、森林消防、远程监督指挥等领域，成为推进高效移动执法的有力武器，成为保护执法人员安全执法与被执法人员合法权益不受侵害的重要工具。

3. 5G 执法"和对讲"

在执法通信应用中，集群对讲是最常见的通信手段。中国移动"和对讲"是融合集群调度和视频能力的公网对讲产品，"和对讲"移动监管行业解决方案紧跟"互联网＋监管"及"双随机、一公开"等政策，依托于中国移动通信网络面向用户提供无距离限制、安全可靠、低时延的超高清视频对讲服务，具备灵活组织架构管理、地图可视化调度、软硬终端互通、数据云化备份等优势，可根据行业用户需求进行入驻式和定制化开发，为行业用户提供全方位综合调度管理系统。

5G 执法"和对讲"主要分为调度指挥管理平台及移动监管智能终端，依托中国移动 5G 网络，为市场监管执法人员提供在线监管、对讲调度、全过程音视频回传采集等信息化移动监管服务，助力监管部门不断提升业务能力和信息化水平。

5G 执法"和对讲"后端提供 Web 端调度指挥平台，可实现市场监管执法人员的集中管理、统一指挥、远程监控和执法检查任务的可视化管理。而 5G 执法"和对讲"前端智能终端设备采用"和对讲"定制终端，提供现场检查、语音对讲、视频回传等功能，具备 IP68 外壳防护等级。

对执法人员来说，现场监管过程可通过"和对讲"在线获取任务、在线检查，利用对讲、实时视频等功能，实现行政执法全过程留痕。市场监管部门指挥人员可通过"和对讲"调度指挥管理平台的任务大厅，实现辖区检查工作的集中管理、统一指挥、远程监控。中国移动"和对讲"以"双随机、一公开"及"互联网＋监管"的创新监管方式，实现了获取任务派单、采集视频实时、记录音视频全过程，真正做到执法检查、领导指挥、专家指导等多环节、多角色全程的留痕可追溯。

4. 5G 布控球

5G 布控球是一款具备 5G 无线高清图像传输、定位、远程对讲、全方位、高清摄像等多功能于一体的无线视频应急指挥调度智能终端产品。5G 布控球可以通过集成 AI 算法，开发对接定制人脸检测抓拍、佩戴安全帽检测、离岗检测、区域入侵检测、车辆检测及抓拍等视频分析的智能功能。5G 布控球支持高清录像和无线上传，指挥中心通过平台软件可实现远程应急研判、应急处理、远程指挥、远程管理调度、实时视频、对讲、定位、远程回放分析等功能。5G 布控球外观简洁大方，集成度高，可靠性高，可快速组装及方便收纳，可满足应急布控和快速搭建的特殊要求。

5G 布控球是专为应急通信、无线传输、应急布控、远程管控而打造的产品，适用于远程应急指挥调度、现场执法取证录像、远程实时监控。执行任务时可快速将 5G 布控球磁吸安放在需要监控的位置或直接吸附在车辆上，任务结束时才拆下 5G 布控球，将其收纳到防护箱，适用于应急通信、动态勤务、外勤执法、侦查布控、安防安保、应急指挥、抢险指挥、抢险抢修、巡检巡线管理等行业应用，例如边防、武警、公安、交警、消防、路政、城管、交通、法院、监狱、林业、电力、水利、环保等单位。

5. 5G +AI 视频监控

随着安防技术的发展，视频监控系统向着高清化、数字化、智能化不断发展。智能高清网络视频监控系统的应用也越来越广泛。随着 AI 技术的发展，智能监控摄像头被越来越多地应用到各种场景。5G 提供的大带宽、低时延能力，可以支持视频数据快速回传，同时结合边缘计算能力，为 AI 识别相关算法提供了有效算力，支撑 AI 视频识别能力的快速部署。

5G +AI 视频监控系统是在视频监控系统中植入 AI 算法，通过对摄像头采集的图像进行分析和识别，来完成特定功能需求的监控系统。目前，常见的有 AI 行为分析监控、工地安全帽识别系统、AI 火灾监控系统等。5G +AI 视频监控系统相较普通的视频监控系统而言，可以实现主动分析、识别的功能，并根据识别分析结果做出不同的指令。

5G +AI 视频监控系统不仅有高清画质，同时，还支持智能分析、智能识别。相较于传统的视频监控而言，AI 视频监控系统实现了主动分析的功能，省去了人工检索、人工值守的成本。AI 视频监控系统是集防盗报警系统功能和视频监控系统功能于一身的安防监控系统。5G +AI 视频监控系统既可以实现普通视频监控系统远程监控、录像回放，也具有防盗报警系统的预警功能，当检测到非法入侵时，该系统会主动推送报警信息到移动端与计算机端。

5G +AI 视频监控系统可以用于视频监控系统中，对视频进行分析检测，如果检测到不法行为和任何违背设定规则的行为，会立即触发报警，向监视器、手机或者监控中心发出报警信号，同时触发指示灯进行报警。使用基于 5G +AI 视频监控系统主要有以下 4 个优势。

① 广域快速部署：基于通信运营商的 5G 网络覆盖能力，实现随时随地接入 5G。

② 快速的反应时间：毫秒级的报警触发反应时间。

③ 更有效的监控：安保人员只需要注意相关信息。

④ 强大的数据检索和分析功能：能提供快速的反应时间和调查时间。

在监控系统中应用智能视觉分析产品，一方面可以大幅减少安保人员的开支，一名安保人员可以独立监视多路监控视频，只需要注意报警提示即可，有效提升了工作效率；另一方面可以减少误报情况的发生，为客户提供及时、准确的报警信号。

6. 5G 执法无人机

5G 执法无人机具备高机动性、部署灵活、便于携带等特点，在执法领域得到了广泛应用。5G 执法无人机在执法上的应用主要有以下内容。

（1）治安巡查、安保布控、应急侦查、边防巡检

5G 执法无人机的 360°无死角视野，弥补了固定视频监控和人员巡查中存在监控死角的不足。5G 执法无人机具有快速响应能力，可全方位监控地面、空中可疑情况，在发生突发状况时，现场出现任何细微变动可第一时间上传到指挥中心。

（2）夜间执勤、追踪布控、夜视侦查

5G 执法无人机在夜间执行任务时可以突破空间限制，给地面工作人员提供光源。在夜间搜救和巡逻工作中，5G 执法无人机可有效解决野外大范围照明的难度，辅助救援巡逻。5G 执法无人机上搭载可见光、红外热成像系统等，通过红外热成像感知目标，并且不受气体、烟雾等遮挡限制，可以完全应用于黑夜环境。

（3）现场指挥、空中喊话、人群疏散、交通疏导

面对突发事件或群体事件时，5G 执法无人机可以在空中喊话，控制事态发展。在紧急情况下，5G 执法无人机可以第一时间到达现场，疏散人群，疏导交通。

（4）侦查取证

5G 执法无人机可用高空侦察、建模等手段记录现场全局信息，精准还原案件过程。

（5）城管巡查

5G 执法无人机可以快速定位违章建筑，降低执法成本，助力数字化城市管理。

7. 5G 巡检机器人

对于某些非人力可及的环境，通过在 5G 巡检机器人上搭载 AI 识别摄像头，对违规场景进行智能判断并回传平台进行预警，可以对社区内占道经营、店外经营、乱堆物堆料、沿街晾晒挂、垃圾溢满、车辆违停、消防通道占用等违规行为加以监督。对于重点社区监管点，5G 巡检机器人定点值守巡检，预设指定路线、时间段，在 5G 巡检机器人上搭载环境事件算法摄像头，可精确识别抓拍，通过 5G 专网回传后段指挥中心进行比对分析，能够在完成基础巡检工作的基础上，做到自主告警、自主劝导、人工远程对讲喊话，帮助市场监管人员解决实际业务中遇到的问题。在整治超门线经营方面，5G 巡检机器人能够根据规划好的路线进行巡逻，一旦发现超门线经营的情况，5G 巡检机器人会停下并播报语音内容，提示商户整改。同时，5G 巡检机器人的屏幕会显示违规事件

的类型，为违规商户整改提供参考和依据。如果商户拒不整改，5G 巡检机器人可以将违规情况上报至指挥中心及基层市场监管人员的手机 App 上，市场监管人员可实施人工干预。

除了能够担任"督办员"，5G 巡检机器人还担任起社区"宣传员"的角色。在执行巡逻任务的过程中，5G 巡检机器人能够配合相关部门滚动播报防诈骗、防火等教育宣传内容，最大限度地为基层市场监管人员减负。

4.3.3 典型案例

1. 城管智慧执法

城市数字化治理是"十四五"规划的重要方向之一，广州市紧跟国家政策导向，坚持以智慧城管、精细城管、文明城管建设为抓手，推进城市数字化治理步伐。传统的治理方式主要靠人工查验，部分联网终端由于 4G 带宽不足，特别是在一些人群聚集区域（例如，集散市场、大型活动、城中村等），经常出现卡顿，影响治理效能，无法彻底解放人力。5G 在一定程度上可以解决上述问题。

国内某特大城市城管指挥中心携手广州移动，以建设 5G 双域专网 + 北斗高精度网络作为网络基础底座，构建城市数字化治理"两网、一平台、多触角的 1+1+1+N 的智慧城管执法框架"，加载 5G 移动执法车、5G 巡检机器人、5G 网联无人机、5G 布控球、5G 执法"和对讲"等多场景化产品融合，实现更高速、更快捷的联动和共享，形成一体化城市管理体系，提升城市治理队伍的协作效率。1+1+1+N 的智慧城管执法框架如图 4-21 所示。

（1）5G 落地应用

本项目基于 5G 落地的主要应用有以下内容。

① 5G 执法"和对讲"。在移动执法终端侧，通过下沉专享 UPF，为城管移动执法终端提供了广覆盖、大带宽、低时延、高容量的 5G 数据传输通道。执法终端通过定向深度神经网络（Deep Nearal Networks，DNN）通道，进行城管部门业务交互，确保工作数据的即时可靠传输。同时，针对需要发送到政务外网和互联网的业务员数据，专属 UPF 可以隔离分流传输至公网。

基于 5G 的网络传输，满足了日常巡查中的管理调度、对讲调度、消息调度、位置调度、视频调度，保证了城市监督队伍之间高效连通，灵活配合。执法终端应用使用了 5G 网络定向 DNN 通道，实现了一定层面的安全性保护机制。

图 4-21　1+1+1+N 的智慧城管执法框架

② 5G 移动执法车。在日常道路巡检中，5G 移动执法车搭载了 5G 北斗高精度
定位＋AI 智能识别，针对街道行车巡检中发现的环境污染、垃圾堆放、商贩占道等
市容问题，实时进行高清视频抓拍，AI 识别结合北斗定位系统进行位置打点记录，
可精确计算出位置，误差为厘米级，通过 5G 无线网络回传至移动车指挥调度系统、
视频分析系统、城管局视频云平台，与指挥中心大厅联动共享，后台进行视频数据与
精准位置的碰撞分析，确定事件归属责任方，可同步或后续安排处置，优化问题整改。
5G 移动执法车如图 4-22 所示。

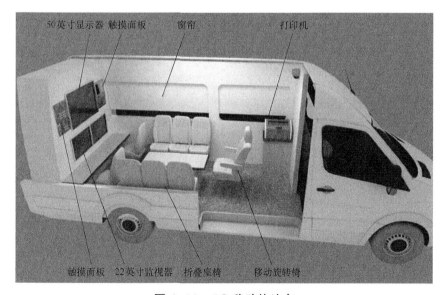

图 4-22　5G 移动执法车

③ 5G 布控球。各级城管执法人员能够在街面和巡逻过程中，使用可移动式 5G 布控球迅速对目标区域形成实时监控和记录，通过 5G 网络回传联动监控大屏实时预警，联动指挥中心，收集周边违规情况的音 / 视频信息、人员信息、车辆信息，结合后台 AI 识别预警摊贩位置范围等信息。5G 布控球适用于对各类临时占道经营的夜市、周末集市等临时街面进行巡查和远程监控，在各类大型街面整治活动中，指挥中心能够实时了解街面不同位置的周边状况，并与各监管团队联动，有效决策调配和支援。

④ 5G 网联无人机。对于人力难以触达的复杂道路、人流密集的城中村，各级城管部门可利用无人机的快速移动特性，提供城市低空巡检能力，利用 5G 网联进行高清视频拍摄回传，叠加北斗高精度定位，配合地面巡检能力，在 5G 网联无人机上装置高清抓拍摄像头、喊话器，在巡检时通过机载 5G 模组与地面基站进行交互，5G 网联无人机接收控制指令并将视频回传指挥中心，城管指挥中心人员设定自动巡检任务，按指定航线执飞记录，沿路进行高空拍摄记录；在发现突发的城市异常问题时，执法人员可以使用控制端 iPad 或者调度系统中的飞行控制平台进行无人机的远程接管控制，调用摄像头取证、远程喊话劝阻驱离。

⑤ 5G 巡检机器人。除了具备上一节应用场景里提到的功能，本项目开发人员借助创新的"北斗地基增强"技术及北斗芯片，大幅提升了巡检机器人的导航定位精度。对于城市管理中的重点场景——城市清扫，城市管理者只需要一台计算机、一部手机，就能知道辖区内所有道路干不干净、是否需要清扫，实时调度归属于不同保洁公司的多台清扫车辆等设备，运用北斗技术平台，实现"绣花针式"管理，并可以通过车行轨迹精确推算出有效清扫工作量，实时调度。相当于从"俯身看"到"贴身看"，5G 巡检机器人既能规避交通高峰期洒水等问题，也能减少清扫"盲区"，把道路清扫得更干净。以前的清扫服务，只能靠人力去复核、抽查是否清扫、是否干净。尽管有城管执法人员每日靠人力巡街，但难免存在疏漏，市民对扬尘现象仍有反馈。北斗"天眼"解放人力，城管执法人员不用再上路。清扫盲区显著减少，容易脏的区域马上会有补位清扫。

（2）项目成效

本项目根据客户痛点需求，利用 5G、物联网、云计算、大数据、北斗卫星定位系统等，通过 5G 移动执法车、5G 网联无人机、5G 布控球等产品融合，利用 AI 技术分析业务中人、车、物和事件，构建城市管理可视化平台，实现对城市管理问题的自动识别、采集、取证等功能，扩大城市管理可视、可控范围，提高城市管理的智能化程度。

2022 年，本项目在广州市区内部署了一台 5G 移动指挥车，预计节约城管一线生产人员 5 人，未来如果在广州地区全量部署，预计可以减少 250 人的量。本项目应用已实际落地并验证，形成成熟体系化的解决方案。本项目在广东省树立了城管治理的广州模式示范应用，成为全国多地的学习标杆。

2．5G＋智慧诉服与庭审

依托广州移动 5G 网络高速率、大带宽、低时延的特性，面向司法行业提供更清晰、更流畅、更低时延的多地、多设备联动互联网庭审方案，实现多角度、全方位、沉浸式的远程庭审。同时，结合 5G 边缘计算能力及视频云平台智能处理技术，可以实现庭审的实时视频传输和过程管理。未来在现有默认切片的基础上，增加专属行业切片功能支持，实现"一张卡，多业务，多服务级别"，让 5G 技术革新为庭审各参与方带来更大的便利。针对客户不同覆盖范围、网络能力、隔离度及 SLA，广州移动提供优享、专享、尊享 3 种模式，网络能力逐步叠加、网络专用程度逐步提高、网络价值逐步增强。

国内某特大城市法院联合广州移动，以信息化建设为引领，突出重视对前沿技术的融合应用，对传统的远程视频会议系统和科技法庭进一步融合与升级，围绕"互联网＋庭审"的建设需求，打造出"5G 全场景＋云庭审"系统。"云庭审"更彰显了审判的便捷与智慧。

（1）5G 落地应用

依托 5G 网络与人工智能等技术，在实体诉讼服务大厅的基础上，该法院联合广州移动建设数字化诉讼服务大厅，推进诉讼服务工作的规范化、信息化、便捷化，建立、健全以信息化为支撑，智慧服务为特色，集约办理与分流引导为基础，便捷高效为目标的诉讼服务机制，打造面向法官、诉讼参与人、社会公众和政务部门提供全方位服务的诉讼服务中心，促进审判体系＋审判能力现代化提升。

5G 数字化诉讼服务大厅一方面可以降低服务中心工作人员的服务压力，另一方面也可以促进法院服务向无纸化、数字化的进程演进，以及人脸数据库等基础设施的补充和建设。5G 司法机器人和 5G 司法服务一体机是诉讼服务大厅的关键入口，依托 5G 网络可以延伸诉讼等法律服务的触角，实现"能办的机器人办，不能办的远程办"。5G司法服务一体机作为对诉讼服务大厅的延伸与补充，可放置于诉讼服务大厅自助区域，也可放置在连锁超市、银行网点等，用于对乡镇、社区基层、大型企业法律服务的延伸，提供24小时自助服务，实现就近能办、多点可办、少跑快办，让人民群众在家门口即可享受"最多跑一次、就近跑一次"带来的便利。

结合互联网、云计算、大数据、人工智能等技术，5G司法机器人通过自然语言处理，实现对各类法律咨询问题的语音化、可视化解答，为人们提供法律问题咨询、位置指引、诉讼计算、案件检索、合同下载等。自主导航系统让5G司法机器人不仅成为人们的法律顾问，还可以解决人们有法律问题不知道找谁咨询、想打官司不知道如何准备材料和费用等方面的困惑，较大程度缓解法律专业人员不足、服务成本高等给人们带来的困扰，可让人们提前了解诉讼流程，轻松查询法律案例，为人们提供方便。

结合5G+VR技术，庭审画面实时抓取传输，高保真音频实时录制，庭审各参与方可360°全景观看远程庭审，轻松实现直播、点播、回看，保障庭审现场及线上平台一体化管理服务。同时，1∶1参照实景打造VR诉讼服务中心，让诉讼各方感受最真实的法庭辩论，为当事人提供足不出户、快捷便利的业务办理，例如网上诉服、案件查询等。此外配合其他业务系统可提供更亲切便民的服务体验，配合智能语音识别，对指令做出回应，让使用者有更强的代入感。通过构建虚拟的3D法律咨询环境，让使用者能够体验VR眼镜带来的虚拟场景，增强使用体验。提供安全的登录方式，对视频进行查看、删除、审核，提供科学的统计报表，掌握直播情况。

（2）项目成效

5G技术的引入助力法院庭审案件的云庭审系统，帮助各类参与人员不受空间限制，随时随地线上同步接入，节省当事人、证人、鉴定人等往来法院产生的时间成本和资金成本，节省法官接待诉讼参与人的时间成本，把法院庭审服务的边界延伸到当事人家中、律所内、企事业单位内、社区内。

4.4 5G + 智慧政务

智慧政务是指各级政务服务主管单位及相关实施机构运用互联网、大数据、云计算、人工智能、区块链等技术手段，搭建"互联网＋政务服务"平台，充分整合各类政务服务事项和业务办理等信息，利用网上大厅、移动客户端、办事窗口、自助终端等多种渠道，融合第三方平台，实现政务服务统一申请、统一受理、集中办理、统一反馈和全流程监督等功能，为自然人和法人提供"一站式"办理的政务服务，实现"一网通办"。随着近几年我国"互联网＋政务服务"向纵深发展，其业务、技术边界正在不断扩大，与各类"智慧""数字""监管"领域相互渗透融合，成为打造数字政府、智慧城市建设的前提和关键。

2020 年 4 月，党的十九届四中全会明确要求推进数字政府建设，首次将数据增列为生产要素。2021 年《政府工作报告》提出：加强数字政府建设，实现更多政务服务事项网上办、掌上办、一次办。企业和群众经常办理的事项，2021 年基本实现"跨省通办"。为深入贯彻党中央、国务院关于推进"互联网＋政务服务"工作的重要决策部署，深化"放管服"改革，我国各地方都在积极推行"互联网＋政务服务"工作，通过互联网、大数据、物联网、云计算、信息资源管理共享等技术手段，提升政府治理能力、决策科学性及行政工作效率。

为了落实党中央数字政府战略的根本要求，广东省提出了建设 5G 政务专网的目标，实现全国首个超大规模的"一网统管"治理新模式。主要任务是"升级扩容省、市、县（市、区）、镇（街）、村（社区）五级政务外网骨干网，提供广覆盖、低时延、高可靠、大带宽的网络传输服务"。为了进一步丰富"一网统管"的内涵，建设无线场景下的政务专网，2021 年广州移动在广东省率先开展 5G 双域专网部署，打通电子政务外网应用业务，为广州市公务人员提供快速便捷的远程移动办公、政务应用广域接入等多项创新服务。同时，随着广州移动 700MB 5G 网络建设，5G 网络完成了广州城乡的全覆盖，5G 政务专网具备了面向省、市、县（市、区）、镇（街）、村（社区）五级政府提供政务接入的能力。

4.4.1　行业需求与 5G

1. 行业需求

数字化时代的智慧政务平台倡导发挥现代信息技术价值，旨在更好地应用信息新技术来为社会公众服务。正是由于坚持以人为本这一出发点，智慧政务平台有助于科学对接和匹配群众的需求。遵循"为民服务"的治理理念，智慧政务平台优先考虑在公众利益最相关、需求最迫切、服务最关心的领域开展各项服务供给。

数字化时代的智慧政务平台是各级政府部门通过应用现代信息技术在政府与社会、企业、公众之间搭建的一个互动沟通平台，其服务内容涉及人们生产生活的各领域，因此，该平台需要秉承"开放包容"的理念。智慧政务平台将"开放包容"的理念体现在创新制度设计与营造社会环境两个方面，以最大限度地吸引群众参与，从而充分发挥好智慧政务平台的价值。

为实现"一网通办"和"一网统管"的总体目标，应快速及时响应复杂条件下的政府治理及行政业务办理，从而为政府数字化转型提供有力的支撑底座。当前在数字政府转型进程中，重点存在 3 类亟须提升城市治理能力的需求。

（1）远程移动办公需求

为了应对突发的紧急处置事件，需要实现随时随地地接入电子政务外网，实现数据及应用的快速对接，帮助政府各部门高效处置突发事件。

（2）亟须完善物联感知场景应用

城市管理要素非常多，仅靠传统人工采集，效率低、出错概率大，而且数据难以共享使用，信息沟通不顺畅。对于城市管理者来说，需要快速采集城市物联数据，掌握城市运行态势，并结合多个数据的分析评估，给出城市管理的优化建议，保障城市功能平稳有序运转。因此，城市管理需要一张覆盖面广、可接入终端种类多、支持不同相似数据回传及统一管理的无线网络。

（3）构建新型安全防护体系

安全是城市管理的重点关注问题，特别是部分敏感数据涉及社会民生，一旦发生数据泄露，影响非常大。以往的政务系统中普遍存在公私数据混用、用户操作行为难管控和用户自主权限管理难等问题，存在较大的安全隐患，亟须一个安全可靠的数据传输通道，保障政务数据的安全传送。

2. 5G 在智慧政务中的作用

5G 政务专网可以满足网络快速部署、远程移动办公、重点人群消息通达、现场应急画面回传、态势感知分析、公私数据混用和政务应用安全等需求，提升"一网通办"和"一网统管"城市治理能力。5G 政务专网通过 5G 技术可实现大带宽、低时延、高可靠和广连接的网络接入安全解决方案。5G 网络接入优势主要有以下 5 点。

① 与有线接入相比，利用通信运营商广覆盖的 5G 网络，可快速构建市域"一网统管"、全面覆盖省、市、县（市、区）、镇（街）、村（社区）五级政府的广域 5G 电子政务一张网。

② 与 VPN 相比，利用 5G 网络大带宽和低时延特性，可解决 VPN 存在速率低、

时延高、带宽不稳定等问题。移动办公场景 VPN 与 5G 专网对比见表 4-1。

表 4-1　移动办公场景 VPN 与 5G 专网对比

VPN 方式			5G 政务专网	
手机	VPN 登录 5 ~ 10m	移动办公场景	手机	不需要操作 VPN
计算机	登录方式：Wi-Fi/ 有线 VPN 登录 5 ~ 10m		计算机	登录方式：Wi-Fi/CPE 热点 不需要操作 VPN
办公	节点多、路径长、速度慢、不稳定，内网与互联网每次切换要 5 ~ 10m		办公	节点少、路径短，与访问互联网速度一致，不需要切换，可同时访问

③ 与 Wi-Fi 相比，5G 网络利用 UPF 下沉、专用 DNN、传输专线等技术，解决了 Wi-Fi 接入不安全、不稳定、覆盖不连续、易干扰等问题。

④ 与 4G 相比，5G 网络切片技术，可解决 4G 无法满足不同业务对网络性能差异化的需求。

⑤ 与现有网络数据安全技术相比，5G 专网的融入可以有效解决政务无线安全网络场景需求，提升社会公共数字治理能力。

针对网络数据安全问题，通过自主可控的 5G 超级 SIM 零信任安全网关解决方案，可进一步完善客户关注的用户访问权限控制、一机两用、端到端的数据加密传输、认证用户共享热点权限受控和终端安全管理等功能，从而更加安全、便捷地使用移动终端访问 5G 政务专网，保障网络安全和数据安全。

4.4.2　应用场景

5G 在智慧政务的应用主要有以下 3 个方面。

1. 5G 政务双域专网

5G 政务双域专网是以 5G 专网为基础提供服务于 5G 用户的 toB、toC 双域网络模式，可满足企业用户"不换卡、不换号、无感知切换"，随时随地、安全快捷访问办公内网和互联网，解决远程办公 VPN 连接、内外网 Wi-Fi 频繁切换问题，助力企业办公移动化、灵活化。5G 政务双域专网一方面充分考虑"核心数据不外流"的各类场景，通过对公网、办公内网进行识别和数据的有效分流，将办公数据请求分流至办公内网处理完成，实现办公内网安全隔离访问。相对于 Wi-Fi+VPN，5G 政务双域专网除了能实现办公楼宇内无线覆盖，还能实现公务人员外出时访问政务网。双域专网与传统园区网对比见表 4-2。

表 4-2　双域专网与传统园区网对比

	细项	Wi-Fi+VPN 方案	双域网方案
便捷性	网络覆盖	存在盲点	连续覆盖
	业务质量	无 QoS 保障	QoS 保障
	接入网络（Wi-Fi）	手动连接	无感接入
	网络认证（VPN）	手动认证	无感认证
	维护主体	园区自身	通信运营商
安全性	安全性	使用公网，安全性相对难保障	UPF 下沉，关键数据不出园区

2. 5G 政务一体机

随着政府部门的服务逐渐统一而完善，很多人需要查询或者办理一些事务（例如，缴纳水费、电费、查询公积金、查询社保、查询政府公开信息等），虽然这些事务办理手续简单但数量繁多，人们需要排队等候。根据政府部门所能提供的服务项目，5G 智能自助政务一体机可以让民众直接在自助终端上选择需要查询的项目，按照语音提示办理，即可完成操作，不需要其他人协助，既节约了排队时间又节省了人力成本。

传统的政务一体机具有节约人力成本、方便快捷的好处，但也有诸多限制，存在有线政务外网限制而覆盖不足、建设线路成本高、线路施工时间长等问题。通过 5G 网络接入电子政务外网的建设，有力解决了传统政务一体机必须连接有线政务外网产生的诸多限制，同时，5G 网络通过灵活的物理层资源配置，能以更大接入容量、更快速率和更强能力实现政务服务"一网通办"。

智能化终端的引入，使无线自助政务系统具备更强大的业务办理功能，前期一些无法通过互联网办理的业务（例如需要采集 / 发放资料的业务），可以通过智能化终端办理，极大地提高了政府办事效率，提高了群众满意度。

依托 5G 政务专网与通信运营商 5G 公网信息的"软隔离"优势，将 5G 政务专网嵌入政务一体机、粤智助等设备，强化物理设备安全管控，为政务服务终端进银行、进企业提供了安全高效的网络环境，实现了政务服务设备的移动化。

智慧政务平台实现了从"群众跑腿"到"数据跑路"的转变，为人民群众提供全天候政务服务。智慧政务平台以为民服务为中心，是深刻实践服务型政府的良好体现，充分满足了人民群众的利益、需要和愿望。5G 政务一体机如图 4-23 所示。

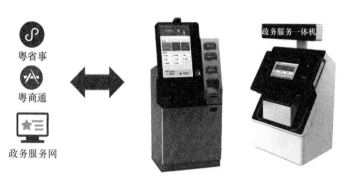

图 4-23   5G 政务一体机

3. 5G 社区智慧治理

近年来，各地陆续推出了智慧社区建设指导意见，推进 5G 在智慧社区建设中的融合应用，提升社区管理与服务的科学化、智能化、精细化水平，力争到 2025 年，基本构建起网格化管理、精细化服务、信息化支撑、开放共享的智慧社区服务平台，初步打造成智慧共享、和睦共治的新型数字社区。一些省市选取了具备智慧社区基础条件的地区开展试点，以居民需求和社区难点为切入点，强化 5G、人工智能等新一代信息技术在社区管理中的融合应用，促进社区服务向扁平化、精细化、智能化、高效化方向发展。同时，依托 5G 网络，优化社区公共环境，提升社区生活便捷化、智慧化水平。

在便民服务方面，依托"5G＋物联网"的居家服务泛感知交互平台，跟踪老年人身体健康数据，监测家用电器、水电气、消防等硬件设备，协同视频、声音捕捉，实现人居状态及时感知。推动社区医疗门诊与人居实时数据互联互通，建立居家老人健康在线档案，及时提醒老人服药、就诊和医院回访、体检，实现疾病预防、尽早救治。并发展了 5G＋智慧监护服务模式，创新"在线交互＋上门陪护"等多种模式相结合的服务产品。

以 5G＋自助终端模式为社区居民提供了各类公共信息服务，统一身份认证、优化升级电子证照服务、推动电子印章服务等，增加了政务服务事项网上受理、办理数量和种类，减少社会公众纸质材料重复提交的次数。对证明事项、社会救助等便民服务事项进行整合植入，实现了社区内"一站式"政务办理。同时，引导银行等机构自助服务终端进社区，并依托 5G 数据传输，借助大数据分析，对电信诈骗、网络诈骗等风险行为甄别预警，保护了人民群众的财产安全。

智慧社区建设推动了无人物流配送，依托 5G 基础通信设施和人工智能算法，实现智能规划路线、自主乘梯、自动呼叫门禁、主动避障避行人，解决社区物流配送最后一环的痛点，构建服务便捷、设施智能、私密安全的智慧社区。

在社区安全隐患治理中，智慧社区依托物联网传感器设备和 5G 低时延、高速率的传输特性，采用传感器采集与人工巡视相结合的方式对窨井、照明、电梯等设施监测、追溯隐患，对消防类传感设备数据智能化进行实时监测，即时启动处置流程，必要时联动告警，做到了隐患早排查、问题早发现、事件快处理。

受政策支持，垃圾分类工作正在全民中积极广泛实行，并取得了良好的成果，智能垃圾分类识别技术是指在垃圾分类过程中应用 5G、AI、物联网等技术，帮助居民完成垃圾的有效分类和回收。应用 5G 智能垃圾分类设备后，工作效果明显。例如，小区垃圾收集站现场干净整洁，不存在恶意混投；在投口内安装检测模组，全天候对垃圾分类进行检测；设置智能喇叭，提醒居民分类投递垃圾，对错投及时进行语音提醒；报送违规信息到执法系统，为监管部门提供完整的执法证据链。

4.4.3　典型案例

为顺利推进政务管理数智化转型和治理流程模式优化，落实广州市电子政务外网"一网通办"和"一网统管"新基座部署和网络安全工作，不断提高服务质量和效率，2021 年 10 月，广州市政府联合广州移动开展了"羊城 5G 政务专网数智化应用"项目。通过搭建 5G 政务双域专网实现广州市电子政务外网用户安全高效接入政务外网，并实现 5G 智慧政务应用的规模推广。

本项目通过"五个一"和"三大解决方案能力"打造出 5G 政务 OA 办公、5G 数智社工、5G 电子哨兵、5G 移动视频卫士等十大重点标准数智化应用。本项目实现产品统一上架、聚沙成塔，并输出标准的服务模式，向各区（县）、各局委办快速拓展，在广东省乃至全国复制推广。

1. 5G 落地应用

"羊城 5G 智慧城市数智化应用"项目是由广州市政府联合广州移动打造的"羊城 5G 政务专网数智化应用"项目于 2021 年 10 月启动，通过搭建 5G 政务专网为技术底座，对接广州市电子政务外网，依托 5G 专网切片技术，实现网络大带宽、广连接、低时延、高可靠和安全接入能力。本项目验证了 5G 专网接入广州市电子政务外网的服务提供能力，先行先试，成功部署了十大应用场景，为后续进一步承载更多政务应用和拓宽电子政务外网服务范围奠定能力基础，为提升 5G 政务专网业务推广能力积累了实战经验。

① 5G 移动 OA 办公。"羊城 5G 智慧城市数智化应用"项目在政务 UPF 上通过新建广州市政府专用 DNN＋专线的方式接入广州市电子政务外网，政务人员通过开通 5G 政务专网套餐，在 5G 终端上配置广州政务专用 DNN 的 APN 连接点，即可通过 5G 政务专网访问广州市电子政务外网上的协同办公平台，实现安全便捷的移动 OA 办公，目前广州市开通 5G 政务专网的用户已有万人。

② 5G 数智社工。通过 5G 消息融合通信中台、区块链、容器化商业智能（Business Intelligence，BI）能力的融合，广州移动创新打造了"5G 政务外网＋5G 行业消息＋10086 AI 语音外呼"的数智社工应用。

③ 穗视讯。通过 5G 政务专网与穗视讯会议系统进行对接，对现有的穗视讯平台进行升级改造：一方面通过 5G 物联网卡＋CPE 方式对固定视讯会议有线接入点进行无线接入备份；另一方面通过 5G 政务专网的专用切片技术应用，确保政务人员通过移动终端（手机、平板计算机等）随时随地安全、高速、便捷地进行穗视讯会议。

④ 穗智管。通过 5G 终端搭载穗智管移动端，穗智管支持随时随地接入访问穗智管运营管理平台，集合运行监测、预测预警、协同联动、决策支持、指挥调度五大功能，助力城市治理智能化、精细化、科学化。

⑤ 粤智助政务一体机。为助力广州政府扩大政务服务半径，打通政务服务"最后 100 米"，助力乡村振兴和街道便民服务，广州移动通过在 5G 政务专网上开通 5G＋CPE 定向流量套餐，为政务一体机提供 5G 专网接入服务，可支持交管服务、卫健、司法、农业等政务专网业务办理。

⑥ 5G "和对讲"。5G "和对讲"是融合集群调度和视频能力的专网对讲产品，依托 5G 网络面向用户提供无距离限制、安全可靠、低时延的超高清视频对讲服务，具备灵活组织架构管理、地图可视化调度、软硬终端互通、数据云化备份等优势，可以根据客户需求进行入驻式和定制化开发，为行业用户提供全方位综合调度管理

系统。

⑦ 5G 移动执法仪。5G 移动执法仪主要用于记录各类执法现场情况，实现执法过程音视频记录、5G 视频回传、存证资料便捷上传、存证资料统一管理、存证资料云共享等功能，推动执法过程全记录从"本地记录、本地调取的单一模式"向网络化、系统化、智能化转变，使执法存证数据综合效应最大化，实现执法全过程留痕及可追溯管理。

⑧ 5G 电子哨兵。5G 电子哨兵是一套通过 5G 专网接入，实现完整的"精准测温＋健康码识别验证＋人脸验证＋门禁出入＋大数据管理流调追溯"的非接触式整体解决方案。5G 电子哨兵通过广州移动部署的 OneNET 城市物联网平台，实现穗康码、行程码、核酸检测信息、社区身份识别等功能一扫同步，以及电子哨兵门禁放行及报警，可定制开发门禁进出白名单管理功能。

⑨ 5G 移动视频卫士。5G 移动视频卫士可打造一套一体化多功能可移动无线视频监控系统，创新性地实现了一套可灵活部署、重复利用的政务外网快速接入综合解决方案，方案可以应用交通站场春运期间临时布放视频监控、垃圾投放点视频监控、大型体育赛事及文体活动视频监控等应用场景。

⑩ 5G 无人机救援。随着 5G 技术日渐成熟，广州关键通信网络规划向 5G 技术演进。基于 5G 网络大带宽、低时延、广覆盖的特性，2022 年广州移动协助广州市网信办开展了基于 5G 网络切片技术的关键通信验证工作，辅助指挥无人机调度及救援决策。

2. 项目成效

"羊城 5G 智慧城市数智化应用"项目打造了十大 5G 数智化应用，实现业务端到端的应用安全，本项目的主要成效有以下 3 个。

① 更安全的技术方案应用。本项目打造了全国领先的 5G 政务专网安全解决方案，成功搭建 5G 政务专网＋5G 超级 SIM 安全网关平台，实现网络应用层的二次鉴权功能，通过超级 SIM 安全网关平台的终端沙箱功能，实现终端合规安全"一机两用"，在 5G 公共网络和 5G 政务专网之间灵活切换。以 5G 超级 SIM 为核心的中国移动"硬钱包"应用还获得了"广州市数字人民币应用推广示范场景"荣誉称号，成为广州市首批数字人民币应用示范场景。网络应用层的二次鉴权如图 4-24 所示。

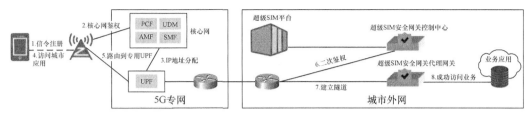

图 4-24　网络应用层的二次鉴权

② 更高效的行业融合能力。通过深度融合硬件终端和政务场景应用，本项目成功对接多种 5G 政务专网终端，包括 5G CPE/MIFI、5G 安全路由器、5G 政务一体机、5G 移动执法仪、5G "和对讲"等；通过 5G + 云计算 + AI 技术，实现 5G 电子哨兵、5G 移动视频卫士和 5G 数智社工等应用。本项目满足应急响应、公安执法、冷链和垃圾分类、大型活动场所等需要。

③ 更自主可控的技术创新能力。本项目结合商密技术和零信任理念，基于用户 SIM 卡的移动认证技术，以号为人，以卡为钥匙，结合公钥基础设施（Public Key Infrastructure，PKI）非对称加密技术和国产密码算法，提供高安全便捷身份认证服务。通过 SDN+SPA 技术，仅有可信终端允许接入网关，实现闭环且持续的终端网络准入管控机制，极大地缩小业务系统在互联网中的暴露面。

4.5　5G + 智慧能源

智慧能源是指采用具有长期成本效益的方法，利用计算机、电子和先进材料等信息化工具，致力于提高能源的利用效率，并尽量减少对环境的影响。智慧能源是近几年兴起的一个比较新的概念。2009 年，国际学术界提出，互联互通的科技将改变整个人类世界的运行方式，涉及数十亿人的工作和生活，因此学术界提出要 "构建一个更有智慧的地球"，提出智慧机场、智慧银行、智慧铁路、智慧城市、智慧电力、智慧电网、智慧能源等理念，并提出通过普遍连接形成 "物联网"，通过超级计算机和云计算将 "物联网" 整合起来，使人类能以更加精细和动态的方式管理生产和生活，从而达到全球的 "智慧" 状态，最终实现 "互联网 + 物联网 = 智慧地球"。因此，具体到智慧能源领域，需要实现信息与电能的双向流动，需要信息技术和能源技术的深度融合。它可以借助信息手段，发现并对能源故障做出反应，快速解决问题，减少经济损失；帮助商业、工业和居民等消费者直观地观察能源消费的数量与价格，进而选择最适合自己的能源方案；适应各类设备的能耗需求，适应所有的能源种类和能源存储方式；改进建成系统，以提供更多的能量，或通过建设新型基础设施，花费更少的运行维护成本。智慧能源产业是多种产业复合共建的革命性创新产业，不但具有系统性、安全性、清洁性、经济性等特点，更具有未来潜在的发展空间，是传统能源及其相关产业的升级版。

目前，我国已经进入全面数字化发展的新阶段，能源行业经历新一轮变革。5G网络运营商和能源行业开展合作，推动以 5G 为代表的新兴信息技术与能源行业深度融合，在智慧能源发展的道路上深度探索。

4.5.1 行业需求与 5G

1. 行业需求

智慧电网业务是智慧能源的核心业务。2020 年 3 月 12 日，国家发展和改革委员会、工业和信息化部联合发布《关于组织实施 2020 年新型基础设施建设工程（宽带网络和 5G 领域）的通知》。其中，在面向智能电网的 5G 新技术规模化应用方面，要求"开展 5G 端到端网络切片研发，研发网络关键设备和原型系统，提供融合 5G 的智能电网整体解决方案"。第一个关键指标要求"针对智能电网不同业务网络性能需求，满足业务安全隔离以及关键信息基础设施安全防护要求"。结合电力行业实际业务发展情况，围绕高安全、高可靠对 5G 提出 4 个关键需求。

（1）满足 5G 电力业务网络的可靠性

针对配电网差动保护、配电网相量测量装置（Phasor Measurement Unit，PMU）等电网控制类业务，对通信网络的超低时延、超高可靠性的不同需求，结合现有电网的业务原理、标准和原则，研究新型 5G 智能电网可靠保障技术，构建适用于 5G 网络切片模式与电力安全防护规定的，覆盖接入侧、核心网与承载网的全通道电力业务高可靠网络方案，提升电网控制类重要业务接入及承载的可靠性保障水平。

（2）实现 5G 电力业务终端的安全可信接入

结合多类型电力终端的接口及设备参数，创新研制 5G 智能电网专用终端，使其具备电力切片安全接入机制，符合电力业务的防误动、防拒动标准，具备终端及网络故障诊断隔离能力，具备自主可控加密功能和高精度授时功能，实现与各类型电力终端适配及自主可控加密功能。

（3）实现电力业务数据快速、安全转发

研究基于全栈自主可控的 5G 网络切片、多层级认证、MEC 数据安全摆渡等安全技术，构建 5G 终端侧到电力专网主站侧安全接入区的 5G 安全隔离解决方案，评估撤销或升级改造电力专网安全接入区安全架构设计，以实现电力业务数据快速安全转发。

（4）实现对 5G 安全威胁的及时监测处置

构建适应 5G 网络特性的安全监测与数据采集能力，实现 5G 网络安全威胁多维度分析与智能预警能力以及安全编排与自动化响应处置能力，有效应对 5G 网络功能虚拟化、云化部署及网络切片等特性和海量物联网终端接入引发的新风险。

2. 5G 在智慧能源中的作用

电力业务具有覆盖面广、接入终端类型众多、业务特性复杂等特点，5G 网络大带宽、低时延、广覆盖的特点可以更好地匹配智慧电力业务需求，加快电力智慧能源业务的快速落地。5G 在其中的作用主要包括以下 4 个方面。

（1）多层次鉴权认证体系

综合利用归属于通信运营商的 5G 网络用户身份识别卡、归属于电网企业的电力安全芯片、企业侧 AAA 认证服务器，以及归属于电网各类业务系统的认证资源，并结合位置信息、无线链路特征、射频指纹特征、用户行为等跨域信息作为认证因子，实现基于跨域可信标识解析和安全可信认证机制，支持电力终端、网络和业务的分布式快速安全可信接入认证，提高 5G 混合组网场景下的网络接入安全水平。

5G 网络在 3GPP 中已经规定了对身份的一次认证，电力行业可基于自己的安全要求，设计电力行业的二次认证协议及算法。多层次鉴权系统可以解决认证因子重复建设与多头管理问题，复用电力行业已存在的认证因子和认证机制，增强认证安全认证可信度，实现非法终端接入识别率 $\geqslant 99.9\%$。

（2）定制 5G 安全可信终端

定制化 5G CPE 内嵌安全模块，安全模块中的微处理器微控制单元（Micro Controller Unit，MCU）连接电力终端、电力安全芯片及 5G 通信模组，拦截非授权 CPE 接入、SIM 卡换卡攻击等，解决了恶意终端接入问题。

安全模块采用的安全芯片具有国密型号，支持国密加密算法，提升自主可控安全性。可联合协议配置选项及二次认证流程实现二次接入安全、密钥分发及信息加解密。

（3）数据安全摆渡 MEC

研发电力业务流量摆渡 MEC，实现业务流量采集及深度识别，支撑混合业务分流和电网业务回落，实现 5G 业务中的电网业务向电力专网分类隔离、分区回落，缩短电网业务流经路径，提升电网控制类业务可靠性，实现电网业务安全回落到电力通信专网和公网数据通道加密传输，流量摆渡时延≤5ms。

（4）超大规模终端接入网络安全态势感知

5G 满足单基站 5 万～ 10 万的物联网连接能力，而电力行业的智能分布式配电自动化、低压集抄、分布式能源接入等业务均属于大规模接入、高安全要求的业务。在发挥 5G 超大规模连接优势，满足业务需求的基础上，必须对超大规模接入的终端进行全面的网络安全态势感知，防止由于网络攻击导致终端和业务异常，最终实现 5G 网络全方位安全数据采集与监视，达到对 5G 网络安全风险在线识别与预测分析的能力。

4.5.2 应用场景

5G 在智慧能源方面的应用主要有以下 3 个方面。

1. 5G 配电网差动保护

配电网差动保护业务通过比较同一时刻相邻配电柜的电流值，判断输电线路是否正常运行，并能快速定位和隔离故障，以保证配电网的安全性、稳定性。差动保护装置对网络时延及时间同步精度要求很高，以前只有光纤能够满足需求，但敷设光纤成本高、难度大、灵活性低；相较来说，5G 无线接入方案更为理想，其具备低时延、高可靠、广覆盖特性，而且 5G 基站能够实现微秒级的时间同步，可以满足规模部署差动保护业务的需求。

5G 网络技术，为配电网差动保护提供了新的实现方式，将故障隔离时间从数分钟缩短至几十毫秒，最大程度地缩小故障停电范围，减少故障时间。该技术方案将显著降低光缆敷设、成本投资和外力破坏的风险，有效提升供电的可靠性。

电网公司不必沿着自己的输电线再额外建设一个专用的有线光纤网络，可以利用通信运营商已有的 5G 网络，通过网络切片技术，按照电网的需求分配相应的网络资源，达到和有线专网同样的应用效果，并且能够明显降低电力系统的网络投入，有效降低前期投资及后期运营支出。

2. 5G 视频识别

电网、变电站等电力设施需要通过视频进行安防监控、入侵侦测，异常行为探测等。5G 网络的广覆盖能力、网络切片能力、边缘计算能力，为客户搭建灵活、高效、可定制、便于扩容的视频监控系统提供了便利条件。在电力行业，视频识别主要包括前端视频信息的采集及传输、中间的视频检测和后端的分析处理 3 个环节。视频识别需要前端视频采集摄像机提供清晰稳定的视频信号，视频信号质量将直接影响视频的识别效果。再通过中间嵌入的智能分析模块，对视频画面进行识别、检测、分析，滤除干扰，对视频画面中的异常情况做目标和轨迹标记。其中，智能视频分析模块是基于人工智能和模式识别原理的算法。

智能视频识别系统的功能包括以下内容。

① 可以对人、动物、车辆等各种物体进行侦测和跟踪，每个摄像机可以同时对多种不同的目标进行监控。

② 可接入摄像机、门禁、射频识别技术、智能围栏、GPS、雷达等多种探测设备，并进行整合分析。

③ 可以设置类似机场围界范围的虚拟范围，实现人和物的物理空间管控。

④ 根据安全策略（日间 / 夜间，交通忙时 / 闲时等）设置保安等级，可在特定区域或全场设置安全级别，并可创建或改变报警区域。

⑤ 当报警自动联动跳出 PTZ（Pan、Tilt、Zoom，一种支持合方位移动及镜头变位、变焦控制的摄像机）图像窗口时，可采用智能视频识别系统提供的云台、镜头控制功能手动或者自动锁定目标，并且通过声音、邮件、电话、传呼机等发出警报信息。

⑥ 可以有效地屏蔽水面的阳光反射、雨雪天气等对系统目标物捕捉的影响。单摄像机场景视频智能分析功能要求能够应对各种灯光和环境因素的变化，包括阴影、天气、区域的光线变化，以及探照灯、反光和风等引起的变化。

⑦ 入侵侦测：能够分辨人体大小的入侵者，而忽略小动物及禽鸟。

⑧ 计数：在一个摄像机上实现多个感兴趣区域和多个移动方向的计数。

⑨ 队列管理：能够提供全面的统计图表报告，了解流量、人流 / 客户转换率、平均轮候时间等。

⑩ 异常行为探测：可以区分人员及物品的异常行为。

⑪ 遗留目标探测：在繁忙拥挤的环境下，在一个摄像机场景内探测多个遗留目标，遗留目标物最小可以达到图像尺寸的3%。

⑫ 盗窃探测：能够在繁忙拥挤的环境中，探测遗失的物品。

⑬ 摄像机检查功能：对摄像机的不同状态进行判断，例如断开、聚焦不良、被破坏、移动、没有足够的帧速或由于雾雨雪等天气无法侦测等状态。

3. 智能巡检

智能巡检场景适用于输电／变电／配电等环节，利用5G高速率、低时延、海量连接、快速移动特性实现巡检终端遥控及数据采集，实现巡检高清视频实时回传及远程控制作业。同时，结合无人机和机器人应用，扩大巡检范围，提升巡检效率。巡检终端包含无人机、机器人等多种类型，能够提供多路高清视频图像（百兆级以上）及多元的传感信息（红外、温感、湿感、辐射综合回传能力、百毫秒级远程控制能力），有效扩大巡检范围，实现巡检智能化。

机器人巡检利用5G大带宽、高可靠性的特性，能够有效地将巡检机器人采集的数据实时上传至云端，通过云端的各类高级应用同步开展各类应用和分析，进一步提高巡检效率，丰富巡检功能。无人机巡检将无人机与控制台接入就近的5G基站，在5G基站侧部署边缘计算服务，实现视频、图片、控制信息的本地卸载，直接回传至控制台，保障通信时延在毫秒级。无人机巡检还可利用5G高速移动切换的特性，使无人机在相邻基站快速切换时保障业务的连续性，从而扩大巡检范围到数千米以外，提升巡检效率。

4.5.3 典型案例

1. 5G 智慧电网

国内某大型电网公司联合广州移动开展数字化转型，探索5G在智能电网中的应用，研究利用5G，作为电力通信专网的补充，满足智能配电网、智能巡检等末梢无线通信业务接入需求。

自本项目开展以来，双方在公司层面成立"5G＋智能电网应用研究"工作协调小组，统筹指导和协调部署5G＋智能电网应用研究工作。本项目联合多个伙伴企业在"产、学、研、用"各环节开展合作，共同推进5G国际标准制定，联合发布《5G

助力智能电网应用白皮书》，共同完成相关业务测试等工作。

目前，电网企业在 35kV 以上的骨干通信网已具备完善的全光骨干网络和可靠高效的数据网络，光纤资源已实现 35kV 及以上厂站、自有物业办公场所 / 营业场所全覆盖。在配电通信网侧，因为点多面广，所以需要实时监测或控制海量设备，信息双向交互频繁，且现有光纤覆盖建设成本高、运维难度大，存在大量的空白区域，现有公网技术承载能力有限，难以有效支撑配电网各类终端的可观、可测、可控。随着大规模配电网自动化、低压集抄、分布式能源接入、用户双向互动等业务快速发展，各类电网设备、电力终端、用电客户的通信需求爆发式增长，迫切需要构建安全可信、接入灵活、双向实时互动的"泛在化、全覆盖"配电通信接入网，并采用先进、可靠、稳定、高效的新兴通信技术及系统予以支撑，从简单的业务需求被动满足转变为业务需求主动引领，实现智能电网业务接入、承载、安全及端到端的自主管控。同时，输 /变电环节光纤覆盖度高，网络传输交换能力瓶颈显著，制约了电力系统精细化管理能力。因此，智慧电网各自业务的快速发展亟须更好的无线通信技术来解决上述难题。

（1）5G 落地应用

2018 年该大型电网公司与广州移动签订了战略合作协议，联合推动 5G 智能电网的规划和建设，已经完成部分 10kV 线路和某 500kV 变电站的网络覆盖和改造工作，完成配电网差动保护、配电网 PMU、三遥、智能巡检、高级计量、应急通信等 5G 智慧电网试点应用场景测试，遍历电力行业"发电、输电、变电、配电、用电"全生产流程，组网架构如图 4-25 所示。本项目获得了第三届工业和信息化部"绽放杯"5G 应用大赛一等奖，2019 年 12 月完成国家发展和改革委员会 5G 应用示范项目验收，现场演示验证 5G 承载电网业务。

2019 年 6 月，本项目完成业内首例基于 SA 架构的无线、传输、核心网的 5G 端到端切片外场功能测试，并在 2019 上海世界移动通信大会期间正式对外发布。通过现场部署网络承载不同分区电网业务的 3 个切片，验证了端到端硬隔离切片之间不受影响，电网切片专属专用、业务性能可独立监测。即两个硬隔离切片分别承载电力与公网业务时，切片间的业务互不影响，业务 QoS 可保障；单个硬隔离切片分别承载两类电力业务时，业务映射到不同的 VPN 软管道，可根据策略实现差异化 QoS 保障。此外，本次测试还初步验证了涵盖核心网、承载网的切片管理器的基本功能特性，包括切片配置、发布、实例化及性能监测等。5G SA 端到端切片组网架构及业务组网如图 4-26 所示。

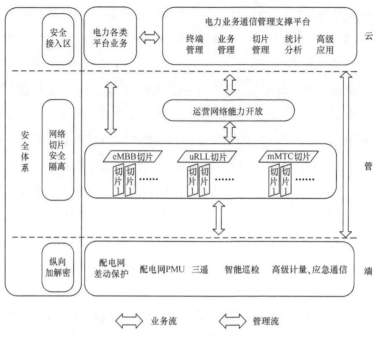

图 4-25　组网架构

2019 年 9 月，本项目各参与方联合完成全球首次切片端到端流程拉通，支撑从售前、售中到售后的业务运营，使 5G 切片从技术实现走向业务实现。5G SA 端到端切片业务流程如图 4-27 所示。

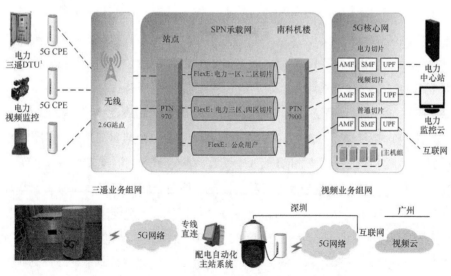

图 4-26　5G SA 端到端切片组网架构及业务组网

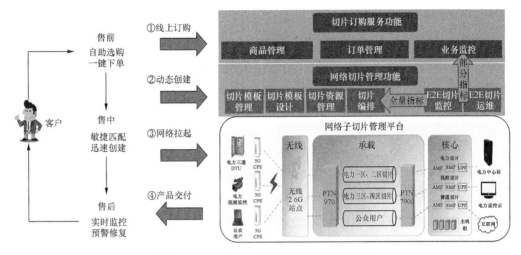

图 4-27　5G SA 端到端切片业务流程

2019 年 12 月，本项目在广州某变电站完成应急通信场景调通验证，模拟灾害场景，通过无人机、高清摄像头回传高清视频信息到指挥中心，为指挥决策提供依据。2020 年 1 月，在深圳某变电站完成首个 5G 智能变电站开通，并完成巡检机器人、高级计量应用调通验证，完成配电网差动保护、配电网 PMU 测试验证。差动保护、配电网 PMU 测试验证的结果见表 4-3。测试结果表明 5G 优异的网络性能完美契合智能电网业务需求。

表 4-3　差动保护、配电网 PMU 测试验证的结果

		空口授时精度	端到端时延	功能验证
差动保护	电网要求	<10μs	<15ms	—
	实测结果	<300ns	<8.3ms	100% 互通
PMU 配电网测试验证	电网要求	<1μs	<50ms	—
	实测结果	<300ns	<10.7ns	100% 互通

（2）项目成效

本项目基于双方 5G 智能电网项目上的良好合作，采用基于 5G 的智能电网端到端融合网络架构作为顶层设计，从"融合组网、管理协同、统一安全" 3 个方面对各层建设进行指导。接入层将重点考虑适配 5G 的电力终端及面向泛在业务接入的 5G 通信终端模组的研制。网络层将考虑 5G 网络与电力通信网络的融合问题及相关高性能转发技术，以支撑 5G 对电力业务的高可靠承载。平台层将 5G 及电力无线通信进行统筹管理，通过研究切片敏捷管控技术，电网企业可对 5G 网络切片根据有线、无线形成两套管理平台，其中，面向 5G 的电力无线通信综合管理平台将对 5G 及电力无线通信进行统筹管理。同时，通过研究网络切片敏捷管控技术，电网企业可对 5G 网络切片进行高效管理。业务层将通过示范工程及平台搭建，全面支撑主网基础、配电网扩展及特殊场景的各类丰富应用的管理及展示。在安全接入体系方面，本项目将根据网络的分层，体系化地给出终端、网络、信息安全的相关解决方案。本项目在尊享组网模式下开展，广州移动针对研究需求按尊享模式组织网络建设。

本项目完成 5G 示范区建设，解决 5G 端到端网络架构融合、业务接入规划及承载技术等难题，形成 5G 智慧电网示范应用，探索电网与通信运营商之间的商业模式，最终将其打造为我国 5G 行业应用发展的标杆，引领全国电力数字化转型升级。

2. 5G 虚拟电厂

我国目前的发电结构中，火电发电量占比仍然超过七成，而火电要用煤炭发电。由于煤炭价格受各种因素影响较大，而且煤炭发电对环境影响较大，为满足电力供应的庞大需求，同时缓解电力需求的供给侧压力，电力系统中其他发电模式（例如光能、风能、太阳能等分布式资源）产生的电力也亟须得到合理的分配和利用。电力领域主要有以下几个痛点：电力整体需求高；电力传输和调配效率低；能源浪费巨大、异构端能源并网困难；无法保证电力能源供给的稳定性、安全性、可持续性。

基于供电局电网的虚拟电厂的技术方案能有效解决以上问题。虚拟电厂被称为"看不见的电厂"。虚拟电厂是在传统电网物理架构上，利用先进技术对分布式发电、分布式储能设施、可控负荷等不同类型的分布式资源进行整合，协同开展优化运行控制和市场交易，可实现电源侧的多能互补和负荷侧的灵活互动，向电网提供电能或调峰、调频、备用等辅助服务。在虚拟电厂的可行性研究中，分布式能源具有连接多、协议杂、刷新频率各异等特点，因而虚拟电厂的建设存在以下 4 个问题。

① 传统的 4G 或者光纤通信网络无法有效地兼容并进行集中式控制与调度。

② 4G 的通信网络通道安全性和时延无法得到保证，导致虚拟电厂在运行时存在较大的风险和不稳定性。

③ 构建以新能源为主体的新型电力系统将会造成电力系统源荷双侧功率波动增大，电力平衡困难，仅仅依靠电源侧的调节能力将使电力系统运行成本迅速增大，用户侧具有大量灵活的资源，且数量大、种类多、规模小、分布广、主体各异。

④ 现有虚拟电厂通信系统主要面临连接多、协议多、刷新频率各异，通信网络分布式管理、暴露面增大以及时延不可控的问题，对更高的网络兼容、更高效的通信管控、更安全的防护体系，以及大带宽、低时延的特性提出了极高的要求。

以往传统电厂主要以 4G 或者光纤作为通信传输工具，但是，4G 通信技术存在无线传输时延高、抖动率高、安全性低的"二高一低"现象，反观光纤通信技术，虽然可以在一定程度上弥补 4G 通信技术的时延不可控、安全性低的弊端，但是光纤的铺设成本高昂、建设周期长也不利于电网电力整体的运输和调配。因此，电力能源在传输的环节上产生了大量的浪费，常常会出现某些地方电力充沛而另外一些地方电力匮乏的情况，导致整体用电压力巨大。

为了解决以上的问题，2021 年 7 月，广州市工业和信息化局印发《广州市虚拟电厂实施细则》，明确引导用户参与电网运行调节，实现削峰填谷，逐步形成约占广东省统调最高负荷 3% 左右的响应能力，提高电网供电的可靠性和运行效率。广东省某大型城市供电局联合广州移动，首次引入 5G 技术，充分利用 5G 技术的低时延、广覆盖、大连接、高安全性的特性共同探索开发虚拟电厂在通信端的相关核心技术，将 5G 相关技术深度融合到虚拟电厂中，为虚拟电厂的良好运行保驾护航。

（1）5G 落地应用

在虚拟电厂的建设中，广州移动首次提出虚拟电厂 5G 精准时延控制组网方案和空口时延控制方案，并配套开发出基站空口时延测量与控制模块。为了进一步确保虚拟电厂在运行中端到端的安全性和稳定性，广州移动还在原有 5G 技术的基础上进行创新突破，形成了虚拟电厂端到端时延控制方案。虚拟电厂新型通信系统架构如图 4-28 所示。

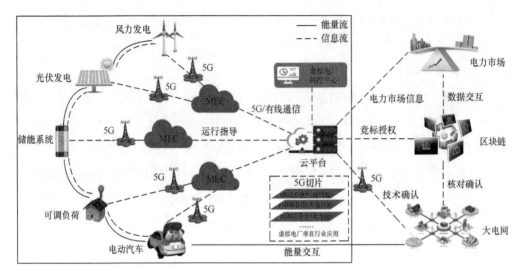

图 4-28　虚拟电厂新型通信系统架构

为保障虚拟电厂的稳定运行，5G 在虚拟电厂的应用如下。

① 在虚拟电厂中，端到端的时延目前还无法实现精准控制，可能会出现时延较大导致的部分平台无法统一快速响应的问题。因此，项目基于统一时钟的时延分析，并对通信通道进行分段时延优化和控制，保障虚拟电厂多业务承载的时延需求。承载的时延需求如图 4-29 所示。

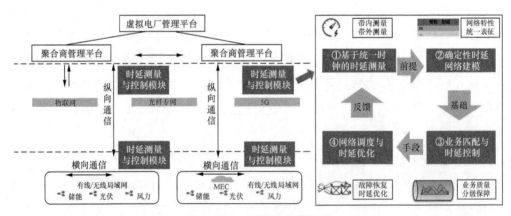

图 4-29　承载的时延需求

② 基于网络切片的端到端（无线、传输、核心网）保障技术，根据不同业务分区的差异化需求，为电力行业 5G 专网提供网络切片服务，打通虚拟电厂业务的端到端保障。端到端保障技术如图 4-30 所示。

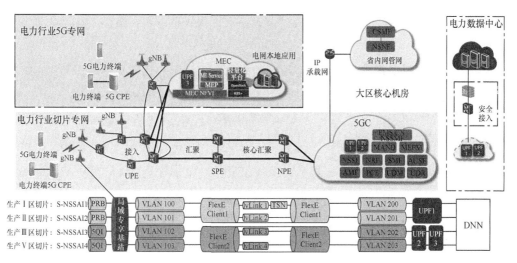

图 4-30　端到端保障技术

③ 构建"可信终端"和"云端智脑"，研发通信时延测量与控制模块，实现"云、边、端"协同的全链路安全、高效接入。全过程加密和隐私数据同态计算，实现全周期数据安全保障。全过程加密和隐私数据同态计算如图 4-31 所示。

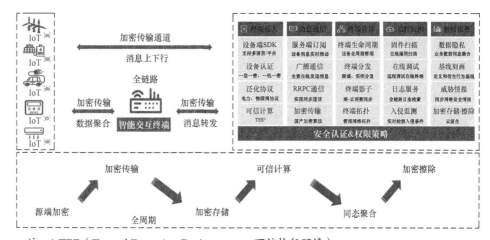

注：1.TEE（Trusted Execution Environment，可信执行环境）。

图 4-31　全过程加密和隐私数据同态计算

（2）项目成效

该项目打造基于 5G 的虚拟电厂，通过对虚拟电厂运行中 5G 关键技术的突破，实现分布式发电、分布式储能设施、可控负荷等不同类型的分布式资源全面连接和协同调配，构建新型电力系统，为电力行业整体发展提供新方向、新动力，赋能供电局创新高效发展。

该项目的 5G 创新成果，成功解决了虚拟电厂大量分布式资源导致的异构网络时延不稳定的问题，提升了电网整体资源利用率，间接提升了电网的整体效益。

虚拟电厂上线运营后，通过对用电侧进行精准管控，可将暂时闲置的用电端做远程电能消峰，腾出负荷空间。在不影响生产生活用电的情况下，仅一栋楼一次性可预留出 500kW 的负荷。同一时间，包括工业企业、商业写字楼、储能电站、电动汽车充电站等在内的电力用户参与调控，可置换出负荷达到 15 万 kW，成为一个虚拟的发电厂。这些电能可以为 3000 多辆电动车充电，可以减少 40 吨碳排放量。虚拟电厂不仅可以在用电高峰时段削峰，还可以在夜间用电低谷时段填谷，通过多用电来消纳夜间的水电、风电等清洁能源。

3. 智慧能源园区管理

为应对世界能源的关键性转型，国内某大型能源建设集团联合广州移动，共同应用 5G、大数据、云计算、物联网、人工智能等技术为客户联合打造 5G + 智慧园区。

（1）5G 落地应用

基于用户对 5G 应用近端服务能力及数据不出园的需求，结合用户对小型边缘数据中心的便利性和安全性考量，通过 5G + 通信基础设施与电力基础设施的深度融合，实现了可预制、可定制、可快速部署，同时实现了具备模块化设计、节能省电、高密度部署的集装箱式一体化边缘数据中心综合解决方案——E-BLOCK。定制了全球首个商用 5G SA 网 + E-BLOCK + 边缘计算中心，独享边缘 UPF 处理时延不高于 10ms，分流带宽不低于 5Gbit/s，接入容量不低于 1000 个。为客户提供网络能力开放，近端部署优势 IT 和云计算等能力，满足多样化的边缘应用场景。

"5G SA 网 + E-BLOCK"旨在帮助用户在能源规划建设及后期能源运营维护阶段，围绕能源规划、生产、交易、消费、使用等全产业链，以全能源数据为基础，以数据价值应用为核心，打造能源发、输、配、储、用、管全生命周期综合能源自动控制服务，极大地提升了物理安全。

项目在 5G 方面的主要应用如下。

① 5G + E-BLOCK 安全底座。5G 专网 + 边缘计算 + E-BLOCK 边缘计算中心，为客户实现基于 5G 大带宽、低时延、边缘计算的智慧控制管理提供了网络和安全的

物理底座。

② 智慧控制管理平台及应用。基础管理系统结合大数据平台、共享交换平台等技术能力，实现多源异构数据资源的汇聚、整合、处理和分析，为用户构建完整的数据与服务能力，为进一步实现智能控制提供了软件基础。可视化展示子系统是系统运行的大脑，通过建设智能运行中心，展示各系统的运行态势，监控各系统的运行状况，实现智慧监控、智慧控制，促进信息化转型升级。系统对接子系统对接无人机系统、访客系统、智慧路灯系统、视频摄像系统、5G 四足机器人系统、智慧停车系统，实现各子系统的充分融合和管理。同时，该系统可以对接 5G 专网运营监控系统，让管理人员随时掌握 5G 专网运行状态。无人机线路巡检如图 4-32 所示，视频监控如图 4-33 所示。

③ 基于数字孪生的智慧控制数字化平台。数字孪生是以数字化方式创建物理实体的虚拟实体，借助历史数据、实时数据及算法模型等，模拟、验证、预测、控制物理实体全生命周期过程的技术手段。

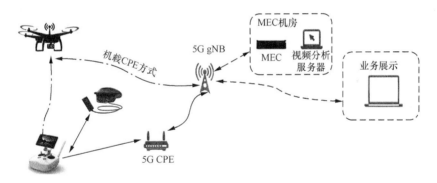

图 4-32　无人机线路巡检

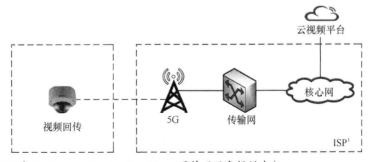

注：1. ISP（The Internet Service Provider，因特网服务提供者）。

图 4-33　视频监控

基于数字孪生的智慧管理协同采用企业即时通信（Enterprise Instant Messaging, EIM）、物联网、大数据、5G、边缘计算、人工智能、综合能源、可视化等技术，为用户提供定制化服务应用。智慧能源与全生命周期数字化 EIM 技术结合，以可视化模型提高智慧能源管理效率，以 EIM 技术实现智慧能源设备全生命周期运维，以数字孪生的形式完整重现楼宇场景，提供建筑、楼层、区域、房间多级可视化，实现宏观场景尽在掌握，微观逐层缩放的可视化呈现。

④ 基于 5G + 智慧控制的各类应用。该项目引入基于 5G 网络和智慧控制的应用，包括 5G 四足机器人、5G 摄像机、5G 云桌面、5G 智慧灯杆，以及智能停车系统、智能访客系统等，实现全数字化管理和控制的安防服务。

（2）项目成效

该项目的行业典型性突出，带动效果明显，在原材料、装备、电子信息等重点行业具有可复制、可推广性，大幅提升用户工业控制系统及智能设备内生安全等能力。面向用户各种远程设备操控、设备协同作业、现场辅助等 5G 应用场景，在物理层安全、轻量级加密、终端接入安全、网络切片安全、MEC 安全等方面进行了大胆突破和创新。

项目成效主要有以下 5 个方面。

① 能耗管理。该项目可以对各类能耗数据进行动态监控、自动统计和报表智能分析，为后台决策提供依据。据统计，每年可为用户节约 20% ～ 30% 的电费支出。

② 安防管理。该项目可以对区域内多元信息进行协同分析和处理，实现对异常事件的智能判断并执行预定义联动响应，具有较大的灵活性和良好的可拓展性，能够有效降低误报率，大幅减少人工成本。

③ 停车管理。该项目利用传感器节点的感知能力来监控和管理每个停车位，提供引导服务，实现停车场的车位管理和车位发布等功能，向用户提供车位引导、车辆查询等功能服务，从而完成对停车资源的统一规划和高效管理。

④ 消防管理。该项目可以对分布在各地的建筑消防设施进行远程监控，以实时掌握消防系统的运行状态。一旦发生火灾，该项目就会将火灾报警信息实时传送至城市应急联动中心，达到迅速发现、快速处理各类火灾隐患的目的。

⑤ 应急管理。该项目可以将防盗报警、视频监控、门禁、消防等系统连接起来，提供数字化预案支持、多系统联动、警情实时感知及主动通报、基于电子地图的警情

实时标记与分析、智能应急辅助决策及远程监控指挥等功能，提高用户应对各类突发事件的快速反应能力。

4.6　5G + 智慧医疗

2008 年年底，"智慧医疗"概念首次被提出，其设想把物联网技术充分应用到医疗领域，建立以患者为中心的医疗信息管理和服务体系，旨在提升医疗护理效率、降低医疗开销和提升医疗健康服务水平。"智慧医疗"概念已经逐步应用到医疗信息互联、共享协作、临床创新、诊断科学及公共卫生预防等方面。

"智慧医疗"主要应用移动通信、互联网、物联网、云计算、大数据、人工智能等新一代信息通信技术，建立医疗信息化系统平台，将患者、医护人员、医疗设备和医院等连接起来，通过丰富的智能医疗应用、智能医疗器械、智能医疗平台等，在诊断、治疗、康复、预防、健康管理等环节实现高度的信息化、自动化、移动化和智能化，为人们提供高质量的医疗服务。

近年来，5G、物联网、大数据、云计算等信息技术的快速发展为我国智慧医疗建设提供了有力的技术支撑。国家医疗卫生相关管理部门陆续出台了一系列利好政策，极大地加快了我国医疗信息改革进程。

4.6.1　行业需求与 5G

1. 行业需求

我国医疗信息化建设虽然取得了一定的阶段性成果，但还处于发展探索阶段。总体而言，目前医疗信息化行业面临诸多挑战，主要体现在以下 3 个方面。

① 传统建设模式创新不足。目前，我国医疗卫生行业的建设离不开政府的协助，传统信息化系统成本高，导致信息化建设的周期漫长。

② 数据存在泄露风险。医疗信息系统采集患者大量的健康信息，例如电子病历、医疗影像等，部分医院因信息安全机制不健全，出现了一些患者个人隐私、医疗数据泄露等情况。

③ 数据资产冻结共享难。在医院信息化改造前期，由于各医院的医疗信息系统标准不统一，医院各科室之间和跨医院之间缺乏临床信息共享和交换，医院的数据整

合度不高，导致医院内部各科室之间的医疗信息系统烟囱林立。我国医院经过多年的信息化发展，积累了海量的数据，目前可利用、可开发、有价值的数据大部分都在医院，但医院之间的医疗数据不流通、共享难，医疗数据资源利用率普遍较低。

2. 5G 在智慧医疗中的作用

5G 智慧医疗专网是一种基于 5G 网络技术开发的，可以提供高速率、大连接和低时延的网络服务。5G 智慧医疗专网符合国家卫生健康委员会关于建设 5G 医疗网络的指导精神，不仅可以为医疗卫生行业客户提供优质的数据连接，更可以提供一个扩展性很强的应用平台，支撑医院各种业务，助力医院实现智能化、信息化。医疗卫生企事业单位选择 5G 智慧医疗专网，可以享受到"快速、可靠、灵活"的网络福利。

4.6.2　应用场景

随着我国新医疗改革的持续深入以及 5G 技术的快速发展，各大医院都在借助互联网、物联网、移动边缘计算等技术，积极探索"5G ＋ 互联网 ＋ 医疗"的新模式，以优化医疗服务流程，提升人民群众就医服务质量，推进智慧医疗事业发展。

5G 在智慧医疗中的应用主要有以下 5 个方面。

1. 5G 远程医疗

远程医疗是指由邀请方通过远程医疗协作平台，提出申请并提供患者临床病历资料和影像资料，包括医学影像设备采集的图像数据及部分视频数据，通过 5G 网络传输，受邀方获取患者影像资料后出具诊断结论。

远程实时会诊可以基于 5G 高清视频及低时延互动操作，让医生远程获得患者的健康数据，并结合视频及仪器仪表的使用，实时掌握患者的身体情况，给出医疗诊断建议。其中，部分业务还需要实时回传医疗操作手法，因此需要 5G 网络提供大带宽和低时延的通信保障。5G 远程医疗应用可以实现对远端患者的及时诊治，争取治疗时机，同时远程医疗还可以调节医疗资源的不均衡，让大城市有经验的专家可以服务更多偏远地区的患者，提升人民群众的医疗幸福指数。

2. 5G 急诊急救

急诊急救是指急救人员、救护车、应急指挥中心和医院之间通过相互沟通协作开展的医疗急救服务。在疾病急救和自然灾害救援现场，医疗人员需要紧急检查患者伤情，并将检查结果传输到应急指挥中心和医院，同时针对疑难病情的患者，通过移动终端由医院专家进行远程救治指导。在救护车转运途中，医疗人员可以通过移动终端调阅患者电子病历，通过车载移动医疗装备持续监护患者生命体征，并通过车载摄像头与远端专家会诊，协同诊断治疗。应急救援现场和救护车移动途中，均为室外环境，需要广域覆盖的无线通信网络。另外，医疗信息传输的安全性和可靠性也需要5G 网络保障。

通过对医院救护车的 5G 改造，利用 5G 将院前救护车与院内应急指挥中心、急诊医学科打造成无缝衔接、协同如一的整体，可以大幅提高院内外抢救效率，实现"上车即入院"，车上的"院前"急救人员与医院"院内"急诊抢救医护专家团队真正"零时差"融合。通过病情、生命体征、影像实时上传云端，急诊抢救医护专家远程指导"抢救黄金 5 分钟"，院内手术提前准备等多项措施，可以缩短抢救时间，提高患者的康复概率。在网络方面可以通过配置 QoS 优先保障 5G 救护车获取稳定的网络服务，还可以通过网络切片实现 5G 救护车的业务隔离及网络服务保障，将 5G 技术有效应用于医疗实际生产工作中。5G 急诊急救架构方案如图 4-34 所示。

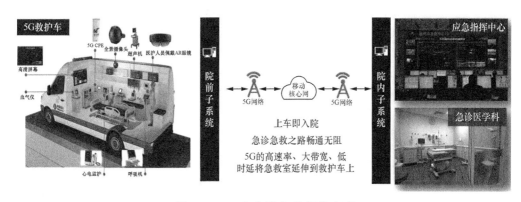

图 4-34 5G 急诊急救架构方案

为实现 5G 急诊急救应用场景，需要开发和部署一系列功能模块，具体如下。

① 医疗设备数据实时回传。救护车上的心电监护仪、超声机、呼吸机、血气仪等医疗设备的实时画面可以通过 5G 网络接入院内应急指挥中心，让抢救室医生提前介入病情诊断和制订抢救方案。

② 现场高清视频回传。高清摄像头 / 全景摄像头 / VR 摄像机等设备捕捉的现场实时画面可以通过 5G 网络显示在 5G 救护车的高清屏幕或医护人员的 VR 眼镜上，

使院内急诊医生 / 应急指挥中心人员置身现场，针对患者情况互动指导。

③ 救护车路线规划与到达预判。通过集成 GIS，实现救护定位信息的收集及展示。通过调度算法，使救护车目的地与起点之间的距离最小化，让院内应急指挥中心能够准确预估到达时间，做好救治资源的准备工作。

3. 5G 导诊机器人

智能导诊是指采用人脸识别、语音识别、远场识别等技术，通过各种人机交互终端，执行挂号、科室分布及就医流程引导、身份识别、数据分析、知识普及。

患者首先在移动终端上通过图像及语音 AI 识别模块进行唯一身份注册及登录智能导诊平台，身份信息数据与医院信息系统（Hospital Information System，HIS）及影像存储与传输系统（Picture Archiving and Communication System，PACS）对接匹配，通过 5G 视频连线或者 AI 智能客服描述患者病症及体征健康状况，由辅助诊断系统根据既有病历帮助医生进行病理诊断，智能分配复诊科室进行后续诊疗。基于室内地图和高精度室内定位技术，智能导诊系统对接医院挂号系统使患者在完成挂号后，自动在移动终端完成到科室的精确导航，不需要再去医院服务台问路。这缓解了医院现场咨询的压力，提高了医院的问诊效率，降低了医院的人力投入成本。一方面，5G 导诊机器人需要和服务器端通信，并且在院区内自由行走，故对 5G 网络覆盖和传输速率有较高要求。另一方面，由于 5G 导诊机器人需要实时和用户交流，故要求更低的网络时延。

4. 5G 远程手术示教

作为现代科学重要组成部分的现代医学，随着医学领域的不断发展，外科手术技术也在发生日新月异的变化，利用高端计算机科学技术可实时记录各种手术全程画面影像，使之用于研究、教学和病历存档。有些具有争议的手术，也可以利用这些视频资料作为科学的判断依据。医护人员手术后对照这些影像资料可进行学术探讨，从而提高手术的成功率，并通过网络得到异地专家的远程指导。这样既可以提高各医院的医疗水平，又可以提供手术的全部实时影像记录，使之成为提高医疗技术水平的必要资料和依据。基于 5G 网络大带宽、低时延的特性，远程手术直播打破了手术卫生、手术安全、手术空间等限制，极大地展现了真实的手术场景，提高了医院的教学效率。手术影像直播及影像信息化技术，为医护人员提供更加便捷的学习渠道，为医院培养人才，从而更好地服务患者、服务社会。远程手术示教如图 4-35

所示。

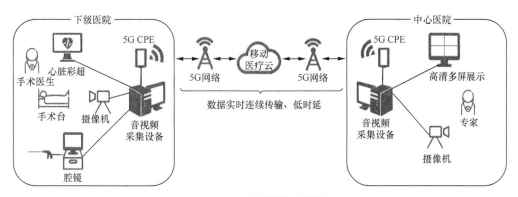

图 4-35　远程手术示教

5. 5G + VR 探视

5G + VR 探视采用 5G、VR、视频通信等技术，通过在重症监护治疗病房（Intensive Care Unit，ICU）、新生儿重症监护治疗病房（Neonatal Intensive Care Unit，NICU）或隔离区监护室顶部等位置安装 360°高清摄像头，搭建 5G 高清视频远程探视系统，家属戴上 VR 眼镜，可以"身临其境"地实时看到患者诊疗情况。VR/AR 探视对于影像数据传输有较高的要求，网络业务需求和视频交互类相似。从以上业务的网络需求考虑，当前的 4G 网络已经无法满足医院各应用的网络需求，亟须高容量、低时延、高可靠的 5G 网络作为支撑。

NICU 是负责照料新生儿患者的病房，根据医院规定，新生儿患者的父母是不能进入 NICU 进行探视的。父母只有在新生儿患者病情减缓的时候，透过 NICU 外的窗口进行探视，探视时间也是严格限制的。这样的探视规定是基于对新生儿的健康着想，但是却让看不见自己孩子的父母焦急万分。中国移动 VR 新生儿探视方案就很好地解决了这一问题，让新生儿父母通过预约在 NICU 外看到自己孩子的情况。

智能中控平台放置于新生儿科室外，智能中控大屏幕上会实时显示 NICU 内的全景图像，智能中控平台除了可以播放 NICU 内的直播画面，还能演示新生儿哺育专题课件，新生儿父母可以根据课件学习如何照顾宝宝。

新生儿父母可以购买头戴式显示设备并带回家中，通过 VR 一体机实时关注自己孩子的情况。VR 一体机不仅可以观看新生儿病房的实时直播，还可以将图像存储下来作为纪念反复观看。

4.6.3　典型案例

1. 5G 智慧院前急救

本着"大探索、大发展、大融合"的互利合作原则，国内某知名三甲医院联合广州移动，基于 5G 智慧医疗，结合网络切片、边缘计算等关键技术，打造互联网＋生物医学大数据科研中心。医院为 5G 智慧医疗建设了 5G 智慧医疗专网，实现高效有序的院中、质控管理，搭建基于总院周边范围的患者到该医院的急诊急救平台，实现"院前一公里"，院前系统、院内系统的全面对接；搭建基于医院急症急救能力的广东省急救平台，为人民群众提供优质的卫生服务急救医疗服务。

（1）5G 落地应用

该项目落地 5G 院前急救应用，借助 5G 大带宽、低时延特性，结合网络切片及边缘计算，保证院前救护车和院内急诊医疗科各种设备、音视频、VR 影像的无缝链接，令"上车即入院"成为可能，抓住"抢救黄金 5 分钟"，最大限度地保障患者的生命安全。后续将探索 5G 边缘计算在急诊区域的应用，配合手环、监测设备，加快患者急诊流转流程。

该项目构建 5G 智慧医疗专网，实现高效有序的院中质控管理。通过 5G 智慧医疗专网可以对当前患者的体征信息进行快速采集，经大数据分析识别，确保患者的精确分诊。通过物联网手环和 5G 医护终端，对抢救、诊断、处置、留观、输液、会诊事项规范化处理，实时生成规范化电子病历，提高医护人员的工作效率。

（2）项目成效

该项目推动了 5G 产业成熟，提高了智慧医疗急救急诊整体水平，同时促进了医疗产业升级。

5G＋智慧医疗应用移动通信、互联网、物联网、云计算、大数据、人工智能等先进的信息通信技术，通过丰富的智能医疗应用、智能医疗器械、智能医疗平台等，实现在诊断、治疗、康复、预防、健康管理等环节的高度信息化、自动化、移动化和智能化，为人们带来优质的医疗服务。

5G 智慧医疗专网依托 5G 基础网络，通过切片技术对网络进行端到端切分，保证 5G 智慧医疗专网的业务隔离安全和服务质量。同时，以端到端切片网络为前提，结合项目实际应用需求保障切片网络应用时延更低、业务保障更安全，让未来医疗专网切片的应用成为 5G 智慧医疗专网的核心服务能力。同时，端到端切片管理器可以快速实施切片网络的创建部署与删除操作，同时将切片部署与医疗卫生行业上层应用通过接口自动打通，加快 5G 智慧医疗专网实例化和规模化部署的进展。

此外，该项目针对 5G 智慧医疗专网应用场景进行更多的适配，通过研究更多的医疗卫生行业应用，例如，远程手术、VR 虚拟医疗教学等场景，明确场景需求，构造业务流量模型，对 5G 智慧医疗专网进一步扩容和优化。

2. 5G +SPN 紧急医疗救援

某市 120 急救中心肩负统筹该市紧急医疗救援工作的职责，120 急救中心联合广州移动打造"基于 5G + SPN 专网技术的紧急医疗救援创新应用"示范项目，全面提升突发事件紧急医疗救援的效率和质量，对健全公共卫生应急管理体系提供了重要支撑。

在梳理日常院前急救的痛点时，以死亡率最高的心脑血管疾病为例，它仅有 4 分钟的黄金抢救时间，6 分钟就是人类大脑细胞的耐缺氧极限，超过 8 分钟，后遗症几乎无法康复。在传统的急救时间轴，从患者呼救到医生到达现场，需要约 14 分钟，这已经错过了黄金抢救时间。传统医疗急救痛点分析如图 4-36 所示。

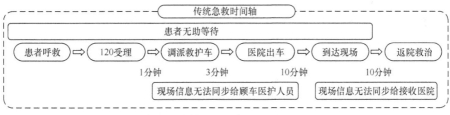

图 4-36 传统医疗急救痛点分析

（1）5G 落地应用

① 5G + SPN 紧急医疗救援专网。该项目基于前期联合建设的 5G 智慧医疗专网与新建设的 SPN 应急指挥专网提供紧急医疗救援相关医疗服务。目前广州市区 5G 基站覆盖率已高达 99%，市区 5G 基站底层 SPN 承载网络改造率达 100%，可有效支持从"移动救治终端到后端指挥中心"全流程的网络弹性分配、物理切片等功能，保障数据传输质量与数据安全，拉通从"前端指挥中心—后端指挥中心—移动医疗专家—

应急救援队伍"的多层次网络连接，实现全流程的医疗救援指挥。5G +SPN 专网如图 4-37 所示。

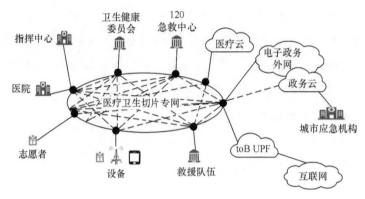

图 4-37　5G +SPN 专网

② 5G 紧急医疗救援系统。紧急医疗救援系统由突发事件应急指挥中心、前方指挥系统、现场救援系统、方舱云 HIS、物资管理系统及数据中心组建而成，采用 5G +SPN 网络、卫星通信网络、短波通信网络等技术搭配移动采集终端，利用大数据、人工智能等技术，组建完整的卫生应急救援体系和共享互通的信息平台，实现对突发事件的监测预警、指挥调度、资源管理、现场救治、分析评估的全流程业务管理，以及不同的业务应用场景下的共享互通、融合协同，支撑各场景间的业务协同与操作。紧急医疗救援系统业务流程如图 4-38 所示。

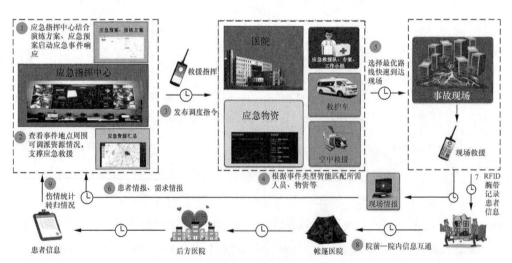

图 4-38　紧急医疗救援系统业务流程

③ 5G +紧急医疗救援平台。通过整合 5G、大数据、物联网等技术，建设一张基于 5G、SPN 技术的固移融合的紧急救援网络，一个 5G +紧急医疗救援平台，通过 N 个应用场景，重点解决因信息缺失、信息分散造成的预警不足、医护准备不及时、集结不畅顺、指挥不准确等问题。

（2）项目成效

该项目已完成建设一张 5G 智慧医疗专网，一张连接广州市多个应急指挥中心的 SPN 网络，可以支撑广州市 300 多辆 5G 救护车、5G 负压救治车开展车厢内视频及生命体征数据回传，支撑临时处置点、前端指挥中心等快速接入专项网络。该项目拉通了 5G 专网与 SPN 专网，形成固移融合的整体安全切片网络，并建设了紧急医疗救援应用系统。

该项目率先在国内开启了以 5G 专网、SPN 专网、大数据、物联网、定位和人工智能为代表的智慧医疗技术应用模式的创新和验证，有利于提高突发事件紧急医疗救援水平，保障人民群众的人身财产安全。通过 5G +SPN 专网、人工智能、大数据等技术的融合创新，在突发事件发生前根据特定事件预测预警，做好救援准备；救援力量集结时精准调拨人员物资；全程实时掌握现场救援状况；为重伤或危重患者开启远程专家会诊，大幅提高救治质量；事后可掌握受灾群众的去向，有利于事后防控。从突发事件发生到救援结束，大幅提高了突发事件紧急医疗救援水平，最大限度地保障了人民群众的人身财产安全。

4.7 5G + 智慧教育

智慧教育是指在应用 5G、云计算、人工智能等技术打造的感知化、互联化、智能化、泛在化的新型教育环境下，通过人机协同实施的创新教育形态和教育模式，构建的培养智能时代创新人才的教育新体系。智慧教育需要建立在智能终端、移动互联网和云计算大规模普及的基础之上：个人计算设备的普及使万物互联具备了硬件基础；人工智能等关键技术的大规模应用，从软件、算法层面为智慧教育的实现提供了可能。智慧教育将依托于智能技术与教育教学的深度融合，全面促进教育的转型与变革。

5G 作为新一代信息通信技术的引领者，可以最大限度地克服传统网络在教育创新发展过程中速度、时延、传输容量等限制，在教育领域具有广阔的应用前景。工业和信息化部等十部门联合发布的《5G应用"扬帆"行动计划（2021—2023年）》提出实施"5G＋智慧教育"行动，旨在进一步推动5G与人工智能、大数据、物联网等多种新技术与教育的融合发展，促进教学、教研、教育管理、教育评价、家校共育、区域治理、终身学习及教育公共服务等业务应用的深刻变革，从而为教师、学生、家长、教育管理人员提供智能化服务和解决方案。

4.7.1　行业需求与5G

1. 行业需求

在教育信息化的实践过程中，技术的不断发展和应用给人类社会带来了显著影响：4G/5G、宽带等技术迅速普及，提高了信息化应用的潜力；在各类高速通信网络的支持下，云计算正在重构信息产业竞争格局，大数据、人工智能、语义网络等技术，正在重构教育服务的组织方式，各类教育公共服务系统正向大众普遍参与、形成群体智慧方向发展，"云、网、端"一体化成为大势所趋；智能服务正在加速普及，以人为本，信息设备以"不可见"的方式嵌入用户环境与日常工具中，形成以泛在感知网络为支撑的无缝的、沉浸式的智能教育体验。在此背景下，智慧教育建设有以下5个需求。

① 教育环境更加智慧化，能主动适应个体需求。即通过"无处不在"的通信网络和传感设备智能感知学习者的场景和特征，主动为其营造学习环境、规划学习路径、推送适应性的学习资源，实现从人找信息到信息找人的转换。

② 教育的各类数据和信息需要实现无缝流通。数据分析是实现智能教育服务的基础，而教育信息化建设需要为各类数据的采集和分析建立标准化模型，通过对物理环境的感知，实现对数据的汇聚和跨空间传输，增强教育服务的调节功能，打破时间、空间、内容、媒介的限制，实现教育信息的无缝流通。

③ 教育业务智能协同。各类教育业务需要一个智能技术和泛在高速通信环境，从而进行便利、快捷、高效、智能的联通与协同，使各类教育业务不再以孤立的方式提供服务，而是实现教育领域的管理业务、教学业务、培训业务与服务业务智能协同，进而达到业务流程的重组和创新服务形态的目的。

④ 优质教育资源需要实现按需供给。在传统的网络环境和技术环境下，学习资

源的供给千人一面。因此需要更智能的网络传输技术，使个性化教育资源数据的定向传输成为可能，在此背景下，智能学习服务系统将实现对个体的精准分析，进而按照个体的特定需求为其提供优质的资源和服务。

⑤ 学习机会的均等供给需求。优质的教育资源和服务通过网络进行互通，促进了教育机会均等化，这对智能的网络传输提出了更高的要求。

2. 5G 在智慧教育中的作用

5G 在智慧教育中可以起到以下 6 个作用。

① 通过信息技术构建智能环境促进教学转型，教学从知识的传递转向学习者的认知建构，使学习者的学习由被动接受转向主动参与。

② 利用 5G 技术和数据分析技术打通课堂内外的数据壁垒，促进线上线下课程的无缝融合。

③ 通过营造沉浸式环境使学习者从被动接受转向主动参与学习。

④ 利用边缘计算技术实现教育管理中的特定需求和业务的智能管控。

⑤ 促进教育的决策由经验导向转向数据驱动。

⑥ 利用 5G 技术和智能技术从根本上对学校进行重新设计，使未来的学校形态由统一走向个性化和自组织。

4.7.2　应用场景

针对教育业务需求，结合 5G 特性，学校通过接入多种形态的智联终端和教育装备，构建全连接教育专网，部署整合计算、存储、AI、安全能力的教育边缘云，提供具备管理、安全等能力的应用使能平台，建设智慧校园并打造多样化的教育应用。

5G 在智慧教育中的应用场景主要有以下 4 个方面。

1. 5G 校园双域专网

5G 校园双域专网是指通过在学校部署一套专用 UPF，为师生提供"不换卡、不换号"，即可同时进行校园内网和外网（互联网）安全隔离和访问服务。

相比于传统 WLAN/ 校园光宽带的校园网，5G 校园双域专网可以做到 5G 高速访问，最高下载速率可达 1000Mbit/s，上传速率可达 100Mbit/s 以上，且网络侧可根据套餐签约识别用户是否为对应的校园用户，用户"不换卡、不换号"，即可实现校园内外网同时接入，公专网智能分流，为师生访问校园网提供了更快捷的方式。

2. 5G 智慧校园管理

学校是典型的园区智慧应用场景，通过 5G 专网，结合学校日常工作管理，配合物联网感知、大数据等技术应用，搭建智慧校园管理平台，通过一网一平台提升校园智能化管理水平，提升管理效率。具体实现的功能如下。

① 1 个 5G＋校园物联网管理平台。在智慧校园管理的创新应用方面，基于 5G 与校园内网的高度融合，学校将建设统一的智慧校园物联网管理平台，该平台包括视频安防系统、室内外照明系统、电力管控系统、冷热供水系统、地下管网检测系统、消防安全感应系统、校园安全预警报警系统、车辆管理系统，以及校园节能平台和校园安全指挥中心等，并运用大数据技术对各类系统资源进行有效的监测和预警联动，为学校资源规划和具体建设提供科学的决策支持，大幅提升智慧校园的管理水平。

智慧校园物联网管理平台主要开展了基础设施建设、智慧校园管理、智慧校园服务三大领域建设，加速校园教学形态、管理模式、服务模式创新，更好地为全校师生服务。

• 基础设施建设：围绕校园基础信息化运行环境，构建高速、安全、泛在的云网融合型基础设施，打造资源开放、随时随地学习的开放校园。

• 智慧校园管理：对资产、人员、车辆实现智能化管理，保障人、车、物的安全，实现平安校园；对能源、环境进行智能化管理，打造节能减排的绿色校园。

• 智慧校园服务：提供新型一卡通、"一站式"服务大厅，统一门户等服务，以全校师生为中心，打造便捷、高效的校园生活，构建人文校园。

② 1 张 5G 专网，实现无缝接入服务。5G 边缘计算技术与校园内网业务应用体系全面对接，实现校园内网与 5G 网络在应用层的无缝切换，根据校园各类应用对于性能、安全的不同需求，灵活接入公有云、私有云或边缘计算资源，实现资源利用与建设运维成本的最优组合。

• 实现校内资源访问，身份识别和绑定，无感自动关联。广州移动已建成覆盖全市的 5G 广域网络，实现室内室外、校内校外全覆盖，确保学校师生随时随地接入。在学校机房放置下沉 UPF，将广州市基站（或者学校指定区域基站）数据与 UPF 打通，提供 5G 专网服务，实现学校 5G 一张网（包括跨校区）。

• 通过 5G 一张网，数据不出校，实现图书馆等资源共享。校内用户可以进行用户分流策略签约，通过学校范围内的 5G 基站互通，实现签约用户通过分流策略快速接入校园内网。

•开展线上课堂，实现课件资源平台随时线上访问。5G 专网解决 VPN 速率低、时延大、带宽不稳定等问题，做到高速访问，网课更流畅，文档下载更高速。

3. 5G 双师课堂

5G 双师课堂教学能够在 5G 网络环境下实现 5G 授课秒同步，线上教师通过远程视频进行授课和线下教师组织课堂连接教学，解决了课堂教学互动问题和即时问题，是"5G 网络＋同一课堂＋两位教师"的新型教学形式。中国移动发布的《5G ＋智慧教育白皮书》中提到 5G 双师课堂将使用 5G 网络切片技术提供双师专网服务，5G 边缘计算技术可实现双师的低时延互动，将远端听课学习者构造为名师侧的一个近端模块。5G 双师课堂中的线上授课教师有优质的教师或者专家，在教学过程中发挥名师、优质教师引领示范作用，线下教师（可以是普通教师或者 AI 教师）管理课堂秩序，让学生在课堂上同步或远程观摩学习，视频的流畅性和真实感有效增强了教师和教学资源、教师和学生、学生和教学资源、学生和学生之间的互动。利用 5G 速率快、时延低的特性，5G 双师课堂不受太多时空的约束，可以实现高效的课堂互动和高清视频传输，使课堂交互体验效果更好。5G 与新技术结合使"双师课堂"教师的教和学生的学更加个性化、智能化。

5G 与物联网技术的结合在双师课堂中应用，引入大数据分析可以解决万物互联的问题。在教学过程中，物联网不仅能让教学资源互联，还能让教师对教学做出相应的规划和决策。物联网应用于各领域时，对网络的要求很高。5G 网络技术提高了数据传输的速度和可靠性，更有助于物联网技术和设备在教学中的应用，使双师课堂的教学更方便、流畅。利用 5G 超大带宽可以实现直播同步教学，线下教师和线上教师交流讨论授课方式，线下教师通过物联网收集学生上课数据，更好地服务学生。总体来说，5G 双师课堂的线上教师通过物联网捕捉或感知学生上课的情况，再经过智能识别和大数据分析，生成"课堂诊断大数据"，对课堂数据进行采集和分析，并对课堂教学进行比较和诊断，找出课堂教和学的归因，为教育教学管理和评价提供数据的信息支撑。在学校教和学的结构变革背景下，利用 5G 和大数据等技术，一种面向未来的教育模式完全可以成为现实。

4. 5G VR/AR 沉浸式教学

基于 5G 的大带宽、低时延等特性，将 VR/AR 沉浸式教学内容上传云端，利用云端的计算能力实现 VR/AR 应用的运行、渲染、展现和控制，并将 VR/AR 画面和声音高效编码成音视频流，通过 5G 网络实时传输至终端。通过建设 VR/AR 云平台，开展 VR/AR 云化应用，提供虚拟实验课、虚拟科普课、虚拟创课等寓教于乐的教学体验，将知识转化为可以观察和交互的数字虚拟物，让学习者在现实空间中深入了解所要学习的内容，并对数字化内容进行系统学习。相对于传统教育，VR/AR 沉浸式教学可以解决以下 5 个问题。

① 三维直观的教学内容和教学方式。借助 VR/AR 技术，学生的课堂体验从 二维跃升到三维，不再是图书或黑板呈现的平面内容，而是栩栩如生的三维内容。对于动物、植物、日常用品等那些原本就是现实中可见的三维物体，学生们不需要再从平面二维形象中想象三维形象；对于电波、磁场、原子等那些抽象或肉眼不可见的内容，VR/AR 技术可以形象可视化地将其展示出来，有助于提升学生的认知和理解。

② 互动性和参与性强。学生通过 VR/AR 学习实践时，不再是死记硬背，而是亲自体验学习内容，深入参与教学中。在这个过程中，学生可以联想自己的相关经历，与以前学到的知识建立更深的联系。VR/AR 沉浸式教学诠释了"学习是一种真实情境的体验"，让学生用眼看、用耳听、动手做，然后自然地开动大脑去想。这会充分调动学生的学习热情，从"要我学"变成"我要学"。

③ 主动的交互式学习。在学习过程中，学生可以随时暂停，或重复其中任何一个步骤，不用过多考虑间断或反复学习给教师带来的压力。国内外很多研究已经证明，在很多学习情景下，游戏化教学是一种快速有效的学习方式。而 VR/AR 的可视化、互动性可以自然地设计出非常吸引学生的游戏化教学内容，寓教于乐，从而大幅提升学生的学习意愿，激发学习兴趣，提高学习效果。

④ 减少教学中的风险。化学、物理、机电等学科在教学过程中需要学生动手操作和实验，具有一定的危险性。通过 VR/AR 技术进行虚拟实验，在获得同样效果的情况下可以降低教学中的安全风险。

⑤ 促进教育资源平等化。应用 VR/AR 技术可以实现不同地区的教师、学生聚在同一个虚拟课堂中，体验真实、实时互动。因此，很多优质的教育资源能以低成本的方式倾斜到三、四线城市以及农村欠发达地区。

4.7.3　典型案例

1. 5G 智慧高校

广州移动和广东某知名外国语大学共建 5G 智慧高校，针对高校自有特色语言类实验教学，结合 VR 技术，实现实验教学的空间重构，推进教学形式升级，全力打造国内行业领先的 5G 语言实验教学应用标杆。

在特色应用创新方面，广州移动与广东某知名外国语大学推进两个方面的建设工作：一是将该大学在同声传译领域的领先地位与广州移动 5G 技术优势相结合，接入数字化同声传译系统，从而推进 5G 远程同声传译应用的实现；二是全面对接 5G 网络切片技术与校园网业务应用体系，实现 5G 网络与校园网在应用层的无缝切换，根据校园各类应用对于性能、安全的不同需求，灵活接入公有云 / 私有云 / 边缘计算资源，实现资源利用与建设运维成本的最佳组合。

（1）5G 落地应用

该项目结合学校学科优势和特色，灵活运用 5G、VR/AR、云计算等技术，推动信息技术在外语教学、实验教学中的广泛应用，建设国家级同声传译实验教学中心，形成一套具有高校特色、示范全国的实验教学体系。该项目还努力创建"智慧校园"，已经推出"智慧高校"信息门户，涵盖网站、移动客户端、微信应用三大平台，发布了60 多项校园信息化应用，承载日常的教学科研办公活动。该项目成为广东省首个 5G 高校 toB、toC 教育专网项目，也是全国首个基于通用 DNN+ULCL 上行分流的 5G 校园双域专网，为开拓 toB、toC 双域市场树立了标杆。该项目落地的 5G 应用具体如下。

① 5G 远程同声传译教室。该项目接入数字化同声传译系统，为搭建远程、移动、多点接入的同声传译应用体系搭建基础平台。5G 远程同声传译教室部署了一套最新的会议系统，包含 41 个代表机终端和 14 个译员机终端，可以提供最多 7 种语言的同声传译能力。同声传译方案如图 4-39 所示。

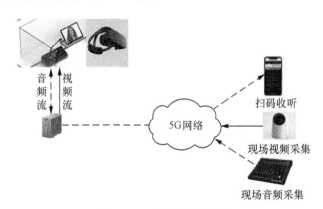

图 4-39　同声传译方案

通过 5G 网络，翻译员可以佩戴 VR 眼镜实时察看会场情况，并同步收听代表发言，线上实时翻译，翻译员的翻译音频通过 5G 网络提供给主会场或线上观众扫码收听。

5G 远程同声传译教室最多可以支持 14 条线路的同声传译，为高校大口译教学和同声传译训练提供完备的教学实训环境，学生们通过 5G 远程同声传译教室训练提升了翻译能力。同时，高校的翻译、同声传译能力在国际会议中发挥了重要作用。其中多语种大学生志愿者服务队为中国进出口商品交易会（广交会）提供服务，为参展客商提供多语种咨询向导、数据信息录入和证件办理等专业服务。同声传译如图 4-40 所示。

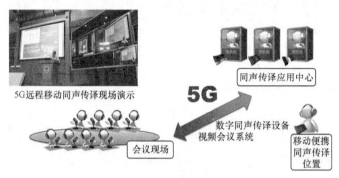

图 4-40　同声传译

② 5G ＋ VR 技术语言实训室。5G ＋VR 技术语言实训室将课堂教学与线上教学资源、跨区域远程视频互动、虚拟仿真等技术有机结合起来，打造国内行业领先的 5G 语言实验教学应用标杆。

5G+VR 技术语言实训室利用虚拟仿真设备和教学实训软件，建立适用于课堂整体教学、自主学习训练、多人同情境分组研讨训练等应用模式的智慧教学互动环境。

学生在一个虚拟空间，分享 VR 演示材料，进行外语学习和交流，使学生身临其境地体验沉浸式学习。VR 模拟仿真技术能清晰地展现学科的精彩内容，VR 动态教学方便学生形象地理解教学内容。学生们可以在 VR 技术语言实训室进行 VR 翻译场景体验、VR 商务英语对话实训、VR 演讲大赛临场表现、VR 跨文化交际等，进行更具真实感的相关外语学习实践。

（2）项目成效

该项目通过 5G 专用网络，为该高学提供了"1+1+N"的 5G 智慧校园整体解决方案，利用 5G、云计算、人工智能等技术，更好地支撑广州市高校信息化建设。5G 智慧校园的整体解决方案，对于提升教育质量、促进人才培养新模式具有重要的意义。

该项目取得的主要成效有以下 4 个。

① 5G 校园双域专网项目在广州市的重点高校形成标杆示范效应。该项目作为广东省首个 5G 高校专网项目，形成良好的示范效应，为开拓 5G toB、toC 双域市场树立了标杆，提升了影响力。

② 形成标准方案和流程。该项目成功落地，高校师生在广州市范围可随时随地接入校内网。该项目形成 5G 校园双域专网的标准方案和业务开通流程，适用于全国各高校。该项目已在广东省多所院校规模化拓展及部署，加速了 5G 智慧校园专网应用的普及。

③ 多种 5G 校园示范应用落地，运用科技力量培养高素质人才，提升教育教学质量。该项目为该高校提供了多种 5G 应用场景，例如智慧图书馆、智慧教室、VR 课堂等，改善学科运营平台、智慧实验室、超性能计算中心等教学环境，加速教学模式改变和科研成果输出，打造科研创新校园。

④ 5G 技术应用于智慧校园，构建"互联网＋"条件下的人才培养新模式，带动 5G+ 智慧教育相关产业链的发展，加速教育信息化的转型升级，全面提升教育信息化发展水平，使我国教育信息化步入世界先进行列。通过该项目的示范，教学应用覆盖全体教师、学习应用覆盖全体适龄学生、数字校园建设覆盖整个学校，提高信息化应用水平、提高师生信息素养。

2. 5G 智慧职业技术学院

2019 年 12 月，广州移动与广东某知名职业技术学院签署了 5G 智慧校园战略合作协议，于 2020 年开始深入开展 5G 智慧校园合作，签约 5G 校园智能监控系统、5G 智慧实训室远程教学等项目。该项目于 2021 年 10 月落地全国第一张 5G 职教类双域专网，同时签约 5G 专网一期项目以及 STEAM 创新学习实验室项目。2022 年 3 月，广州移动再次与该职业技术学院合作大数据智能服务平台、5G 边缘云等项目。

（1）5G 落地应用

该项目 5G 教育专网已下沉 UPF 至该职业技术学院校区，通过 ULCL 技术，打造首个 toB、toC 职业教育行业专网，实现在本地范围内，通过手机终端快速访问校内资源，保证数据的安全性。该项目落地的 5G 应用具体如下。

① 大数据智能平台。该平台通过可视化的操作界面和数据抽取模块将各业务系统的数据、日志数据、文档数据和外部数据加载到全量数据仓库进行统一的存储管理，内置学生画像、成绩预测、精准资助、心理健康等成熟算法模型，配合拖拽式数据适

配和转换的流程，满足学校不同人员、不同场景的数据处理及算法应用，实现对数据的深度挖掘。大数据智能平台如图 4-41 所示。

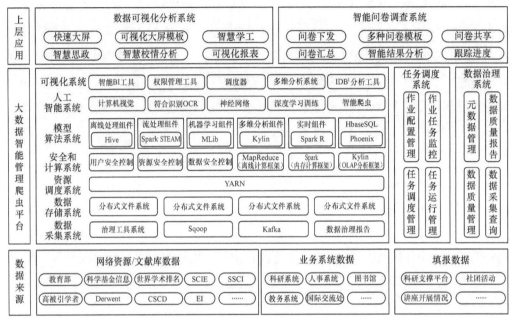

注：1. IDB（Image Data Base，图像数据库）。

图 4-41　大数据智能平台

② 5G + XR 智慧教室。5G + XR 平台实现交互式的案例学习和仿真训练，该项目已完成 4 间 5G+XR 智慧教室的建设、涉及 40 个 5G 教学终端及近 200 个 5G 手机终端。教师可以利用智能仿真教学系统，将真实情景搬到课堂，让学生在模拟的"真实"情景中增强对知识的理解，实现了"实训教学管理—多样化实训模式—实训认证"的"一站式"实操类人才培养方案。5G +XR 平台如图 4-42 所示。

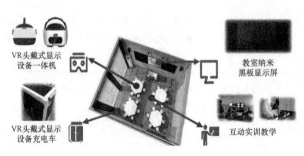

图 4-42　5G + XR 平台

③5G 智慧实训室远程教学项目。该项目利用 5G 网络，打破"先教后学"课堂结构，连接该职业技术学院的多个校区，实现师生间的异地双向互动，培养学生的发散思维能力与创新能力。

校区：4 间教室均配备成套录播系统，组成小型局域网；实训室车辆旁配置 5G 移动推车，推车上装有 5G 摄像头、教学显示屏，通过 5G 专网把车辆检修教学内容发送至教室纳米黑板显示屏上。

某知名车企车间：某知名车企的坪山厂区车间，通过网络连接到学校互动控制系统 MCV，把车间内容实时展现到教室纳米黑板显示屏及实训室移动推车屏幕上。

通过教室—实训室—工厂车间的连接与互动，实现真实场景下的互动教学，提升教学效果。

④ 云考场。基于 5G 摄像头，学校利用多媒体技术和远程视频传输技术，提供视频笔试、面试或实操考核等，将云考场应用于学校远程招聘、"1+X"系列职业技能等级证书考试、职业技能大赛等场景，后续计划在全校大量建设"云考场"并进一步将"云考场"用于海外招生，打造职业技术学院的线上考场标杆。

⑤ STEAM 实验室。基于 5G＋教育云，该计划面向 18 个学院（例如，人工智能学院、化生学院、数字创意学院等）建设 STEAM 实验室，包括高职 STEAM 人工智能机器人实验室、 5G 通信实验室，使学生在实践中感受 AI 和 5G，并且在 STEAM 实验室展示学生作品，举办科技活动，开展相关的人工智能比赛等，打造职业技术学院人工智能与机器人教育生态体系。

⑥ 云课堂。云课堂通过整合优质的教育资源、互动资源、学习方法等实现教学共享，提高教学质量、提升学生学习能力，让每位学生都能享受到适合自己的优质教育服务。

（2）项目成效

该项目落地实施的智慧校园重点场景，为教育行业标准的建立、行业应用的融合起到"先导区"的示范效应。该项目打造了职业教育行业首个示范头部项目，取得的主要成效有以下 4 个。

① 具备标杆示范效应。该项目合作的职业技术学院在全国职校综合排名第一，中国移动为其打造了全国首个 5G 职业教育 toB、toC 专网场景。

② 多种 5G 应用落地，并进一步推广。该项目利用自研 EDU 平台，实现大数据

智能平台、5G +XR 智慧教室、5G 智慧实训室远程教学、5G 温湿度监控项目等应用落地，并进一步推进 5G 应用场景（例如云考场等）应用。

③ 深度融合。该项目将 5G 技术深度融入职业技术学院日常教学、课程资源开发、教学管理中，并支撑智慧化升级。

④ 规模复制。依托该职业技术学院作为全国首个职教示范站，编制行业标准，向全国职业技术学院进行规模复制。

4.8 **5G + 智慧金融**

智慧金融依托于互联网技术，运用大数据、人工智能、云计算、区块链等金融科技手段，使金融行业在业务流程、业务开拓和客户服务等方面得到全面提升，实现金融产品、风控、营销、服务的智慧化。目前，我国金融行业的发展已经实现由金融信息化—互联网金融—科技金融—智慧金融的发展历程，进入技术与金融高度融合、促进相关生态发展的阶段。为加速传统金融改革与转型升级，我国相继发布政策支持 5G 网络、互联网、人工智能、大数据、云计算等技术在金融领域的应用和融合创新，并且在出台政策支持智慧金融发展的同时，也重视对行业监管规范的约束。2019 年，5G 的正式商用为智慧金融的升级发展奠定了技术基础，智慧金融发展空间进一步打开。随着鼓励政策和监管政策的持续完善，传统金融机构积极寻求转型，加大科技、资金、人才投入。在新兴金融产品和服务不断涌现的推动下，我国智慧金融发展呈现出政策有力扶持、行业监管规范、金融与科技深度融合、产品与服务持续创新的发展特点。

在我国政策优势、技术优势、行业发展创新优势、高端复合型人才培养优势的加持下，智慧金融将成为"十四五"时期我国金融创新及金融科技发展的重要方向。未来的行业发展趋势将由产品供给转变为以客户需求为中心，技术从简单的叠加向多元融合发展，应用场景由单一布局延伸到智慧风控、智慧营销及智慧运营等全场景。

4.8.1 行业需求与 5G

1. 行业需求

智慧金融的概念虽然早已被提出，但我国金融行业数字化、智能化水平仍有待进一步提升。近年来，我国的银行、保险等金融企业纷纷与科技公司合作布局智慧金融业务，相关参与企业仍在持续进行市场探索和试验。在此背景下，智慧金融主要存在以下 4 个痛点。

① 新增线下网点困难，无法根据客流快速调整网点位置。为有效服务客户，银行营业厅网点分布松散，相关网络建设受到带宽和区域、时延等限制。难以快速根据客流变化覆盖营业网点，智能设备部署成本高。

② 网点服务吸引力不足，业务创新困难。银行营业厅网点以业务为中心，给人一种呆板、沉闷的感受，逐渐只能吸引中老年人，缺乏能够吸引年轻人的个性化金融应用。

③ 营业厅数字化水平不足，无法有效感知客户需求。营业厅网点未对网点内客户进行数字化感知，无法有效分析客流和客户关注的重点，无法针对不同客群进行差异化服务，整体体验仍有待提升，企业的运营成本和获客成本高。

④ 受限于技术，产品缺少有效的展示手段。受限于银行营业厅网点的传统硬件设施，对全新的业务缺少对应的新颖展示方案，无法利用全新的 VR/AR、超高清 4K/8K 视频等方式，为客户带来身临其境的体验，从而推动银行产品销售。

近年来，随着线上金融服务渠道的不断涌现，金融交易去实体化特征凸显，银行物理网点作为服务主渠道的地位逐渐弱化，价值创造能力下滑。线下银行营业厅网点面对数字渠道的冲击、挤占甚至颠覆，如何实施数字化赋能改造，成为摆在金融行业面前的突出问题。

2. 5G 在智慧金融中的作用

5G 实现科技与人性体验、线上与线下场景、金融与非金融生态的结合，表现出以下 3 个特征。一是连接无感。运用物联网、人脸识别、语音识别等技术将银行营业厅网点内的所有设施设备、系统无缝连接，将客户身份信息、商机信息应用到对客服务的全流程，真正实现人与网点、人与业务的无感连接。二是服务无界。智慧网点在为客户提供快捷金融服务的基础上，可同步部署社保缴费、生活便民缴费、公积金等服务，凸显银行营业厅网点的社会服务属性。三是体验无限。客户使用智能机器人、全息投影、AR 虚拟导航等新设备体验银行智能化服务，设计新颖的设备和优惠的服务流程，使客户拥有极致的服务体验。5G 在智慧金融中的主要作用如下所述。

① 5G 智慧网点落地生花。当前客户行为快速向线上迁徙，营业厅网点转型的诉求日益迫切。随着营销服务模式不断多元化，线上线下亟须协同。5G 智慧网点常见

的应用需求有以下 3 个。

• 智能机器人：与客户进行日常聊天和问题解答，实现排队取号、余额查询、引导业务办理等功能，为客户带来愉悦体验，也节省了人力资源。

• 虚拟现实游戏：客户戴上 VR 眼镜，即可身临其境地体验 VR 游戏，让客户的到店感受从"来办事"逐渐变成"来体验"，以开放的心态体验年轻化的智慧银行。

• 虚拟柜员机（Virtual Teller Machine，VTM）：可远程直连总行人员，通过语音导航、远程指导、远程授权等功能，实现客户全程自助办理非现金业务，有效节省了网点资源。

② 创新远程银行服务模式。5G 与人工智能、大数据、云服务等技术进一步融合，手机视频服务将为客户提供沉浸式服务，拓展更多的数字化场景。5G + 远程银行打造有温度的"空中营业厅"。5G 与银行业的融合应用首先表现在感知层面，以金融业感知能力为基础，为整个金融行业带来的是各类要素的变化。通过线上线下紧密联动，5G+ 远程银行实现电话、视频、微信等空中渠道与网点服务资源的深度融合，为客户提供专业的业务咨询、全面的业务办理，提供人工 + 智能、线上 + 线下、"足不出户、触手可及"、"有温度"的金融服务体验，助力网点向"轻运营"转型和零售垂直化经营。

③ 5G + 音视频重塑客户体验。通过 5G 网络及远程音视频技术，结合云服务共同构建云端之上的新型网点，提供远程客服代表"一对一"服务，实现"线上线下"渠道互补融合，进一步突破了物理距离对银行服务的限制，减少了银行网点服务的盲区，为用户提供亲临现场的体验。

④ 5G 富媒体提升客户新体验。5G 消息终端的原生优势，为金融机构提供了低成本的客户触达渠道，提升线上业务体验，降低获客成本。5G 消息是短信业务的升级，作为 5G 时代通信运营商提供的一种基础电信服务，支持的媒体格式更多、表现形式更丰富。不仅支持文本、图片、音视频、语音、位置、交互等，也支持点对点消息和群发、群聊等形态。5G 消息可以直接占据手机短信这一强入口，同时具备传输层安全协议加密传输，基于手机号、实名认证的强关联，让个人数据在不同应用间互联互通，保障数据安全可靠。此外，用户不需要切换多个 App，在同一个界面实现跨应用交互，应用间互联互通。

4.8.2　应用场景

当前，我国金融业紧抓 5G 网络和人工智能技术快速发展带来的新机遇，把握基础设施升级带来的新契机，加快业务和技术的双向互动，积极探索适合金融业自身特点的智能网点建设路径和方法。通过改进金融传统网点营销、服务模式，探索网点智能获客、活客和服务的途径，将网点周边的商务、商业、生活等各类生态圈融入场景金融建设中，全面推动金融业网点向数字化、智慧化和场景化转型与发展。5G 在智慧金融中的应用场景主要有以下 6 个方面。

1. 5G 智慧网点

目前，我国的 5G 智慧网点建设主要以银行为主，银行在网点建设上已呈现主动拥抱"5G + AI"的发展态势。例如，等大型国有银行坚持"金融与科技融合、金融与生态融合、金融与人文融合"理念，构建了"技术应用＋服务功能＋场景链接＋生态融合"四位一体的智慧服务体系，通过虚拟现实、智能机器人提供个性化的互动和营销服务，基于多屏交互和人工智能技术实现自助智能办理各类金融业务，与网点专业团队及网点群落深入合作，为周边企业提供平台化的电子商务、普惠金融、交易金融和投资银行等金融服务。另一大型国有银行坚持"多快好省、智捷通达"理念，加强银行营业厅网点服务智能化建设，全方位提供智能业务办理、智能客户营销、智能业务顾问等金融服务，支持客户信息顺畅流转，打造物理设备智能联通、渠道相互贯通、线上线下融通。

银行结合"5G +AI"技术及目前在网点转型中已有的相关探索与实践，全面聚焦客户需求，构建业务智能、运营一体、服务高效、体验极致的新型网点，积极探索"5G + AI"技术在渠道融合、流程再造、服务创新中的深度应用，支持银行营业厅网点在智慧化服务、轻型化布局、网点客户体验、网点服务效能、渠道服务体系融合等方面的价值提升。同时银行充分利用 5G 大带宽、低时延、高可靠性和海量连接等特性及大数据云服务平台汇聚海量处理、实时计算数据的能力，结合 AI 进行深入应用，实现更快捷、更精准和更高效的学习、感知、理解、推理等智能计算，努力实现金融产品使用更快捷、金融服务更智能、客户体验更温馨。银行智慧网点包括以下 5 种类型。

① 智慧沉浸型网点。基于网点物理空间的有利条件，银行可以在营业厅网点设置金融服务中心、财富管理中心、国际业务中心、私人银行中心和生态金融中心等区域，基于 VR/AR 技术应用加强金融服务交流，实现沉浸式智能交互和体验。利用大数据、AI 识别客户特征、洞察客户意图，优化服务流程，开展主动营销、精准服务。

通过设置全功能的智能机具充当营业厅网点金融服务的主渠道，并摆在入口醒目位置，多维度、多视角地展示银行金融产品、服务和操作流程，在听觉、视觉和触觉等方面增强与客户的互动。同时，智慧沉浸型网点还能推动原有柜员转岗为网点金融服务员，在充分分析客户特征和需求的基础上，加强对客户的操作引导、产品推介和情感交流，让客户感受到宾至如归。

②智慧无界型网点。银行可以充分利用5G网络，突破金融服务在交易介质、时间、空间等方面的限制，构建全新无界的智慧网点，实现平滑无缝的客户体验。智慧无界型网点将银行前台资源和后台资源充分整合，对各类服务渠道进行融合，统一服务体验，开展支付、转账、结算、融资、投资、理财等各类金融服务，增强金融服务的穿透力，使数字化、有温度的金融服务无处不在。基于 AI 算法建立智能投资顾问模型，借助基金、理财、证券、国际业务、法律税务等专家的专业知识和经验，不断对模型进行优化和提升，支持网点通过 5G 网络快速接入并访问智能投资顾问功能，实现面向网点的智能云投顾服务，着力将营业厅网点打造成客户的金融财富管家，让其成为金融财富管理中心，为客户提供更加专业、更加细致的金融理财服务。

③智慧无人型网点。银行可以充分运用 5G、物联网、生物识别、人机交互等技术，加速推动营业厅网点智慧化、无人化建设，通过超级柜台机具、智能机器人、虚拟现实设备等有序布局，建设一批无人智慧网点。银行可以加强网点"一站式"服务，使客户一键获取产品和业务流程等方面的全景视图，在客户接触的智能自助机具、网上客户端进行营销推荐，自动开展产品推荐。基于 5G 网络，银行打造以网点超级柜台为重点的远程服务支持模式，使客户与客户服务中心进行远程交流和有效互动，对于复杂类的金融业务，客服人员远程指导客户完成操作。基于大数据、AI 等技术，提升数据分析和挖掘能力，创新网点支撑模式，为网点高效服务、精准服务提供大数据支持。

④智慧场景型网点。银行可以立足网点及周边设施，建设场景智慧网点，为周边个人客户、商户、企业提供场景化、社交化的消费金融、财富金融等服务，打造金融与泛金融的服务生态圈。充分发挥金融网点密集接触客户的价值，开展与客户深度交互的金融服务。通过 5G 网络、大数据、AI 融合创新，进行智能感知，主动收集客户的特征、偏好、产品持有行为模式等数据，绘制金融网点周边生活圈、消费圈、商

务圈的生态图谱，可视化地展现周边客户的分布情况，洞察客户的需求，对不同客户进行及时沟通、维系和服务。

⑤ 智慧人文型网点。银行可以通过对营业厅网点进行文化元素装饰，将美学融入智能服务场景，打造文化智慧网点。在柜台的设计、超级柜台机的布置上，融入金融文化和美学元素，让客户充分体验金融服务特色，通过视觉、听觉等感受金融文化，将网点打造成多样的金融服务体验中心。同时植入一定的艺术类主题，将网点打造成某一类型主题体验空间，提升网点内涵和层次，将网点作为基于 5G 和 AI 融合创新的金融产品展示体验平台，充分展示银行创新产品特点，提升客户对金融产品、投资理财、品牌传播的体验，增强对客户的吸引力。

利用"5G +AI"技术构建银行智慧网点是当前激发银行营业厅网点活力的重要手段之一。银行应始终以客户为中心，以 5G 技术为网络能力支撑，深度利用 AI 技术，全面推进传统网点的智慧化改造、建设，通过不断探索，打造线上线下智慧化的营销、运营、服务和风控体系，构建起线上线下一体化获客、活客、留客的新型网点。

2. 5G + 区块链

5G 为物联网创造了落地条件，实现了万物互联，区块链解决了物联网中数据的安全、溯源、可信、定价问题，记录数据的来龙去脉。一方面，区块链中数据可追溯与不易篡改特性保证了数据的可信度；另一方面，区块链可对数据的收益进行合理分配，让可信数据真正能够为人所用。这就是 5G + 区块链融合的魅力所在。物联网数据的价值在于流通，而区块链提供了可信环境。5G + 区块链赋能金融科技的发展具体表现在以下两个方面。

① 金融科技征信服务。金融科技征信服务可以建立基于物质和精神双重价值度量标准的各种信用评价体系，通过对海量数据信息的综合处理和评估，利用借贷数据、社会行为、社会公益等构建个人信用评分模型，以征信体系为核心支持购物、旅行、住宿、娱乐、借贷等信用行为，实现数字智能金融场景应用服务。

② 金融科技的借贷服务。智能金融借贷服务可以借助各种智能借款应用，实现资金资产或者其他数字资产的借贷服务。通过智能合约执行借贷业务全流程，具体包括借贷用户认证、反欺诈验证、借贷风控模型审批等。借贷双方可以智能匹配最佳信用和风控模型，实现双方利益的最大化。

3. 5G 数字人

近年来，互联网、大数据、人工智能等技术加速创新，日益融入经济社会各领域发展的全过程。《"十四五"规划纲要》为金融机构数字化转型奠定了总基调，我国推动人工智能产业升级的序幕已然开启。结合 VR、AR、MR 技术，运用 5G、人工智能等技术打造的沉浸式、低时延和高拟真的虚拟世界元宇宙成为政府部门和科技公司的研究方向，基于人工智能、计算机图形学等技术研发的虚拟数字人作为元宇宙的重要组成部分开始逐渐在金融行业应用。例如银行打造的虚拟数字人具有逼真的人物形象以及专业、完备的金融技能，成为银行科技创新、降本增效的重要手段。虚拟数字人如图 4-43 所示。

图 4-43　虚拟数字人

虚拟数字人是由真实世界的人数字化而成的具有对物理世界感知、认知与表达的能力，通过模拟真人交互能力与体验，提供"面对面"的服务，从而实现了金融服务模式的巨大变革。虚拟数字人能够"听、说、看、想"，通过有声有形的交互方式使人感觉亲切自然，虚拟数字人还可以根据每位客户的需求，对外貌、服装、声音、语言等进行个性化定制，满足各类业务场景的需要。虚拟数字人具有专业的金融知识，通过知识库系统的能力加持，不仅可以满足复杂的业务需求，还能随时洞察客户所处的环境，提供最适合的服务方案，在提供服务的同时，虚拟数字人还可以感知客户的行为和情绪，实时发现客户的情绪变化，提供有针对性的服务。

虚拟数字人不仅可以通过手机 App、网页和微信小程序等渠道提供服务，也可以在线下网点的 VTM 智能终端和大屏幕上展示，实现网格化立体式全渠道覆盖，提供全天候的即时金融服务。

虚拟数字人智能客服产品在银行营业厅网点能通过人体感应系统识别来宾靠近，从而自动启动程序。虚拟大堂经理以 1:1 比例还原真人语音，充分体现语音识别技术和图像合成技术，能够极其吸引客户，在互动性表现上也有很大提升，可以实现虚拟迎宾、智能问答、趣味互动、业务咨询、理财产品介绍等功能。虚拟数字人智能客服产品如图 4-44 所示。

虚拟数字人智能客服通过语音识别和上下文理解技术，能够充分理解客户意图并通过语音、图文、视频等方式进行展示。通过语音识别功能，客户可以使用麦克风向虚拟数字人提出众多问题，对话内容可以根据客户需求制定金融知识库，虚拟数字人可用幽默的语言回答客户提问，增加客户的参与性、娱乐性，产生良好的互动效果，提升客户体验。虚拟数字人的形象、声音、动作均可定制。主要功能如下。

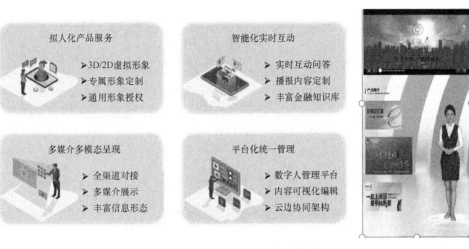

图 4-44　虚拟数字人智能客服产品

① 主动迎宾：通过目标检测算法判别有无客户靠近，由虚拟数字人进行主动迎宾。

② 通过自然语言理解可与客户进行多轮语音交互，实现智能推荐、业务辅助。

③ 在交流过程中，可以通过语音、图文、视频的方式进行全方位的说明和展示。

④ 完善的管理系统：可配置虚拟数字人基本会话能力和扩展技能；支持查看已处理业务交互明细、录音下载、批量筛选导出等功能，便于银行运营人员后续对知识库进行维护。

⑤ 提供语音识别效果优化和定制：例如，不断搜集并扩充业务专业词汇，提升语音识别的准确率。

4. 5G +Wi-Fi 安审网络

以 5G 网络为接入基础，和 Wi-Fi 结合，形成高速流畅的网络通道，满足以下 3 个方面：智能机具高速互联；支持客户使用非 5G 终端，体验 5G 网络；支持客户免费访问网络，方便银行营业厅网点线上线下联动开展业务。5G +Wi-Fi 安审网络架构如图 4-45 所示。

5. 5G XR 智慧体验

以 VR 技术为基础，借助多媒体设备，使客户化身虚拟人，在虚拟世界里体验银行的"存在"感，还原未来金融生活、人文漫游、游戏世界场景。利用 5G 下行大带宽特性，更好地适配 VR 头盔业务功能展示，提供流畅的 VR 应用体验。银行通过建立虚拟 VIP 室，体验虚拟投资理财产品，并根据客户的经济状况模拟投资、收益效果，实现动态交互，在带给客户极佳的金融游戏体验的同时，增强客户对金融投资产品的了解。

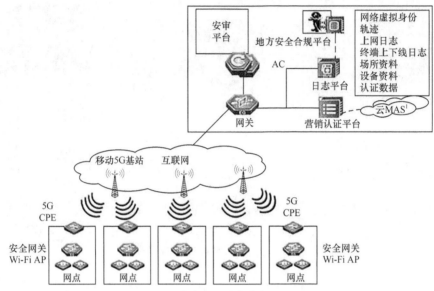

注：1. MAS（Mobile Agent Server，移动代理服务器）。

图 4-45　5G +Wi-Fi 安审网络架构

6. 5G 智慧营销

依托广州移动大数据的标签洞察能力（例如，进入银行营业厅网点周边区域、附近居住人群、银行 App 在用客户等通信运营商特有标签），实现目标人群的精准定位，并通过"蜂巢营销"平台的客户触达能力，实现营销短信的精准触达，可以发送智慧网点宣传信息、网点业务邀约、优惠活动信息等，邀请客户预约到店、参观体验、办理业务等，实现高效的拓客引流。

4.8.3　典型案例

1. 5G 智慧银行

国内某知名银行于 2022 年联合广州移动打造了 5G 智慧银行网点示范项目，综合应用 5G + 新科技、新设备、新架构、新服务，建立了标准统一、可复制的信息化智慧银行网点模板。在满足银行地方特色业务、符合客群特征及自身文化底蕴的基础上，该银行在智能服务、简化流程、场景交易、降低成本、提高网点效能与提升客户体验等方面均有提升。

（1）5G 落地应用

中国移动顺势而为，以"提质增效""三减两增一改"（减网点及面积、减柜员、减成本，增营销能力、增风控能力，改运营制度流程），加快推进网点向智能化、轻型化、营销化的总体智慧网点转型为要求，全面提升物理网点的客户营销能力、专业服务能力、风险管控能力、价值创造力和市场竞争力。中国移动提出"科技领先、服务智能、效率提升、风险可控"的智慧网点建设理念。

面向未来银行，中国移动利用 5G 技术的远程服务便利性，打造"5G +"技术智慧网点，做好"最后一公里"业务。中国移动利用大数据拓展主动营销、精准营销，立足网点及周边 1 ～ 3 千米，以场景营销为突破口，推进传统金融服务的智能改造，建设智能化的营销、产品、服务、风控体系，形成线上线下一体化的经营发展模式，打造线上线下一体化获客、活客、黏客的新型网点。5G 应用除了 5G +Wi-Fi 安审、5G 智慧营销、5G 数字人等主要应用，还在其他多个领域开展行业应用，具体如下。

① 远程云办理服务。VIP 室可放置办理业务的自助设备，在保护 VIP 客户隐私的同时，如果遇到复杂业务，还能通过智能视频客服一对一办理业务。

② 5G 消息聚合平台。中国移动积极跟进融合通信（Rich Communication Suite，RCS）国际标准，领先其他通信运营商，率先推出 RCS 产品——5G 消息。基于上下行消息实现实时和动态交互，通过人工智能预测客户行为，使交互能力智能化。

③智慧展示系统。智慧展示系统借助物联网、5G、数字化云服务等技术，通过服务端设备实现内容、应用的统一管理、配置，通过标准 IP 网络向多个或单个屏幕推送各种画面。面向金融网点、智慧展厅、智慧商场、智慧机场、智能社区等场景，旨在向客户提供屏幕智能化管控和信息统一发布功能，改善客户体验并简化业务运营，助力线上、线下信息融合升级，最大化地发挥信息价值。

（2）项目成效

该项目联合打造"5G 智慧银行网点"，是广东省内首例将大数据营销、智慧运营、智慧展示与数字人结合的"金融＋科技＋生态"一体化 5G 智慧网点，助力银行实现目标人群营销短信的精准触达，实现虚拟客服的智能语音交互，智慧运营银行营业厅网点大屏可用于宣传、展示。与传统银行相比，5G 智慧网点的服务模式从单纯的人工服务向数字化、智能化转变，实现了金融与科技的深度融合、协调发展。

该项目网点引入了虚拟数字人智能客服体验，独具吸引力。自落成以来，营业厅网点客流量倍增，且服务话术灵活可控，本地轻量级部署，运维成本低。营业厅网点运营嵌入大数据技术，提升了营业厅网点对到行客户、周围商圈的分析，有助于开展智能营销。智慧展示系统助力银行工作人员统一管理网点所有大屏幕，实现对播放内容的统一管理和配置，做到安全快捷，提升了用户满意度，实现了线上、线下信息融合升级，提高了银行运营管理效率。此外，营业厅网点还部署了书香小憩休息区、开放洽谈咖啡区，给客户提供一个舒适的环境，塑造以客户为中心的新型服务体系。营业厅网点提供 Wi-Fi 服务，为休闲区客户上网提供更加便捷的服务。

近年来，AI 金融、智能客服等技术的成熟和标准化，加上市场环境与用户习惯的变迁，银行与客户的交互方式、服务方式、产品推销方式等都在发生变化。银行通过运用 5G 技术赋能 10 余个场景，已落地虚拟数字人客服、网点智慧大屏、智能客户识别、大数据营销短信等设备应用，将科技与金融深度融合，服务从被动向主动升级，为银行业创造更大的经济效益。

2. OneFinT 智慧网点

广东移动与国内某知名银行联合开展 5G 智慧银行项目，以 5G 网络下的 AI、大数据、物联网能力赋能智慧银行，提升营业厅网点科技感和体验感，提升运营管理能力。该项目结合生物识别、AI、大数据和 5G 等技术，实现 AI＋金融应用场景创新，打造新一代金融"生态圈"，并整合银行相关渠道，实现智能识别、智能管理及精准营销。

（1）5G 落地应用

① 客流洞察。银行基于云边协同与云端大数据 AI 技术，以及 5G 网络大带宽、低时延的特性，聚焦营业厅网点客群，通过摄像头等终端收集高清视频并传输至边缘侧业务平台，结合人脸识别、人体轨迹追踪、行为识别、热力分析等 AI 视觉分析技术，通过云边协同管理平台，实现网点客流、客户行为轨迹、网点安防及资源配置的智能化分析。客流洞察的主要功能为 VIP 识别、网点客流分析、对接网点终端设备提示等。客流洞察如图 4-46 所示。

② 智慧展示。借助 5G 网络、数字化云服务等技术，OneFinT 智慧网点通过服务端设备实现内容、应用的统一管理、配置，通过标准 IP 网络向多个或单个屏幕推送

各种画面，改善客户体验并简化业务运营，助力线上、线下信息融合升级，最大化地发挥信息价值。智慧展示如图 4-47 所示。

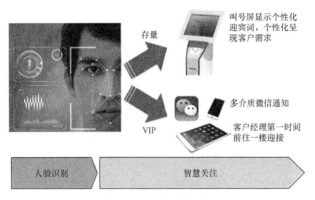

图 4-46　客流洞察

多种显示终端接入

广告机、智能电视机、LED 大屏、拼接屏、投影仪等均可接入

远程管控设备，及时预警

可实现对屏幕的远程管理，定时开关机、控制音量、清理缓存、远程截屏、网络监控、设备异常预警

可视化编辑平台

一键拖拉，任意分屏，同一页面可以放置图片视频、文本、时钟天气、浏览器等小控件

定时/同步播放/插播

一键并行下发，控制多台屏幕同步播放，也可设置定时插播、紧急插播、轮播，支持素材分类管理

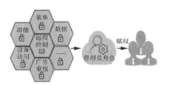

多级权限分配和管理

强大的权限体系，不同的子账号用户拥有不同的功能界面，精细化权限管理

提供多维度分析

提供内容统计报表、设备统计报表和用户操作日志，进行多维度分析

图 4-47　智慧展示

（2）项目成效

OneFinT 智慧网点将各产品能力与物理网点相结合，形成智能引导、智慧运营、宣传展示、互动营销、自助服务、特色应用等场景，为客户提供场景化的创新金融服务体验，使客户进入网点便可享受高效的业务办理、智能的交易体验和生动趣味的

服务，为智慧网点的建设提供了强有力的支撑，为未来银行的数字化转型奠定了坚实基础。

4.9 **5G + 智慧文旅**

智慧文旅，即智慧文化旅游，是以当地特色文化元素为内在驱动，以现代科技为主要手段，达到旅游景区全面智慧升级的最终目的。旅游景区运用新一代信息网络技术和装备，新建文化旅游基础设施，改变特色文化传播方式。智慧文旅系统能够准确及时地感知和使用各类旅游信息，从而实现旅游服务、旅游管理、旅游营销、旅游体验的智能化，促进文化和旅游业态向综合型和融合型转型。在信息化时代，游客对于旅游体验和旅游信息服务的要求也逐步提高，这也是智慧文旅发展的内在需求。

围绕《中华人民共和国国民经济和社会发展第十四个五年规划和 2035 年远景目标纲要》提出的"深入发展大众旅游、智慧旅游，创新旅游产品体系，改善旅游消费体验"要求，相关部委陆续出台了《关于深化"互联网 + 旅游"推动旅游业高质量发展的意见》《关于推动数字文化产业高质量发展的意见》等一系列配套政策，从而加快推进以数字化、网络化、智能化为特征的智慧旅游和数字文化产业的高质量发展。近期，文化和旅游部还发布了《"十四五"文化和旅游科技创新规划》，描绘了文化和旅游科技创新工作蓝图，更坚定地推动线上线下融合，不断创新优质文旅产品供给新路径，推动数字资源融合，培育发展文旅新业态、新模式，推动消费平台融合，构建文旅合作共赢新机制，让文化和旅游行业插上科技的翅膀，构筑美好数字生活新图景。在数字科技的加持下，文化和旅游行业将更好地建设生态文明，实施乡村振兴，建设文化强国，促进经济社会发展，满足人民群众对美好生活的需求。在构建以国内大循环为主体、国内国际双循环相互促进的新发展格局方面，文化和旅游行业也将承担更重要的使命，发挥更大的作用。

4.9.1　行业需求与 5G

1. 行业需求

当前，文旅产业与数字技术协同推进、融合发展，为文旅产业高质量发展注入新动能，数字文旅产业成为优化供给、满足人民美好生活需要的有效途径和文旅产业转型升级的重要引擎。以 5G 为代表的数字科技与文旅产业融合发展，有利于提升文旅产业效率、优化文旅产业结构、增强文旅产业发展动能，实现文旅产业高质量发展，这是数字中国建设的重要内容，也是"十四五"时期文旅产业发展的重要方向。在此背景下，智慧文旅建设中存在的问题具体如下。

① 技术成为制约文旅产业发展的最大难题之一。智慧文旅建设的相关技术投入不足，许多适配于智慧文旅的技术并没有引入建设中。在已有的智慧旅游景区中，一些数字技术并没有发挥实际作用，存在技术不匹配、技术闲置的现象，技术与智慧文旅融合度有待提高。

② 智慧文旅还没有形成持续的盈利模式。一个文旅产业发展是否成熟，一个重要的衡量指标就是看它能不能形成持续的盈利模式。智慧文旅发展至今，还没有形成成熟的商业模式。低技术门槛、过度竞争、资本过度涌入引起的无效投资，导致产能过剩、信息过剩和价值稀缺。

③ 社会化文旅产业数据融合的问题。智慧文旅是否"智慧"的关键点是数据融合。但在当前的环境下，"数据孤岛"与"应用孤岛"现象并存，对于数据生产的企业而言，这些数据被少数大型企业和超级平台垄断，数据共享严重割裂，互联互通欠佳，导致整个文旅产业链难以闭合，不利于激发全社会的创新潜能。跨行业数据融通问题始终是一道跨不过去的坎。"新基建"是一个系统化解决方案，有可能推动建立一个普适化的技术体系、标准体系、管理体系和应用体系。

2. 5G 在智慧文旅中的作用

以 5G 为引领，云计算、大数据、物联网、人工智能及数字安全等技术是文旅行业的基础数字化能力。5G 技术重点应用在文旅行业应急管理及游客服务方面，涉及 5G +AI 识别、5G +VR/AR、5G 无人机直播等，在智慧文旅场景中，通常使用 5G 公共网络，如果项目对接入控制、网络安全及隔离性要求更高的场景，可采用 5G 专网，通过基站专用方式实现专用无线覆盖。全域旅游云平台可以将视频监控、客流分析、旅游资源、应急广播等信息集成于一个平台，支持接入客户原有业务系统，实现文旅行业的可视化管理和个性化服务。

4.9.2　应用场景

随着 5G 网络商用深入，5G 文旅行业生态日益完善，在丰富旅游内容、提升游客体验的同时，文旅行业向更智慧的方向发展，并对文旅行业的格局起到优化促进作用。文旅行业数字化转型节奏正逐渐加快，5G 正在真正地实现万物互联。随着数字化建设的不断深入，5G 网络资源将和水、电、路一样，成为旅游景区运营必备的基础设施之一。

在此背景下，5G 在智慧文旅的应用具体如下。

1. 5G 消息

在智慧文旅领域，5G 消息通过通信运营商的位置服务、大数据服务和信息化能力，依托位置短信、5G 消息及旅游景区的智慧平台，更高效、更准确地将消息传递给旅游景区、景点的运营单位、当地政府，在现有的告知、欢迎短信的基础上，提供集历史人文介绍、食住行娱等全方位信息展示、搜索的本地化用户交互入口；可以更主动、及时地将信息推送给游客，更好地解决旅游的实际问题，实现提前且高效地进行信息告知、服务引导、人员分流、位置导航、应急处置等服务。旅游景区运营单位和当地政府通过 5G 消息，可以进行各种资源整合和后台运营，形成本地可控的、更具特色的产业生态和服务。

2. 5G VR 全景直播

随着更多的基础技术与 5G 网络进行融合，文旅行业信息化中也会不断出现创新应用体验，例如，云 VR 为游客提供更加便捷的沉浸式体验、5G 融合全息投影提供的虚实难分的感官体验等。这些新的技术应用体验对传统意义上的应用体验进行了颠覆，为旅游目的地的传播和推广提供了更多的技术手段。

5G VR 全景直播将逐步应用于演艺活动、极致体验、广告宣传、新闻及电影等商业活动拍摄中，用户可以随时随地通过 VR 全景直播获取堪比现场的感官体验。通过在旅游目的地部署全景相机进行视频采集、拼接处理与视频流处理，通过连入 5G 网络上行链路，将 4K/8K 全景视频传输到云端视频服务器，再通过下行链路为游客提供视频服务。在游客计划前往旅游景区或希望了解旅游景区情况时，作为远程体验手段，游客只需戴上 VR 眼镜，就可以随时随地无时延地进行沉浸式现场体验，游客也可以通过虚拟游览方式更直观、形象、全面地了解旅游景区布局。

在旅游过程中，游客还可以通过此产品体验旅游景区整体景观，或对无法亲临的景点进行沉浸式游览，解决游客不能体验每个景点，或者无法到达最佳观赏位置等问题。

4.9.3 典型案例

广州是一座有着 2800 多年历史的古都，文化源远流长。作为全国第一批公布的

24 座历史文化名城之一，广州除了拥有白云山、长隆等 5A 级景区，丰富的人文古迹更是享誉中外，西汉南越王博物馆、黄埔军校旧址纪念馆、中央农民运动讲习所、中山纪念堂等都是不可多得的文旅资源。

为宣传广州文旅品牌，创建文化和旅游消费示范城市，需要引入更多的新一代信息技术，从多个方面来满足城市文旅发展的各类需求，具体表现如下。

① 对漫入游客开展城市文旅形象宣传。可以利用 5G 消息或 5G 消息 + 短信小程序的精准触达能力，为漫入游客提供全方位的应用交互服务，实现旅游目的地资讯查询、精品线路查询、门票及酒店预订、满意度调查、权益兑换、导航导览等。

② 宣传推广精品文旅路线。利用移动大数据精准画像能力向市民和目标游客推广广州旅游内容和精品旅游线路，例如，岭南文化游、科普科教游、红色游、西关民俗游、商业文化游、美丽乡村游等。根据移动大数据评估各阶段主推旅游线路的吸引程度和推广效果，分析客流来源（市内、省内、省外、境外）、特征画像（年龄、性别等）与增长情况，发布热门路线和榜单排名。

③ 宣传推广主题文化活动。结合移动大数据精准画像能力，通过 5G 消息等方式将具有广州特色的主题活动精准推送给游客，提升活动推广效果。根据月度主题活动排期，一是通过大数据标签筛选目标游客用于活动宣传推广，二是设定活动区域边界，对于实时进入区域范围的目标客户发送 5G 消息、短信 / 视频短信，用于现场引流。具体场景包括春节花市、端午龙舟赛、灯光节、艺术节、美食节等。

④ 研究游客行为特征，对游客文旅消费进行有效引导。通过分析 5G 消息 / 智慧短信交互的数据，既可以预知游客的旅游偏好，帮助旅游景区优化接待能力和服务水平，也可以为广州市文旅局开展旅游宣传推广提供决策依据。对于没有进行交互的漫入游客，将从食、住、行、游、购、娱 6 个方面来跟踪分析。

建设该项目的主要目的是精准宣传推广广州文化和旅游消费示范城市，助力广州构建世界级旅游目的地，提升广州智慧旅游、数字文旅水平，实现传统文旅宣传战略转型升级。该项目通过 5G 消息、靶向短信、小程序、大数据精准建模等信息化能力，为广州市民和来穗游客带来更优质的文化旅游服务和更美好的旅游体验。

（1）5G 落地应用

5G 在该项目的应用主要为 5G 消息。5G 消息智能推送是基于实时数据和大数据分析建模能力的精准化、智能化推送的应用能力，为游客提供公益性、政务性、营销性的推送服务，解决其信息触达率低、缺乏精准性的问题。

5G 消息平台的建设主要包括以下内容。

① 数据标签推送。基于行为数据、人群特征标签，通过大数据分析手段，精准筛选目标游客，靶向下发相关信息，提升营销精准度和转化率。

② 5G 消息推送。利用 5G 消息的多媒体消息和交互能力，通过设定场景触发规则，根据大数据筛选目标人群，下发自带业务交互的 5G 消息至游客。围绕 5G 消息生态的发展，5G 消息平台旨在推动 5G 消息业务，帮助企业用户的 5G 消息运营更精准、更快速、更全面。

③ 5G 消息智能模板。5G 消息平台提供文旅、保险、电商、政企、教育、出行、互联网等行业模板，样式丰富，支持点击交互，实现一键生成案例模板，进行 5G 消息制作，操作简单、便捷。

（2）项目成效

该项目是 5G 消息首次应用于广州城市文旅形象宣传，更加生动、更具感染力，提升了广州文旅宣传效果。与传统短信相比，5G 消息提供了更丰富的应用链接，打造便捷的引流入口。同时，该项目基于大数据平台，向游客精准发布文旅资讯和产品。

广州移动利用行业领先的大数据能力，通过 5G 消息、靶向短信、5G 消息＋短信小程序等产品，实现端到端的精准触达，使广州城市文旅服务信息对目标游客精准有效传播及向游客提供便捷的智慧文旅服务。

4.10　5G 智慧乡村

智慧乡村是指广大乡村基于新一代信息通信技术在农业农村经济社会发展中的广泛应用，以人工智能和网络大数据为重要依托，以数字技术创新驱动乡村振兴的内在活力，通过智慧乡村建设，实现农业生产数据化、治理数据化与产业数据化，不断提高传统产业数字化、智能化水平，加速重构经济发展与乡村治理模式的新型经济形态，以期推动全球经济格局和产业形态深度变革。智慧乡村以提高农民的生活水平和建立智能化文化、产业价值体系为目标，创建集休闲旅游、文化体验、农业养殖等多功能业态环境。

我国历来高度重视乡村建设，2018 年中央"一号文件"首次提出"数字乡村"概念，2019 年中央"一号文件"指出加快数字乡村建设将直接影响互联网在农村的发展进度。2019 年 3 月的全国两会上，代表委员从我国当前农村信息化发展的现实困境出发，围绕乡村建设等关键议题积极建言献策，倡导要进一步加快实施"数字乡村战略"，推动农村电商发展，助力乡村振兴，切实让亿万农民共享"互联网＋"全面释放的改革红利。2019 年 5 月，中共中央办公厅、国务院办公厅正式印发《数字乡村发展战略纲要》，强调要着力加强顶层设计，精心制定整体规划，加快弥合城乡"数字鸿沟"，推动数字乡村建设发展，激发乡村振兴新动能。数字乡村是乡村全面振兴的战略方向，也是建设数字中国的重要途径和核心内容。

4.10.1　行业痛点需求与 5G

1. 行业需求

在国家治理体系和治理能力现代化的背景下，智慧乡村建设是实现乡村治理现代化的重要内容和可行路径。目前，我国有关智慧乡村建设方面的研究尚处于起步阶段，无论是理论方面的梳理、提炼，还是实践方面的创新、探索都有待进一步深化。

2. 5G 在智慧乡村中的作用

智慧乡村对于实现乡村的快速发展、推动乡村治理现代化具有极其重要的现实意义。一是可以促进城乡协同，智慧乡村建设能在一定程度上缩小城乡差距、弥合城乡"数字鸿沟"，其发展可以有效降低乡村的人口流出率，为乡村积累更多的社会资本。二是实现有效治理。在智慧乡村建设过程中，通过"数据＋整合"，可以实现乡村治理主体的协同性；通过"数据＋服务"，可以提升乡村治理内容的精准性；通过"数据＋预测"，可以提升乡村治理手段的有效性。

智慧乡村基于 5G 泛连接、算力云化、低时延、大带宽等特性，通过开展数据资源整合、AI 应用落地、技术装备创新等 5G＋现代农业应用落地示范，在乡村生态环境治理、无人机巡防、高清直播带货、农产品溯源、乡村文旅互动体验、乡村人才培养等场景中发挥优势，完善乡村治理体系，提升乡村服务质量，助力乡村振兴。

① 5G 乡村数字化治理。5G＋物联网、AI 可动态展示乡村大数据，在乡村生态文明、人居环境治理中形成乡村大脑数字化决策，通过"数据＋预测"，提升乡村治理手段的有效性。

② 5G 数字经济创新。5G 支撑乡村电商，农产品直播带货，高清图像数据传输，百万粉丝不卡顿，线上交流保顺畅。

③ 5G 数字农业生产管理。5G＋摄像头与各类传感器可实时对田间耕作、作物

长势进行监测，并指导生产与管理。

④ 5G 乡村新业态。5G + VR 赋能乡村旅游，打通乡村旅游资源，打造乡村旅游名片，拓展乡村经济新业态。

⑤ 5G 乡村人才培养。5G + 远程教育面向村民提供在线农业技术、直播技能、就业指导培训，助力乡村人才培育。

4.10.2 应用场景

5G 时代的到来，数字技术在乡村社会治理中将更普遍，其有助于提升乡村社会治理效率，为广大人民群众提供个性化、精细化的公共服务。数字化、信息化、网络化、智能化的广泛应用，可进一步提升乡村发展水平，解决乡村发展中的信息不对称问题、信息资源利用落后问题，数字技术的广泛应用为乡村发展注入了新的活力。

5G 在智慧乡村中的应用主要有以下 8 个方面。

1. 5G 数字治理

提高乡村治理数字化水平有助于增强乡村治理决策的科学性、有效性及公共服务的高效化，促进乡村善治、助力乡村振兴。乡村采用数字治理手段有助于充分获取各类基础信息、降低信息不对称程度，提高决策过程的公开化和透明化，进而促进科学决策。数字化治理工具的引入有助于促进乡村治理各项业务流程的规范化和标准化，增强乡村治理实践的有效性。上传下达在村干部的日常工作中占据较大比例，线下场景中繁杂琐碎的工作内容降低了工作效率，而数字治理平台的应用有助于减少单项工作的时间投入。5G 数字治理应用内容具体如下。

① 视频监控管理。智慧乡村部署 5G 网络视频监控，通过"一张图"实现对全村防控点的实时调取，及时了解事态发展。通过视频监控和信息管理，实现对垃圾桶的投放、运输、处理全流程监控和管理，以及通过摄像头监控和水质检测器等智能设备，对河流、水库、池塘等水环境进行排污监测和水质监控管理。

② 法规宣传管理。智慧乡村通过 5G 网络的便利性，宣传国家的政策、法规、村规等，做好农村平安预防管理。国家在推进乡村治理能力现代化中提出"互联网 + 公共法律服务"，用法治文化滋养"乡风文明"，用法治方式实现"治理有效"，用法律维权巩固"生活富裕"，建设法治乡村。

③ 治安网格管理。智慧乡村依托统一的管理和数字化平台，将乡村管理辖区按

照一定的标准划分为单元网格。通过加强对单元网格的巡查，建立一种监督和处置互相分离的形式。

④ 特殊人群管理。关怀照顾特殊群体，使用特定的智能设备紧急报警，处理意外事件。智慧乡村为村民、基层政府人员、在外务工人员搭建一个开放的交流平台，让村民随时随地发布"动态"，分享农村生产和生活中的美景、趣事，让在外游子关注"我的家乡"，无论身在何处，实时了解村里的大事小情。

⑤ 安全隐患管理。依托 5G 网络平台，智慧乡村对农村的房屋违建、防汛水域、交通道路、电力安全、地质灾害等进行统一管理。

⑥ 住房信息管理。依托 5G 网络，智慧乡村对乡村住房建设情况进行巡查，对住房信息、民宿出租信息等进行管理。

⑦ 农技推广

智慧乡村利用信息化载体宣传最新的农技政策，解决农技信息不畅问题；采用 SaaS 模式并结合云计算 SaaS 核心应用，做到平台上移、服务下延；各地不需要建立信息服务中心，减少建设及维护成本；搭建农技专家资源库，在线解决农技难题，促进农业科学技术转化为现实生产力。

2. 5G 云喇叭

中国移动依托无线网络和移动物联网技术，面向农村、镇区推出移动"云喇叭"产品。与传统广播相比，移动"云喇叭"不仅能进行现场喊话，将文本、短信等内容直接转为广播，还能接入第三方信息发布平台，为村民带来政策科普、党史学习、农业生产等新信息。

3. 5G 直播

中国移动以 5G 网络、基于超高清直播应用整体解决方案，推动农村电商直播，助力国家大计，担起乡村振兴社会责任。一是通过 OneVillage 平台的乡村文旅板块，中国移动进一步打造政民互动，开展一系列乡村振兴、文旅专题服务活动，结合 5G＋4K/VR 直播、视频、5G 消息分享触达更多的受众个体，有效补充和优化了现有乡村公共文化供给体系，使优秀的宣讲内容、课程、资源、知识得到充分的展示、记录、管理、分享。二是在特色农业板块，政府搭建了统一的 5G 农业直播平台，集中资源进行宣传推广，实现全国和全平台引流、全流程运营，农民可以利用 5G＋高清视频直播，在果园、农场随时随地进行农产品直播带货，网民可以实时透过手机屏幕看见新鲜真实的时令鲜果，促进了订单成交转化，切实提升农产品产销效率。

中国移动面向媒体行业移动化采编，推出了 5G "和背包" 媒体应用产品及解决方案，支持实时双向视频互动。在农村户外临时活动直播现场不需要再铺设线路，也不用大型导播车，仅通过 5G "和背包" 便可实时回传现场的画面。5G + 4K/8K 超高清视频制播方案如图 4-48 所示。

通过平台的直播、信号回传、文件回传、远程调度指挥等功能，实现灵活的、低成本的互联网直播、远程嘉宾连线、多演播室互动、户外素材快速回传等业务。

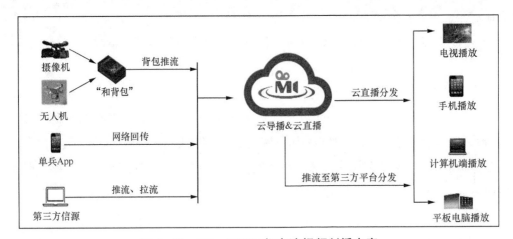

图 4-48　5G +4K/8K 超高清视频制播方案

4. 5G + 智慧农机

传统的农机生产依赖人工，存在劳动强度大、对驾驶员技能要求高、无法保证作业质量、甚至无法在夜间作业等问题，尤其对于播种、开沟、覆膜、起垄、中耕、打药等对直线度及结合线精度要求较高的作业，更无法保证工作的质量和效率。随着城镇化发展，可开垦耕地逐渐减少，农业生产规模化与集中化程度越来越高，迫切需要引入数字化现代农业技术，以及少人、无人的自动化农业机械设备。

为此，中国移动依托自主研发的高精度定位平台"OnePoint"及覆盖全国的高精度定位基准站网络，利用"5G + 北斗"高精度定位能力探索农业的数智化应用，提供时空信息服务，实现农机自动驾驶、农机作业监管、农机全程管理等。通过在农机上安装北斗农机智能运维终端，可实时查看农机位置；结合农机北斗远程作业监测终端与传感器，可以实时监控作业轨迹、作业质量等；基于厘米级定位能力打造的农机自动驾驶辅助系统，可全程自动化完成深松、播种、插秧、植保等各种作业类型。

通过对各类农业机械进行改造升级，进而打造耕种管收全过程无人作业的无人农场模式，极大地提高了作业效率和作业精度。5G+智慧农机的应用能够缓解农村高技能劳动力不足的问题，提升作业质量，降低人工成本，推动农机制造前装市场快速发展，促进农机制造厂商产品更新换代及技术升级，为农业转型升级提供了多种手段。

除了常规的农作物种植场景，高精度定位平台"OnePoint"的精细化管理对农作物的生长状态更加可控，精准监控农作物的生命周期数据，能够把农业科学家们耗费大量心血得到的科学结论在日常耕种中得到最大化的应用。

5. 5G 精准种植

精准种植管理系统面向大棚种植和大田种植，以 5G、物联网、人工智能等新一代信息技术为基础，结合遥感卫星探测及气象预测等先进技术，依靠农业大数据赋能环境智能调控、气象监测及预警、智能灌溉、水肥智能决策、病虫害防治、农技咨询等环节，构建精准种植模型，打造智能环境监控、智能水肥决策两大关键能力，提高农作物品质及农业生产效率，全面解决传统种植过程中环境信息获取困难、水肥灌溉全凭经验等痛点，实现精准化、智能化、规模化的种植管理。面向大棚的精准种植系统如图 4-49 所示，面向大田的精准种植管理系统如图 4-50 所示。

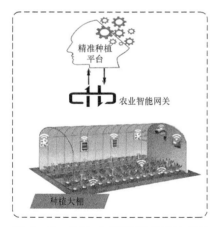
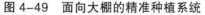
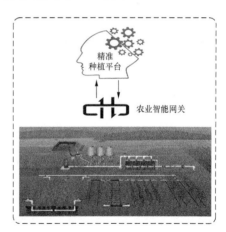

图 4-49　面向大棚的精准种植系统　　图 4-50　面向大田的精准种植管理系统

6. 5G 智慧畜牧

智慧畜牧管理解决方案运用智慧畜牧终端、监控摄像头、气象站及无人机，结合物联网、5G、大数据技术，对散养、圈养牲畜进行智慧化、信息化管控，实现了牲畜育种、养殖、疫病、环保等环节的科学管理。

7. 5G 智慧林业

智慧林业系统依托 5G、物联网、移动互联网、大数据等新一代信息技术，通过感知化、物联化、智能化的手段，面向林业管理部门提供森林防火支撑、林长制工作联动、林业资源信息互通等服务，面向林业巡检部门提供林业巡检管护的"云-管-端"一体化解决方案，助力实现林业立体感知、管理协同高效、生态价值凸显、服务内外一体的"互联网+"林业发展新模式。

8. 5G 乡村旅游

乡村旅游紧盯乡村振兴和全域旅游等国家政策，瞄准全域旅游示范区创建等领域，全力拓展全域旅游示范区和"一机游"项目，重点切入验收标准提出的智慧设施、运营监测中心建设等要求，发挥旅游大数据优势，重点推广全域监管子平台，牵引"云""网"业务落地。

4.10.3　典型案例

1. 5G + 智慧乡村

广州市白云区东北中远郊的某个城镇，属于典型的城乡接合部，附近为大量的工业区，外来务工人员较多，城中村与村民自建房鳞次栉比，基层治理难度很大。随着乡村振兴和智慧转型政策的推行，广州移动以"5G 网+云+应用+安全"体系为基础，带来了智慧视频监控、智慧环卫、云喇叭等各类 5G 智慧配套设施，使村内实现了宽带全覆盖。

（1）5G 落地应用

5G 的应用主要有以下 3 种类型。

① 智慧视频监控。为了守护乡村平安，让乡亲们的日子越过越好，广州移动积极配合落实当地政府基层治理相关部署，深入实施"平安乡村"工程，打造 5G 视频监控云平台，提供"云-管-端"一体化的智能乡村治安防控方案，将内容、管道、智能终端有效整合，形成完整的视频监控闭环系统，进一步破解基层治理难题，为乡村道路监控管理、家庭院落安全守护、防盗等多样化监控场景提供持续稳定的视频采集、视频存储、综合管理等服务，有效预防刑事事件的发生，有效提升了村民生活安全感和幸福感，得到当地村民的一致好评。

② 智慧环卫。5G 智慧环卫系统可实现业务数据的录入、车辆管理、智慧公厕和

监督考核系统等，全面构建了乡村环卫作业全过程的精细化、智能化、可视化管理。

保洁车辆安装车载定位设备后，环卫作业车每天的行驶轨迹都在后台可视可控。除了保洁车，机扫车、洒水车、后装式垃圾车、平板车都安装了车载智慧化装置。有了这些"智慧化"设备，作业车车头可监控作业前路面状况，车辆后方可监控车辆作业后的效果，而左右两侧则可以看到工作过程，清扫机械是否落地、距离路肩远近等，以确保每一辆作业车按照作业标准进行清扫。传统环卫作业是"人盯人、人管人"的被动管理方式，智慧环卫系统通过大数据，对环卫实时作业的情况、效果和单车的作业效率有了更清晰的管控，机扫效率也得到了大幅提高。

下一步，将以互联网为依托，将信息化、智能化植入环卫作业各环节，在数据分析、场景应用上进行更深入细致的研究，以实现环卫管理模式的进一步升级，环卫作业质量的进一步提高，为乡村的精细化管理插上了"智慧翅膀"。

③ 智慧云喇叭。作为中国移动推出的信息广播入口产品，5G 智慧云喇叭基于优质网络和强大的 OneNET 物联网平台，可以和安防系统、数字乡村系统实现数据共享。通过中国移动全面覆盖的 5G 网络为管道，以智能音柱、智能收扩机、云话筒等为播放载体的 5G 智慧云喇叭，作为多维应急通知平台，是乡村治理的有力工具。

5G 智慧云喇叭支持一键喊话、循环播放录音、远程升级和操控，让管理员通过手机实现远程多点广播，实现了真正的"无门槛"普及；对智能手机不熟悉的乡镇工作人员，即使使用能打电话、发短信的功能机，也可以实现广播发布，使乡村的治理、宣传工作可以覆盖到每一位居民生产和生活中。

（2）项目成效

广州移动深入贯彻国家乡村振兴战略，依托"网络＋"乡村振兴模式，深入推进数智乡村振兴计划，积极打造一批数智乡村优秀示范单位，该项目获评"中国移动数智乡村优秀示范村 20 佳"称号。

该项目结合乡村实际情况，有针对性地设计信息化产品体系，这些信息化产品使乡村的运转更安全、更智能。该项目探索"村民＋村委＋运营商"三方共建、共治、共享的模式，三位一体开展全村的群防共治，共建"平安乡村"，为村内治安管理、交通治理、环卫管控、打击违法案件、寻人寻物等提供了强有力的支撑。全村安装了 311 路摄像头，案情数量下降 17.6%；安装了 12 个智能充电站，充电人次每天 136 次；打造智慧环卫系统，使村内管车、管人需要的人工从 6 人减少到 2 人，每年节约村人力成本 24 万；通过 5G 云喇叭通知类信息发布 35 次，改变了传统"大声公"走村串巷的通知模式。

5G 视频监控统一接入村委监控平台，实现全村无死角覆盖；充电桩实现电动车安全充电，极大降低安全隐患；智能烟感实现每个房间都能及时监测火警，做到当场报警和后台报警相结合。该项目于 2020 年 11 月开始启动，现已完成智慧乡村 1.0，智慧乡村 2.0 正在稳步推进中，后续将进一步完善统一平台接入功能，优化产品需求，实现智慧乡村升级。该项目还引起了广东电视台、《南方日报》、广州电视台、《广州日报》等主流媒体的关注和多次报道，区政府也高度赞扬中国移动对乡村振兴工作做出的努力。智慧乡村解决方案整体架构如图 4-51 所示。

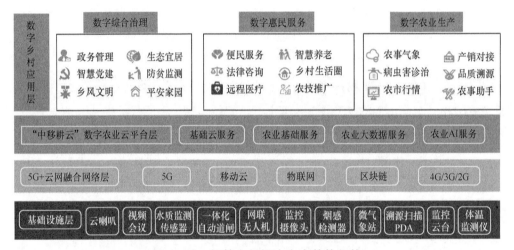

图 4-51 智慧乡村解决方案整体架构

2. 中国移动乡村振兴能力体系

以乡村振兴战略为牵引，中国移动打造了"1+1+6"乡村振兴能力体系，即 1 张网络做好新基建、1 朵云建好数字乡村、6 大方向做深行业，服务全场景。

（1）"1+1+6"乡村振兴能力体系

① 1 张网络做好新基建。中国移动作为国家信息化建设的主力军，持续加强农村网络设施建设：累计投入超过 1000 亿元，在 832 个县打造高速畅通、覆盖城乡、质优价廉、服务便捷的信息基础设施；累计投入近 580 亿元，开展"村村通电话"工程、通信普遍服务试点工程，实现 12.2 万个自然村通移动信号、8.7 万个偏远行政村通宽带，让农村及偏远地区老百姓享受与城市老百姓同等品质的信息通信服务。以千兆光网和

5G 为代表的"双千兆"网络建设,向农村广大用户提供固定和移动网络千兆接入能力,具有超大带宽、超低时延、先进可靠等特征,二者互补互促,是面向农村新型基础设施的重要组成和承载底座,在激活农村内生动力、促进农村信息消费、助力现代农业、农村数字化转型等方面发挥了关键作用,推动了构建乡村振兴发展格局。

②1 朵云建好数字乡村。中国移动乡村振兴管理云平台是在乡村振兴战略的总体指导下,面向政府大数据管理、企业应用上云、合作伙伴生态聚合三大业务方向建立的综合性管理和服务平台,基于中国移动自主研发的大数据、AI 等中台能力,结合中国移动强大的云网能力,全面赋能乡村振兴。

③6 大方向做深行业。在农业产业方面,中国移动打造数智农业类产品及解决方案,包括精准种植、智慧畜牧、智能农机、智慧林业、乡村旅游、电商及溯源等场景,推动农业产业升级发展。

（2）5G 落地应用

依托自有的乡村振兴能力体系,中国移动在多个项目落地精准种植、智慧畜牧、智能农机、智慧林业、乡村旅游、扶贫电商等多项应用,全面覆盖乡村振兴信息化、智能化提升需求,有效强化乡村管理智慧化,提升了广大农民群众的生活幸福感。

（3）项目成效

四川省某现代农业园区 5G 智慧农业项目,利用中国移动精准种植管理系统,结合 5G、物联网等技术,实现大面积精准种植柑橘,动态监控柑橘种植环境,智能分析柑橘水肥需求,自动执行水肥操作,保证了柑橘高产量、高质量的产出。

四川成都某生态黑猪养殖示范园智慧养猪建设项目,依托物联网、5G、AI 视频图像分析等技术,通过"移小猪"智慧养猪管理系统实现猪场全生命周期管理、智能盘点测重测膘及人、猪、舍、场等猪场全范围内异常预警。并将猪舍环境参数、生猪各类生长指标及猪场运营数据收集上传至平台分析、可视化呈现,助力规模猪场管理者决策优化,降低人力成本,大幅提高了生产效率。

黑龙江省北大荒建三江 5G 无人农场,现已拥有 1000 多亩（1 亩 =0.0667 公顷）示范田。俯瞰无人农场整个试验田区域,占地 80 亩,涵盖农机广场、农机库、试验田及试验区域道路。基于 5G 网络和自动化驾驶相关技术,该项目在现有智能农机的基础上,结合专网网关、边缘计算、车载计算平台、自动驾驶控制单元、超声波雷达等联合应用,实现环境感知、高精定位、路径规划、智能避障、自动驾驶、视频回传等能力。

铜鼓县是"2021 中国最美乡村百佳县市", 2020 年全域旅游示范区。针对铜鼓农村整体环境联网监控水平不高, 乡村旅游发展、产业发展及综合治理系统分散等问题, 江西移动宜春分公司中标铜鼓全域旅游及农村人居环境等乡村振兴与长效治理项目, 利用 5G、XR、大数据、人工智能等新一代信息技术, 创新乡村发展新业态, 打造数字乡村旅农联合示范基地。铜鼓县旅游平台通过 "5G +XR" 技术, 实现 VR 乡村美景直播。"5G +VR" 沉浸式智能解说以乡村文化、特色民俗文化, 创新乡村文旅新体验。文旅农公共服务平台, 实现"云游铜鼓"一站式服务平台, 以"内容""产品"为抓手、以"秀美农村"为切入点汇聚流量, 实现文旅农可持续融合发展。5G 农村人居环境项目运用 5G、AIoT、VR/AR 等新技术, 建设包含村容村貌、垃圾处理、污水处理及长效管护、群众监督、网格监督、媒体监督等内容的农村长效管护平台。5G 农网基础设施助力农村环境监测、农民培训学习、农村政务管理智能化; 通过 VR/AR, 丰富农产品宣传营销手段、推动乡村 VR 农村党建、农技课堂建设; 通过对气象、水环境、农村村民服务数据等进行有效整合, 构建统一的大数据服务平台。

铜鼓县全域旅游及农村人居环境推动 4 个美丽宜居示范乡镇、40 个美丽宜居村庄和 1200 户美丽宜居庭院的建设。通过文旅和乡村旅游产业发展带动生态环境与农村人居环境保护, 同时当地生态保护反向促进产业发展, 带动农民收入增加 10% 以上。

产业数字化迅猛发展为全社会信息化建设打开了更为广阔的空间。中国移动利用坚实的数字信息基础设施赋能实体经济、赋能人民生产生活、赋能社会治理, 促进乡村发展。

未来, 中国移动将深入分析乡村场景, 在乡村振兴战略的大背景下, 加快 5G、物联网、大数据、智能装备等现代信息技术与种植业、畜牧业、渔业、农产品加工业生产过程的深度融合和应用, 提升农业生产精准化、智能化水平, 助力乡村振兴建设。

4.11 5G + 云游戏

云游戏是一种以云计算技术为基础的在线游戏模式。云游戏的运行在云端服务器中完成, 先通过云端服务器将游戏场景渲染压缩为视频和音频流, 再利用网络将压缩后的游戏画面传输至玩家的游戏终端，并获取玩家输入指令以实现交互，玩家不需要具备强大的图形运算和数据处理能力的游戏终端，其设备只需拥有流媒体播放功能即可。

在 5G 赋能各行各业的背景下，打造全链条产业布局将是产业链的发展趋势。未来，云游戏发展前景广阔，其产业链各主体充分发挥自身优势、广泛整合上下游，助力云游戏产业持续健康发展。

4.11.1　行业痛点与 5G

1. 行业需求痛点

自 2009 年 Onlive 公司展示了基于云平台的游戏后，云游戏这一概念就进入了大众游戏开发商的视野。当时因为交互时延、多媒体质量欠佳等技术方面的难题，云游戏在早期商业中并未获得较大成功，主要存在以下痛点。

① 业务组网痛点。对于云游戏，最影响用户体验的因素就是网络时延。原有游戏业务基本部署在核心机房，网络层级位置较高，链路长，可靠性低，这导致业务时延高、丢包率高，造成云游戏卡顿、用户掉线、连接失败，影响用户体验。

② 终端受限。游戏只能在某些终端运行，无法进行计算机 / 手机 / 电视机多端跨平台运行，影响用户的注册。

③ 安全性低。部分游戏存在木马病毒或者钓鱼网站，导致用户使用安全性受到威胁。

结合云游戏的自身发展特点，云游戏对底层支撑网络及计算平台的主要需求如下。

① 即点即玩。将游戏部署在就近的边缘节点，实现本地分流、本地计算渲染、低时延数据同步；在云端管理版本，降低游戏的进入门槛，实现用户的"瘦终端、零等待、跨平台"需求。一般来说，云游戏对端到端时延要求为流畅体验要求时延在 50ms 以内、优质体验要求时延在 20ms 以内。此外，游戏在开发、测试阶段，需要高 CPU、GPU 服务器进行画面渲染、引擎测试等，中小型游戏开发厂家采用云端游戏工作站，可以进行游戏内容开发、快速部署测试，避免前期重型资产的投入，减轻了公司开支压力，并能将运维外移，节省了成本。

② 电竞赛事网络保障。电竞赛事对网络要求严格，可针对此类活动为游戏行业提供专业的网络切片及边缘节点加速保障。使用 5G 网络实现 1080P 60 帧的云游戏画面，端到端网络时延不超过 20ms，与本地运行体验一致。同时，网络切片等技术为游戏提供定制化的网络通道及加速服务，保障电竞赛事顺利开展。

③ IP 加速包、流量包。针对游戏中的频繁互动、网络时延高、高峰时段网络差、网络不稳定等痛点，提供多种可选的游戏增值服务。

2. 5G 在云游戏中的作用

（1）边缘计算

边缘计算着重解决的问题，是传统云计算（或者说是中央计算）模式下存在的高时延、网络不稳定和低带宽问题。随着技术、架构及商业模式的快速发展和完善，边缘计算作为一种成熟的计算范型已经得到了广泛的应用。边缘计算可以为应用开发者和服务提供商在网络的边缘侧提供云服务和 IT 环境服务，"边缘"指的是位于管理域的边缘，尽可能地靠近数据源或用户，其目标是在靠近数据输入或用户的地方提供计算、存储和网络带宽。云游戏正是近年来出现的典型的边缘计算应用。云游戏的本质是云端算力的重新分布，具有云端的扩展性、稳定性、灵活性和集中管理等特性。云游戏从"端"到"云"和"边"，打破了用户侧终端的限制，进而对中心算力的需求增加，并且有助于实现算力高效合理的利用和分配。

与集中部署的云计算相比，边缘计算不仅解决了时延过高、汇聚流量过大等问题，同时为实时性和带宽密集型业务提供更好的支持。综合来看，边缘计算具有以下 3 个优点。

① 安全性更高。边缘计算中的数据仅在源数据设备和边缘设备之间交换，不再全部上传至云计算平台，避免了泄露数据的风险。

② 低时延。据通信运营商估算，若业务经由部署在接入点的边缘计算完成处理和转发，时延有望控制在 1ms 之内；若业务在无线网的中心处理网元上完成处理和转发，则时延约在 2 ～ 5ms；即使是经过边缘数据中心内的边缘计算处理，时延也能控制在 10ms 内。对于时延要求高的场景，例如云游戏，边缘计算更靠近数据源，可快速处理数据，实时做出判断，充分保障乘客安全。

③ 降低带宽成本。边缘计算支持数据本地处理，大流量业务在本地卸载可以减轻数据回传压力，有效降低成本。例如，云游戏终端（手机、计算机或专用游戏终端）会产生大量数据，在这些情况下，将这些信息全部发送到云计算中心将会消耗大量的宽带，成本过高，若采用边缘计算，将降低带宽成本。

由此可看，基于 5G 的云游戏方案，由边缘计算带来的算力需求将成为 5G 时代的重要增量。

（2）大带宽

大范围覆盖的 5G 网络为云游戏的实际商用提供了可行性，具体如下。

① eMBB 场景。以 1080P 分辨率为例，若传输图像为 24 位，则在未压缩情况下需要的带宽为 18.66MBit/s。受限于 4G 网络的 100Mbit/s 带宽，如果通过传输游戏画面的方式实现云游戏，同一线路同时最多保障 5 台终端的正常使用，而使用 5G 网络的 1000Mbit/s 带宽，则可实现 53 台终端的同时使用，大大增加了支持设备的数量。

② mMTC 场景。智能终端设备的数量众多，而游戏业务本身对数据流的连续性十分敏感。4G 网络无法完全满足海量大带宽设备的快速接入，设备在不同基站之间的切换可能会导致游戏业务中断，造成用户体验感下降，而 5G 网络可快速完成大量终端的接入，进一步减少了接入时延导致用户体验感下降的情况，提升了云游戏业务商用的可行性。

4.11.2　应用场景

中国移动运用 5G、边缘云、网络切片等技术优势，沉淀云网融合能力，探索个人、多人、电竞、直播云游戏等多场景的创新解决方案，深入地市边缘节点广泛布局，助力云游戏实现"跨平台、低成本、即点即玩"的用户体验。

5G 在云游戏中的主要应用场景如下。

1. 5G 云游戏加速

中国移动基于 5G 云网融合优势为企业提供"连接 + 计算 + 平台"协同能力，在边缘节点提供 ARM、x86、GPU 等多种类型的虚拟化资源，助力企业云游戏业务快速部署入驻；同时，基于 UPF 本地分流技术，实现 5G 手机、CPE 和家用宽带的多线接入能力，极大地降低了时延。云游戏边缘云如图 4-52 所示。

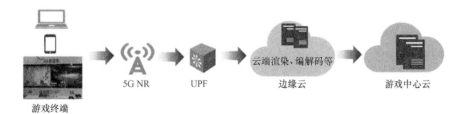

图 4-52　云游戏边缘云

中国移动还为云游戏运营企业提供云游戏加速方案，通过向云游戏平台提供 QoS 能力接口，统一受理开通面向用户的 5G QoS 保障及网络切片服务，保障用户在网络拥塞的情况下有较好的游戏体验；基于 5G 网络切片技术，中国移动为云游戏业务建立端到端的业务逻辑隔离通道，保障用户的游戏体验。

广域云游戏使用"eMBB ＋ MEC ＋ 切片技术"，可以实现用户登录云游戏平台，选择感兴趣的游戏，即点即玩；支持跨终端，通过"5G ＋ MEC"，实现用户的流畅游戏体验；在游戏用户量达到高峰容易造成卡顿、掉线时，提供 QoS 加速、游戏切片服务，保证用户的流畅游戏体验。

2. 5G 电竞支持

游戏电竞赛事包括职业赛、高校赛事、线下微赛事等。在电竞比赛中，职业选手对网络质量有较高的要求，且现场参会观众多，对现场网络资源占用明显，需提供强大的网络保障：一是确保比赛选手有同样的网络状态，二是上、下行带宽应保证比赛选手、裁判、直播的正常运行，三是时延低、稳定性高。对于普通游戏用户，游戏用户量达到高峰时期需要提供网络加速保障。

针对电竞赛事，中国移动结合 5G 专网、边缘云下沉、应急通信保障，可为选手及观众提供优质的网络保障服务。而针对普通用户，中国移动提供 QoS、切片，可满足不同电竞赛事的网络需求。在电竞活动中，中国移动通过 5G 的高速率、低时延等关键技术，直接在云端或边缘运行高质量手游作品的程序，将与游戏相关的运算与渲染在云端完成，手机、电视机、计算机等设备都可作为显示终端，减少对游戏相关设备运算性能的高要求，让电竞比赛更加流畅。

3. 云游戏平台

中国移动云游戏服务平台是基于中国移动"5G ＋ 云 ＋ 边"能力，推出的集 5G 网络、边缘节点资源开通、游戏资源分配、游戏云化、视频流编解码、游戏门户生成等功能的 5G 云游戏服务平台。

针对云游戏厂家，中国移动云游戏服务平台提供基础设施即服务（Infrastructure as a Service，IaaS）、PaaS、SaaS 能力，快速搭建专属的云游戏后台及用户端，对用户进行管理，自助开展云游戏业务运营，不需要开发和维护底层平台。用户可免去本地客户端下载的烦琐流程，通过网页或相关软件即可轻松以云在线的方式进行游戏，畅享无卡顿、高清画质的极致游戏体验。

目前，中国移动云游戏服务平台正以"新模式 + 新体验"方式探索更加丰富的云边协同创新实践。通过云边协同，移动云能够提供贴近用户的边缘连接、算力和存储等资源，构建云游戏边缘计算网络，让用户就近接入云游戏，获得流畅的游戏体验。中国移动云游戏服务平台摆脱终端设备限制，用户不需要高配置的计算机，使用低配置的计算机、电视、手机等终端即可畅玩 3A 游戏，实现无缝切换终端，共享游戏进度。同时，中国移动云游戏服务平台提供云直播、云广告、云试玩、云原生、用户权益管理、超级数字场景六大功能，探索不同应用场景的创新解决方案；用户玩在线游戏时不用下载游戏包，通过云游戏方式即可体验，不需要等待，即点即玩，享受游戏流畅运行。

未来，移动云将打通"云端""边端""终端"的智能网络连接通道，为更多用户提供云端一体、多端合一的算力服务新体验，做大做强云游戏，让更多优质游戏加入云游戏赛道，开创云游戏新纪元。

4.11.3　典型案例——5G + 云游戏

随着 5G 的发展，国内某知名互联网游戏厂家联合中国移动共同探索新型组网方案，以提高用户使用体验、提高网络带宽使用效率、降低网络运营成本。双方在探索云游戏等新产业中，联合通过 5G 边缘计算及切片网络开展融合应用，推动游戏业务快速发展。

（1）5G 落地应用

云游戏业务部署会经过接入网、骨干网层层网络，这导致业务时延和丢包率高，影响游戏用户体验。为解决该问题，5G + 云游戏项目联合开展边缘计算测试，使用 5G SA 网络、UPF 及边缘计算平台等部署云游戏的前端网络代理、游戏渲染等环节，并通过公网传输至核心服务器上进行处理再返回。云游戏需要应用 toB、toC 广域网络，主要利用公网满足 5G 网络覆盖，无线网网络关键指标要求、无线网规划设计方法及部署方案均遵循中国移动 5G 公网建网标准。

中国移动的咪咕云游戏通过虚拟化、云渲染、编解码及网络传输等核心技术，支持高并发访问；采用业界最先进的网页实时通信，在复杂网络环境下（弱网、抖动）也能保持高稳定、低时延的高清画质体验；能充分发挥云游戏的技术优势，推出同屏对战、跨端移屏等多样化场景，提升游戏的互动性和趣味性。云游戏包体全部运行在云端，产品本身有安全检测功能，客户端只需要内置一次，即可达到接入海量游戏的效果，不占用存储和运行资源。咪咕云游戏还可配合相关企业的车联网定制开发车载咪咕游戏，提供从内容到运营服务在内的可定制的解决方案。在车辆静止时，基于 MR 技术，结合咪咕特色，在各种比赛过程中打造沉浸式、环绕式、互动式三维观赛空间，营造身临其境的全新的观赛氛围。咪咕云游戏技术框架如图 4-53 所示。

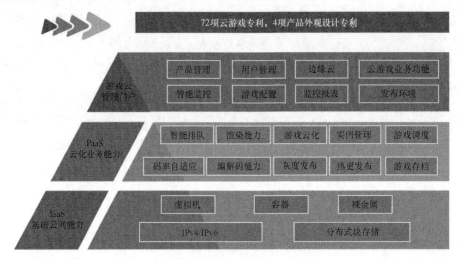

图 4-53 咪咕云游戏技术框架

（2）项目成效

云游戏业务通过 5G SA 网络建设的 SPN 承载网进行数据回传，承载网按需提供低时延的通道保障和主备路由的安全保护。采用手机、计算机直接访问云游戏，本地端不需要安装游戏 App。项目紧密结合中国移动 5G 边缘计算边缘云业务，对面向商用的 5G 边缘计算边缘云部署意义重大，利用 5G 边缘计算技术满足云游戏业务发展要求、提升业务服务质量、降低网络和计算等综合成本，探索基于边缘计算的业务效果及商业价值，验证 5G 边缘计算的不同方案与合作模式，推动边缘计算技术成熟化与商业化。云游戏业务存在多种合作模式，从硬件定制到业务部署环境，合作深度逐步加强，项目验证了 IaaS 能力、App 对接、分流实现等能力，还验证了游戏业务的各种指标、各资源需求模型等情况，为探索商业模式及未来大规模推广奠定坚实基础。

4.12 5G + 元宇宙

目前，行业对元宇宙并没有一个统一的定义。元宇宙是整合多种新技术而产生的新型虚实相融的互联网应用和社会形态，它基于扩展现实技术提供沉浸式体验，利用数字孪生技术生成现实世界的镜像，通过区块链技术搭建经济体系，将虚拟世界与现实世界在经济系统、社交系统、身份系统上密切融合，并且允许每个用户进行内容生产和编辑。元宇宙是一个不断发展、演变的概念，不同参与者以自己的方式不断地丰富着它的含义。以 5G 为代表的新一代信息通信技术将凭借其大带宽、低时延、高可靠、广连接的特性，以及与增强现实、云计算等前沿技术的交汇融合，成为元宇宙的基础设施。

2021 年 9 月，《2020—2021 中国元宇宙产业白皮书》启动会在北京成功举办。元宇宙的发展势不可挡，它将带来颠覆式的娱乐体验和巨大的商业机会，有望成为新一代互联网——"全真互联网"。它将带来新的商业模式，重构分配模式，再造组织形态，重塑产业关系，推动人类走向数字文明新纪元。元宇宙的普及将推动实体经济与数字经济加速深度融合，各类技术价值也将在赋能实体产业中逐步显现。

2022 年，国内已有 15 个城市颁布了 28 份元宇宙专项支持政策。北京市《关于加快北京城市副中心元宇宙创新引领发展的八条措施》提出，对在元宇宙应用创新中心新注册并租赁自用办公场地的重点企业进行 50%、70%、100% 3 档补贴，推动企业瞄准数字赋能、文化科技融合领域，打造实数融合的文旅新场景，为企业提供技术展示创造空间。上海市《电子信息产业发展"十四五"规划》提到，加强元宇宙底层核心技术基础能力的前瞻研发，推进深化感知交互的新型终端研制和系统化的虚拟内容建设，探索行业应用。广州市政府也在加快布局元宇宙产业，2022 年 6 月，《广州南沙深化面向世界的粤港澳全面合作总体方案》发布，南沙进一步推动本区技术革新和产业变革，培育新业态和新模式，提升元宇宙产业的战略性、系统性、协同性，加速实现元宇宙应用落地，为南沙科技创新、产业发展、城市建设提供强有力的支撑，努力把南沙打造成为立足湾区、协同港澳、面向世界的重大战略性平台。

4.12.1　行业需求与 5G

1. 行业需求痛点

元宇宙有望成为下一代互联网，元宇宙场景里实时交互所需要的低时延、渲染重构虚拟世界中的画面，以及 VR、AR、MR 等 XR 移动设备实现真正的沉浸感，对通信网络提出了更高的要求，需要更先进的移动通信技术支撑。具有超大容量、超大带宽、超低时延、超广连接特性的 5G ，是实现人、机、物互联的网络基础设施，能够支持元宇宙场景的大量应用创新。

未来，随着元宇宙的逐渐普及，更高阶的深度沉浸感势在必行，而这需要全产业链协同发力，5G 的持续演进，在支持泛在千兆、毫秒级时延的网络基础设施方面是非常关键的一环。另外，元宇宙有可能以其丰富的内容与强大的社交属性打开 5G 的大众需求缺口，提升 5G 的覆盖率。因此，5G 将为元宇宙提供网络基础设施支撑，元宇宙将为 5G 的发展提供新的应用场景。

2. 5G 与元宇宙

为提升元宇宙场景下的各类业务（例如，VR、AR、MR 等）支撑能力，5G 在无线关键技术、网络关键技术、开放测试验证方面有了新的突破。在无线关键技术方面，5G 引入了能进一步提升频谱效率的技术，例如，大规模天线技术、新型多址技术、全频谱接入技术、编码调制技术等；在网络关键技术方面，5G 采用更灵活、更智能的网络架构和组网技术，例如，采用控制与转发分离技术、SDN、NFV、SON、异构超密集网络部署等；在开放测试验证方面，将建设 5G 网络开放实验平台，提供基于真实环境的端到端 5G 网络测试验证解决方案。

5G 在元宇宙中的关键技术如下。

① 大规模天线技术。大规模天线阵列在现有多天线的基础上，通过增加天线数量可支持数十个独立的空间数据流，将大幅提升多用户系统的频谱效率，对满足 5G 系统容量与速率需求起到重要的支撑作用。大规模天线技术的优势在于：能深度挖掘空间维度资源，从而在不需要增加基站密度和带宽的条件下大幅度提高频谱效率；可将波束集中在有限的范围内，从而大幅度降低元宇宙场景下的用户终端之间的干扰。

② 新型多址技术。元宇宙场景将成为未来移动通信发展的主要驱动力，5G 不仅需要大幅提升系统频谱效率，而且还要具备支持海量 VR、AR、MR 等终端设备连接的能力，此外，在简化系统设计及信令流程方面也提出了很高的要求，这些都将对现有的正交多址技术形成严峻挑战。新型多址技术通过发送信号在空 / 时 / 频 / 码域的叠加传输来实现多种场景下系统频谱效率和接入能力的显著提升。此外，新型多址技术可实现免调度传输，将显著降低信令开销，缩短用户接入时延，节省用户 VR、AR、MR 等终端功耗。

③ 全频谱接入技术。全频谱接入技术通过有效利用各类移动通信频谱资源来提升数据传输速率和系统容量。全频谱接入技术重点研究高频段在移动通信中应用的关

键技术，可有效满足未来 5G 对更大容量和更高速率的需求，可支持 10Gbit/s 以上的用户传输速率，能更好地支撑元宇宙场景下各类业务（例如，VR、AR、MR 等）的用户质量。

采用高、低频混合组网模式，结合数据面与控制面分离的架构，利用超密集网络和高频自适应回传技术，可以有效地解决元宇宙场景下的大容量和高速率需求，同时，也能够保持较低的网络部署成本。

④ 调制编码技术。未来，各类应用场景对 5G 的性能指标要求差异将会很大。元宇宙场景的各类业务对单用户链路的速率要求极高，这就需要在大带宽和信道良好的条件下支持很高的频谱效率和码长。在密集部署场景，无线回传会得到广泛应用，这就需要有更先进的信道编码设计和路由策略来降低节点之间的干扰，充分利用空口的传输特性，以满足系统高容量的需求。

4.12.2　应用场景

元宇宙可能是数字化的最终形态，将成为集娱乐、社交、学习、生产、生活为一体的数字世界，与现实世界紧密融合。在这个数字世界的崭新阶段，各种技术都将出现新的突破，而这些技术创新的背后，是多元化的消费端场景需求在推动。在元宇宙相关领域，我国拥有最广泛的应用场景和全球最大的应用市场，海量的应用需求将推进技术迅速革新。

元宇宙是新生事物，当前仍在建设和发展的过程，以下从 6 个典型场景来进行分析。

1. 元宇宙娱乐

元宇宙中的娱乐游戏可以完全打破传统地理限制，实现场景瞬间切换、容纳无限用户容量和低成本沉浸式体验过程。同时，像密室游戏、音乐会和现场实况等，都可以用 VR/AR 特效来提供实体和虚拟的混合增强体验。每个人都是元宇宙的建造者，镜像世界与现实世界平行。娱乐游戏其实早已经具备元宇宙雏形，也可以说，游戏所构建的虚拟世界是元宇宙的"先行探索者"。

2. 元宇宙文旅

传统的旅游，是在特定时空下的文化与感官体验，而元宇宙中的旅游，将完美契合数字化时代下文旅行业所追求的发展目标，即虚实结合、高频即时、沉浸体验。

无论是各地的实体旅游景区，还是虚拟空间中的"目的地"，都追求将文化体验根植于受众的心中，满足受众的多元需求，进而衍生更多的文旅产品。

在人们更加注重人性和个人兴趣的背景下，元宇宙文旅也将促使受众找到与自我兴趣度匹配的细分领域和同伴，共同探索和互动，极大地拓展了社交圈，以构建个人丰富的存在感。在此背景下，线下活动随时同步到线上，以便受众沉浸式参与、线下非玩家角色随时显现到线上。

在传统的文旅体验中，游客只有单一的标签体验，即"游览者"，以被动观看和接受为主，很难形成真正的沉浸式体验。而在元宇宙的文旅体验中，每个个体的身份是有别于现实世界而独立存在、可以自由设定的，文旅场景也不再是单一的观览过程，通过交互乃至多线性、多重叙事的体验，每位游客可以享受不同的场景、故事情节、角色身份，助其产生强烈的自我代入感，获得更有品质的文旅体验。

3. 元宇宙教育

传统教学场景的核心架构由教师、学生、学习环境组成，元宇宙教育场景则不同。采用数字孪生或全景视频拍摄技术，逼真再现真实的教学环境，例如，使用全景拍摄重建自然地貌、名胜古迹等。在上地理课时，学生在虚拟环境中可突破真实世界的时空限制，能够前往世界的任意地点，完成地理实景考察。

未来，学习不再是单一的听课读书，而是多样化的教学环境、教学资源与学生们互动，还可以根据虚拟化身的形式，开展感官同步的线上教学。利用数字连接，虚实融合的教学场景可以全面激发学习者的好奇心、创造力，培养学生的创新能力。

4. 元宇宙健康

运动健身产业发展快、潜能大，极大地刺激了行业发展，这归根结底在于健康是人类永恒的追求。同样，在元宇宙世界，物理层面的"健康体魄"也依然极具吸引力，例如，随时随地利用碎片化时间进行运动健身、通过感应器配件与教练在线互动、加入虚拟社群进行团体运动，每个普通人都有机会发现自己的某项运动天赋。健身不再是一件需要"努力"而坚持的事情，而是成为元宇宙中每个人一种享受、一种习惯，健康的生活方式也将拓展到所有人的生活场景中。

在医疗领域，做任何治疗之前，会根据个体的基本信息、动态监测数据、生命急救卡、日常记录及医疗记录，建立患者的数字化生物体征，既帮助患者了解自己，也为医生提供了更优质的就医依据。通过综合分析和长期追踪，每个人都将拥有个性化的健康管理方案，可及时干预、预防疾病。从康养角度分析，孕妇、婴儿、中老年等对康养服务有着明确和独特需求的人群将被分别满足，产后恢复、胎儿早教、康复医疗、亚健康防治、美体美容、心理诊疗、慢病管理、健康检测、营养膳食、老年文化等品质服务，将贯穿于元宇宙使用者的一生。

5. 元宇宙办公

在元宇宙场景中，人们不仅可以通过 AR 技术实现足不出户就能远程工作，还可以以虚拟身份与在线空间的同事共享办公环境，将现实空间中人物的动作、神情和语气准确传达给同事，获得更加真实的沉浸式办公体验。

不同于现实空间，元宇宙的最大特点就是将一切虚拟化，虚拟会展的场景布置、会议组织、会议展览等全虚拟工作给未来人们的就业提供了更多的选择。

6. 元宇宙居住

传统家装消费模式正在"退休"，以全屋整装、个性化定制和拎包入住为标志的装修 4.0 时代已经到来，乘此东风，以信息化、数字化为基础的虚拟化、沉浸式家居消费体验正在元宇宙中实现。

例如，虚拟人可以全程陪同购房者在最短的时间内看遍符合购房者需求的数字房产，并给出最佳购房建议。确定房产后，用户可在线自行进行数字化装修，形成个性化的装修方案。入住后可以实现完全的智能控制和风险预警，实现智能门锁、智能家电、智能睡眠系统等综合一体化管理、实时监控和风险预警，保障住户安全。

4.12.3　典型案例

1. 咪咕元宇宙

元宇宙最为坚实的底座是算力网络，算力网络以算为核心、以网为根基，网、云、数、智、安、边、端、链等深度融合，提供一体化服务的新型信息基础设施。基于算力网络，具有游戏互动特点的全新引擎应运而生，它将融合游戏云、分布式渲染、云观战、云助战、云对战等功能，作为具有自我迭代、成长能力的新一代引擎，成为咪咕在元宇宙运行和持续生长的内在驱动力。

基于这样的引擎，咪咕打造了面向元宇宙的沉浸式社交互动。咪咕通过打造超高清视频、VR、AR、视频彩铃、智能座舱等不同的软、硬件环境，催生了全新的社交方式，实现人与人、人与物、物与物之间的连接。

（1）5G 落地应用

沉浸式的社交互动，推动虚拟与现实的相互交融、相互打通，让人类进入 MR 世界。咪咕以"5G +"赋能文化内容生产，大力探索元宇宙体育中心数智达人、云原生游戏、互动展示陈列、数智竞技等方向。

咪咕元宇宙的应用如下。

① 移动元（元宇宙）盒。移动元盒采用 XR 场景式营销一体化解决方案，对 XR 场景式营销内容赋能，使用端云网协同技术，构建了普惠型企业元宇宙。移动元盒通过 XR 内容采集、编辑、多端展示"一站式"SaaS 化服务方式，满足了客户的产品生产到销售全流程可视化需求，并基于咪咕"5G +XR"内容和应用云平台，构建多人 VR 同步管理系统，服务行业客户产品数字化管理、可视化应用和全场景体验。

同时，移动元盒满足企业不同场景设计"秀"的需求，丰富 XR 内容素材库和强大全景交互内容创作工具引擎支撑，免下载，快速创建 XR 内容。通过端云协同的一体化展示效果，支持 VR 端、计算机端、大屏端多端联动，可广泛应用于企业展厅、网格销售、展会招商、业务培训等场景。

移动元盒赋能移动大网产品销售，其全景展示移动云、互联网数据中心、5G 行业应用等核心业务，"元盒 +VR 营业厅 + 网格"让移动展厅随手可见，实现展会营销轻量化、一体化。

② 党建元宇宙。党建元宇宙运用 5G、VR 和物联网技术，采用普惠型产品设计理念，提供 VR 智慧党建"硬件 + 软件 + 内容"一体化解决方案，内置党史场景模拟、党建云展馆、党建纪录片、思政研究等内容，为党史学习、红色教育提供沉浸式党史学习体验。

党建元宇宙还搭载了多人 VR 集群系统，实时更新，实现"观影、体验、交互"多位一体的学习模式，通过 VR 技术呈现具有历史意义的纪念馆、革命遗址，从文物中感悟初心，从展示中明确使命，不断与中央要求"对标"，同先辈先烈、先进典型"对照"，不断叩问初心、守护初心。

（2）项目成效

咪咕元宇宙是中国移动咪咕依托"5G + 算力网络"，以云渲染融合创新引擎为驱动，基于真实场景和相关文化，实现沉浸式 MR 场景互动的元宇宙开放世界，旨在通过对文化的守护、传承、展示，实现对中华优秀文化的创造性转化、创新性发展。

该项目创新引入系统化全场景商业赋能，充分满足年轻人的社交消费需求。

　　未来，中国移动的咪咕元宇宙也许能解决更多复杂的问题：为时间仓促的游览者提供备选方案，把有限的时间贡献给最想去的景点，其他景点则通过元宇宙来体验；元宇宙结合云游览的观感优化真实游览的路线，包括景区内的爆款文创产品，也可以在元宇宙中进行售卖，免去用户排队之苦。

　　在技术方面，依托"T.621+5G +XR"的及时能力，咪咕将创新赋能数字孪生引擎、内容创作引擎、虚实交互引擎、云渲染融合引擎在元宇宙的建设中发挥作用。这些新技术不仅能作用于元宇宙，还可以为咪咕现有产品带来质变，在"下一代互联网"中取得先发优势。在商业化方面，咪咕曾经在体育、云演艺方面打造了 5G 云包房、云呐喊、场景电商、"子弹"时间等优秀产品，还在衍生品创作方面有所积累，这些创新成果可以在新的元宇宙场景中得到延续。

2. 展厅元宇宙

　　2022 年 5 月 18 日，广州移动打造的 5G 联合创新基地正式开幕，带来 5G 科技在实际场景中的提升应用；同日，广州移动举行"想象无限，智敬时代"元宇宙主题活动，向世人展现了现实与虚拟交错的无限遐想。裸眼 3D、5G 机械狗远程巡检、"5G +VR"直播、5G 虚拟工厂……只要走进基地，就仿佛置身于未来科技场景中。

　　参观者在智能迎宾区可以看到大型折叠 U 形屏，它给大家带来了令人震撼的冲击力。站在宽大的折叠屏幕前，不需要佩戴 VR 眼镜，参观者就可通过 5G 专网和云渲染技术体验裸眼 3D 的效果，观看栩栩如生的图像，感受真实与虚拟的结合。另外，VR 眼镜也带来了神奇的巡检场景置入。通过无人机搭载 4K VR 全景高清摄像头，VR 眼镜实现了 360°全景视频实时回传。参观者能 360°实时看到巡检路面的实景，体验沉浸式场景。

第 5 章

6G 展望

5.1　6G 总体愿景

目前，5G 与数字技术共同带动全球数字经济进入新时代，但 5G 仍无法完全满足数字化进程中的巨大需求。在 5G 应用普及的同时，各界已开启对下一代网络通信——6G 的探索研究。6G 将对网络进行全面升级，推动信息技术发展进入新阶段。根据通信行业的发展规律，专家们普遍认为 6G 将在 2030 年左右实现商用，成为下一轮经济长周期的主导创新技术。以 6G 商用为契机，基础性技术创新将衍生出众多新兴支柱产业，推动经济社会发展。

5.1.1　全空间互联

一直以来，泛在连接都是信息通信网络演进的重要方向，通信网络的泛在特性是支撑业务和场景拓展升级的重要保障，能触达所有人的通信网络，将成为像水、电一样的社会核心基础设施。6G 将深度融合地面通信网络、卫星通信网络及深海远洋网络，构建起涵盖陆基、空基、天基和海基的全空间立体通信网络。通过泛在覆盖的网络，可以在对人口常驻区域实施常态化覆盖的同时，满足偏远地区、深海远洋、无人区等的网络接入需求；在提高网络资源利用率的同时，为用户提供覆盖地表及立体空间的全域、全天候的泛在无缝连接。另外，6G 将具备全域覆盖、超低功耗、稳定可靠等特征，可以更好地实现极端环境下的应急通信、特种通信，并对沙漠、海洋、河流等容易发生自然灾害的区域进行实时动态监控，提供沙尘暴、台风、洪水等灾害预警服务，通过实现真正的无处不在的连接，更好地服务于生产和生活。

5.1.2　超智能信息网络

信息技术的不断发展将催生大量的新场景、新业务、新模式，无人驾驶、全息、沉浸式云 XR 等创新型业务的发展需要更加高效可靠的通信服务，而大规模机器人、数字孪生等技术在垂直行业中的应用也对通信网络提出了更高的要求。6G 网络将是通信技术、信息技术、大数据技术、AI 技术、控制技术深度融合的新一代网络通信系统，将进一步提升网络感知能力，快速准确识别业务需求，并与 AI、算力内在结合，动态实时感知算力和网络资源状态，按需部署网络功能，构建智能联接、运维、学习的新型智能化网络架构体系，实现通信环境自适应、网络资源管控、故障修复和业务适应自动化、智能化，构建起灵活、自适应、敏捷的智能网络，以满足不断发展的创新业务及垂直行业应用所带来的多元化网络需求。6G 网络将是一个高度开放、融合的网络，但其发展也面临着需求多样化、业务多元化、体验个性化、运维复杂化等多方面的挑战。空天地海一体化的实现并不是各个网络的简单相加，而是需要多个异构网络深度融合、统一体制，形成统一高效的智能网络，提升网络传输效率与性能，降低建网与维护成本，提高网络的部署灵活性与业务传输质量，实现空天地海全维度通信的资源协同，包括对全频谱资源的灵活使用、对云网边端资源的灵活调配等。

5.1.3　智赋社会

数字化、网络化、智能化的新一轮科技与产业革命是推动智慧社会产生的根本动力。6G 作为推动智慧社会建设和发展的底层关键技术，将与 AI、大数据等信息技术深度融合，加快新一代智能技术的创新及在智慧社会各领域中广泛、深入、科学、安全地渗透与应用，发挥新技术对社会优化、转型与进步的牵引和支撑作用，助力形成社会生活数字化、社会治理精细化、社会服务个性化、社会创新大众化的新型社会运作模式，实现人类社会在信息维度上实现全景感知、精准把握、科学调控，在物理维度上实现万物智联，进而实现人类社会、虚拟世界和物理世界的深度融合。6G将打造人机物智慧互联、智能体高效互通的新型网络，将对社会生产活动的连接产生颠覆性的影响。6G 将有效提升连接效率，带动社会互动方式向智能化、高效化、实时化、全面化演进，社会互动的数量将不断增长，一方面，让更为广泛的社会个体和组织能够便捷地参与社会治理，另一方面，也使社会治理因素更为复杂，对协商、沟通、决策和执行等环节提出更高的要求。6G 将带来全时空、立体化的数据和信息，有助于及时、精准地预测和发现社会问题并提供社会治理新思路，助力实现预测性、前瞻性及持续性的智慧化社会治理模式的变革与转型。数字孪生城市是新型智慧城市建设发展的下一个重要阶段，6G 将为数字孪生的交互层提供更丰富、更及时、更可靠的数据与信息传输，有助于建立更完善、有效的数字化模型，实现动态化的虚实交互和智能决策，贯通"信息孤岛"，建设数字孪生城市，进一步实现城市运行智慧化、

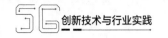

生产关系虚拟化，并帮助解决城市化和现代化进程中出现的社会治理问题。

5.1.4 绿色可持续

6G 将聚焦可持续发展的需求，提出绿色可持续发展理念。虽然信息通信产业在全社会能耗占比并不高，但网络自身的绿色低碳成为技术创新考量的新要求。6G 将显著提高整个网络的总体能效，力求 ICT 基础设施和终端的总体能耗不超过 5G，同时确保最佳服务性能和体验，即在网络性能提升的同时，实现成本和能耗的显著降低，促进节能型软件、硬件、组网技术的发展，提升能效利用率，推动未来网络向绿色、可持续的方向发展。

6G 与人工智能、物联网等 ICT 技术的结合助力全社会全领域的数智化发展，使数字技术与实体经济深度融合发展，提升企业的产出效率和经营效率，支撑汽车、物流、零售、能源等行业实现数字化转型，改变原有的高能耗、高排放的社会生产与生活方式，释放绿色数字化转型价值。

6G 将实现至简网络，解决现有网络部署成本高、运营能耗大的问题，建设绿色可持续的网络基站。通过支持功能、资源、能力的动态开关，简化协议，实现数据和信令链路解耦的网络部署，按需提供网络服务，实现低碳转型。同时，6G 时代的柔性网络将为行业客户提供端到端软件可定义网络服务，通过提高网络弹性和敏捷程度，打破传统协议分层的概念，实现功能按需配置和动态编排，更好地满足个性化、差异化的行业需求，提高行业信息流动效率，实现赋能行业降排增效的绿色可持续化发展的理念。

5.1.5 从普惠到普"慧"

从当前全球互联网普及程度来看，如何让更多的人接入互联网仍是通信网络需要解决的重要问题。作为 5G 网络的延续，6G 网络将继续担负起这一社会责任，努力让更多的人接入互联网。6G 将继续提升通信网络覆盖率，通过建设全空间立体覆盖的网络，为偏远地区、欠发达地区提供随时可用、稳定可靠的网络接入，保障每个人都能拥有随时随地接入网络的权利。

6G 网络技术的提升，将会催生出一大批新产业、新业态，为人们提供更为丰富的信息服务，持续提升人们的生活品质。6G 在满足新兴需求场景时将由"万物互联"

演进为"万物智联"，实现智慧泛在。这一变化可能会进一步拉大不同群体之间智能化生活水平的差距，因此，如何解决老龄群体等特殊群体所面临的"数字使用鸿沟"及"数字素养鸿沟"问题，让更多的人真正享受到 6G 智慧生活，将成为 6G 的一项重要使命。例如，在 6G 网络下通过全息通信、VR/AR 等形式，助力偏远地区的病人可以接受高水平远程医疗，偏远地区的孩子可以接受远程教育。6G 将深化通信服务和内容服务的内涵，提高人与人、人与物、物与物的连接效率，赋能社会和行业的数字化、智能化发展，将智慧服务渗透到社会的各个角落，为整个经济体创造更高的价值。6G 将进一步推动智慧社区、智慧乡村建设，通过提升信息化和数字化服务能力，让数字化服务更便捷地接入每个社区和乡村。

5.2　6G 发展的宏观驱动力

6G 的发展既要面向数字化时代变革，与国家战略高度契合，又要考虑新场景、新需求的驱动，同时，还要论证跨界领域新技术的发展态势和引入的可行性。

5.2.1　新战略驱动

在第四次工业革命走深、走实的时代背景下，数字时代悄然到来，人类社会将在物理世界和数字世界的交织中实现跨越发展。国家数字化变革发展的战略方向不断对信息通信提出新的更高要求，6G 的发展需要契合数字经济、东数西算、安全可信等战略驱动力。

"数字经济"是时代发展的新脉络。数字技术正以新理念、新业态、新模式全面融入人类经济、政治、文化、社会、生态文明建设各领域和全过程，给人类生产生活带来广泛而深刻的影响。6G 网络在自身创新的基础上，需积极赋能数字文明的深化发展。

"东数西算"工程对算力布局、数据调度和网络连接提出了进一步的要求，需要 6G 网络实现算力和网络的深度协同。"东数西算"通过构建数据中心、云计算、大数据一体化的新型算力网络体系，将东部算力需求有序引导到西部，优化数据中心建设布局，促进东西部协同联动。东数西算通过优化算力效率、改善能源结构，从而发挥区域优势并带动整个信息技术产业链的发展。

5.2.2　新场景、新需求驱动

新的业务需求是每一代移动通信网络发展的第一驱动力。虽然 6G 业务需求目前还未形成统一标准，但业界已经提出很多潜在场景。学术界认为，6G 需求指标和 5G 相比将有进一步提升，控制面时延将达到 1ms，用户面时延将达到 0.1ms，流量密度将达到每平方米 0.1 ～ 10Gbit/s，连接数密度将达到每立方千米 0.1 ～ 1 亿设备。业务场景的丰富和指标需求的提升都将会影响架构的设计，本节将对沉浸式多媒体交互、通感互联及泛在覆盖 3 个业务场景进行分析。

沉浸式多媒体交互要求网络必须在支持大规模用户通信和计算的基础上灵活弹性组网，并对网络指标提出更高的要求。例如，元宇宙业务在网络业务交互协同方面，要求网络从以能力为导向转变为以服务为导向，增强与应用的融合设计，与应用建立多种协同模式，更好地支撑强交互的需求。在使能技术方面，需要交互技术、AI 技术、数字孪生技术、区块链技术和非同质化通证，实现从网络到服务的转化；支持丰富的虚拟世界场景创建和互动。

通感互联要求网络架构支持提供通信能力与感知能力，拓展传统通信能力的维度。感知能力将是移动通信系统在 6G 时代基本通信能力之外的一大重要能力。6G 基站需要具备对覆盖区域的目标状态监控能力，同时，还要具备对天气、自然环境状态、城市立体构造等的实时测量感知能力；终端演进为可以对人、物品，以及其他终端进行动作、状态感知的智能设备。通感一体将赋予 6G 网络对物理世界实时感知的能力，在网络和算力的共同支持下对感知结果进行实时处理分析。

泛在覆盖要求网络支持统一的一体化架构，打破地理限制，扩展网络覆盖维度。依托网络覆盖范围广、灵活部署、超低功耗、超高精度的特征支持智慧交通、普智教育、精细化社会治理等。6G 网络需要支持卫星通信、空间通信与地面通信的一体化发展，从业务、体制、频谱、系统等不同层次进行融合，构建空天地海一体化通信系统，实现全球无缝立体覆盖，用户随时随地接入。新业务形态和需求提出灵活弹性组网、支持大规模算网能力、通信能力与感知能力融合、统一的一体化架构等要求，是 6G 网络架构设计的关键驱动之一，推动网络进一步从数据连接向信息服务能力转变。

5.2.3　新技术融合驱动

6G 是通信技术、信息技术、大数据技术、AI 技术、控制技术深度融合的新一代移动通信系统，表现出极强的跨学科、跨领域发展特征。DOICT 融合将是 6G 端到端信息处理和服务架构的发展趋势，而 IP 新技术的出现，为 6G 网络技术发展提供了更多的能力参考。

IT 与 CT 融合，可实现资源虚拟化、功能容器化、架构服务化、交互 API 化、控制集中化等，是柔性网络的基础。从云原生、存算一体到无服务器计算，以数据为中心的计算架构不断向高效、敏捷、弹性演进；从云计算、边缘计算到算力路由、在网计算，计算和网络正在打破彼此的边界，呈现算网一体化、平台原生化的特征。DT 将助力全社会的数字化、智能化发展，推动人工智能与大数据全面渗透网络，是网络智能化的基础。面向 6G 新的应用场景，AI 技术将成为 6G 网络的内生能力，并对 6G 网络的支持能力和演进能力提出严苛的要求，同时，应用于未来网络中的智能技术必须具备自身演化能力和较高程度的自我优化能力。

OT 随着工业互联网的发展而快速发展，其中，TSN、虚拟可编程逻辑控制器、实时操作系统等的探索发展，将助力工业生产逐步向柔性、开放、交互的智能制造模式转变。为了更好地承接和服务工业互联网需求，6G 网络需要考虑对 OT 新技术的支持和适配，一方面，助力 6G 满足 OT 确定性、高可靠的性能指标要求，另一方面，借助 6G 网络的算网能力，助力 OT 的算力整合与提升。

IP 网络领域近几年创新活跃，进入了一个新的发展时期，基于 IPv6 转发平面的段路由（Segment Routing over IP Version 6 Data Plane，SRv6）、确定性网络（Deterministic Networking，DetNet）、算力感知网络、应用感知网络、超文本传送协议第三版（Hypertext Transfer Protocol/3，HTTP/3）等 IP 新技术正在逐渐显现。IP 组网和移动网络的融合创新，有望促成 6G 网络跨越式发展。

5.3 6G 潜在应用场景

6G 将推动真实物理世界和虚拟数字世界的密切融合，构建数字孪生和万物智联的全新世界。全息感知、普惠智能、沉浸式云 XR、智慧交互、感官互联、全域覆盖、通信感知、数字孪生等全新业务在群众生产生活、公共服务等领域的普遍使用，将促进经济高质量发展，实现高效化的公共服务、多样化的群众生活、精准化的社会治理。

（1）沉浸式云 XR：虚拟空间的广阔天地

MR、AR、VR 等统称为 XR。云化 XR 技术中的空间计算上云、渲染上云、内容上云等会明显减少 XR 终端设施的能耗与计算负荷。没有线缆的束缚，XR 终端设备相较之前显得更加智能、更加轻便、更加沉浸，并且更加有助于商业化发展。

未来，网络及 XR 终端力的提升将驱动 XR 技术进入全面沉浸化时代。云化 XR 系统将和人工智能、新一代网络、大数据、云计算等技术相结合，赋能商贸创意、文化娱乐、医疗健康、工业生产等领域，推动不同行业智能转型。

未来，云化 XR 系统可以创造与受众头部、语音、眼球、手势进行交互等复杂业务环境，这类环境需要在相对确定的系统氛围中，提供超高带宽和超低时延，为受众提供极致体验。目前，MTP1 时延低于 20ms 是云 VR 系统的要求，而产业界端到端时延达已达到 70ms。通过 6G 科技赋能，未来的网络总时延将不高于 10ms。依据虚拟现实产业推进会测算，每个像素位数为 12 bit，视场角高于 130°，角分辨率达到 60 PPD，帧率大于 120 Hz，按压缩比 100 计算，且要求能够在一定程度上消解调焦冲突引发的眩晕感，则数据吞吐量需求约为 3.8 Gbit/s，6G 将赋能虚拟现实用户体验达到完全沉浸的水平。

（2）全息通信：身临其境的极致体验

伴随终端显示设备、高分辨率渲染、无线网络技术的持续发展，将来的全息信息传输将通过自然逼真的视觉还原，把环境、物、人三者的三维动态交互变成现实，契合人、物、环境之间的沟通需求。

全息通信将来会普遍应用于教育、文化、社会等领域，突破时空限制，克服真实和虚拟场景的局限，创造受众亲身体验的极致沉浸感体验。与此同时，全息通信系统对通信系统提出更高的要求，当其以高分辨、大尺寸的全息显示时，若想实现实时的交互式全息显示，就必须具备非常强大的空间三维显示能力与足够快的全息图像传输能力。以传送原始像素尺寸为 1920×1080×50 的 3D 目标数据为例，RGB 数据为 24 bit，刷新频率 60 fps，需要峰值吞吐量约为 149.3 Gbit/s，按照压缩比 100 计算，平均吞吐量需求约为 1.5 Gbit/s。因为受众在多角度、全方位的全息交互中需要同时承载上千个并发数据流，所以推测用户吞吐量至少需要达到 Tbit/s 量级。在一些特殊场景中，例如，远程显微手术、"数字人"的靶向治疗等，必须确保信息传输的准确与可靠，而且为满足时延要求，传输的数据通常不能二次传输，因此数据传输要达到高可靠性与高安全性。

（3）感官互联：多维感官的交融响应

人与人之间主要通过听觉系统与视觉系统来传递信息，此外，其他感官（例如味觉、嗅觉、触觉等）在生活中也同样起到重要作用。未来，通信技术包含感官信息的有效传输，将来感官互联可能会成为主导的通信方式，广泛应用于教育、文化娱乐、医疗健康、道路交通、生产生活等领域。

感官互联的实现，需要视觉、听觉、味觉等不同感官信息传输具有协调性和一致性，用户能够享受到毫秒级的时延。触觉的反馈信息不仅和相对位置、身体的姿态有关，还和定位精度有关。在多维感官信息协同传输的要求下，网络传送的最大吞吐量预计成倍提升。在安全方面，因为感官互联是多种感官协调合作的通信形式，所以为保护用户的隐私，必须保障通信安全，以防止发生侵权事件。在感官数字化表征方面，各种感官拥有特殊的描绘方式和独特的描述维度，为有效地表示各种感官，必须研究并且规范编码和译码方法。

（4）智慧交互：情感思维的互通互动

借助 6G，脑机交互（脑机接口）与情感交互等将有突破性进展。传统智能交互设备将被拥有认知技能、思考技能、感知技能的智能体取代，人与智能体的关系由支配关系向更平等、更温情的类人交互转化。拥有情感交互能力的智能系统不仅可以识别表情，借助语音对话等监测用户的心理、情感状态，还可以及时消除健康隐患并调节受众情绪；借助大脑来操控机器，让机器取代人类身体的一些机能，实现"无损"的大脑信息传输、高效的办公状态等。

在智慧交互场景方面，智能体会主动进行智慧交互行为，与此同时，进行反馈智能和情感判断，产生大量的数据。为了实现智能体对于人类的实时交互与反馈，传输时延要小于 1ms，用户体验速率要大于 10Gbit/s；6G 智慧交互应用场景将融合语音、人脸、手势等多种信息，人类思维理解、情境理解能力也将得到完善，可靠性指标需要进一步提高到 99.99999%。

（5）通信感知：融合通信的功能拓展

未来，6G 可以借助通信信号来达到对目标的识别、成像、定位、检测等感知功能，无线通信系统可以通过感知功能来获取周边环境的信息，通过智能准确地分配通信资源，提取潜在的通信能力，提升用户体验。太赫兹频段或毫米波等更高频段的使用可以更好地获取周围环境信息，进而提高未来无线通信的性能，并推动环境中的实体数字虚拟化，产生尽可能多的应用场景。

通过无线通信信号，6G 可以实现实时感知功能，掌握环境的实际信息，并且在前沿的 AI 能力、边缘计算、算法的帮助下，可以产生超高分辨率的图像，在实现环境重构的同时，完成厘米级别的定位精度，进而完成建设智慧城市、虚拟城市的愿景。在无线通信信号的帮助下，易受云层和光影响的激光雷达和摄像机可以被传感网络代替，取得全天候的高传感分辨率和检测概率，让借助感知来识别单车、行人、车辆等周围环境物体变成现实。

（6）普惠智能：无处不在的智慧内核

未来，许多个人和家用设备、智能机器人、无人驾驶车辆、各种城市传感器等会成为新型智能终端。区别于原有的智能手机，新型智能终端能够支撑高速数据传输，能够达成各类智能设备间的学习和合作。若将来全社会万亿级的设备数量是通过 6G 网络连接的，则这些智能体设备经过持续的合作、交流、学习、竞争，能够对物理世界运行及发展进行高效的预测和模拟，并能做出最优决策。

在将来的智能企业中，广泛适用于生产的协作机器人可以借助智能体来达到信息的学习和交互，持续优化自身模型和制造流程。智能机器人、无人机集群等无人系统的实时动作策略是由 6G 智能网络提供的，借助无人终端准确、高效的资源，能够达成高精度定位和高效控制。温度、声音、图像等数据都适用于协助和智能学习，AI 将串联部分数据，在一定的条件下，实现各个智能终端之间可靠、低时延的通信和协作，并且借助大数据实现高准确性和高工作效率。

在网络运维方面，AI 体可以读取数据信息，在实战中掌握积累知识和经验，支持零时延智能控制与海量数据处理，给出数据分析和决策建议，并且可以进行协调与负载调整，处理接入和突发传输请求，这是依据感知到的环境变化对网络中心和边缘做出的调整。AI 应用的实质是通过持续强化的算力对大数据中蕴含的价值进行不断学习和充分挖掘，以 6G 时代为起点，网络自维护、自学习、自运行将立足于 AI 的学习能力。6G 网络将借助持续的设备间协助与自发学习，不断地为全社会赋能，实现随时随地学习，持续学习与更新，将 AI 的使用和服务普及到每个终端用户，实现真正的普惠智能。

（7）数字孪生：物理世界的数字镜像

随着人工智能、通信和感知的持续发展，数字化镜像是现实世界中的实体或过程在数字世界中的复制,物与物、人与物、人与人将凭借数字世界中的映射实现智能交互。通过在数字世界挖掘实时数据与丰富的历史,凭借前沿的算法模型创造认知智能与感知,数字世界可以对物理实体或者过程进行预测、验证、模拟和控制,进而取得物理世界的最优状态。

6G 时代将呈现虚拟化的孪生数字世界。在医疗领域,医疗系统可以凭借数字孪生人体的信息,诊断疾病和预判最佳治疗方案;在工业领域,通过数字域优化产品设计,可以减少成本且提升效能;在农业领域,借助数字孪生,可在农业生产过程中进行推演和模拟,能够预测不利因素,提高土地利用效率和农业生产能力;在网络运维领域,通过自动化运维、认知智能、数字域和物理域的闭环交互等操作,网络可以迅速适应复杂多变的动态环境,实现、规划、建设、监控、优化和自愈等运维全生命周期的"自治"。

(8)全域覆盖:无缝立体的超级连接

目前,全球仍有超过 30 亿人没有实现基本的互联网接入,其中大多分布在农村、郊区人口稀少的地区,通信运营商负担不起高昂的地面通信网络的建网成本;在海洋区域,例如,远洋货轮的宽带接入、极地科学考察所需的高速通信等,即使部署地面网络也无法满足这些业务的要求。不仅是地球表面,飞机、无人机等空中设备同样有许多连接需求。随着部署场景的不断延展及业务的日渐交融,地面蜂窝网与包括无人机、高轨卫星网络、高空平台、中低轨卫星网络在内的空间网络逐步彼此交融,空天地一体化的三维立体网络将在全球构建,用户也逐渐能享受到全覆盖的宽带移动通信服务。

全域覆盖可以满足全时全地域的宽带接入,为无人机、飞机、船、汽车和人口稀少地区等提供宽带接入服务。面向全球无地面网络覆盖的地区提供广域物联网接入,提供远洋集装箱信息收集、海上浮标信息收集、应急通信、珍稀动物无人区监控和农作物监控等服务;提供精度为厘米级的高精度定位,实现精准农业和高精度导航等服务。

5.4 6G 潜在关键技术

为契合将来丰富的业务应用及较高的性能需求,6G 需要突破关键核心技术,不断摸索新型网络架构。目前,世界各大运营商和设备厂家都在积极探索 6G 关键技术,指出新型网络技术和底层的关键技术方向。

5.4.1 内生智能的新型网络

面向未来的移动通信系统将依托 AI 技术，通过无线应用、无线算法、无线数据和无线架构等展现出全新的智能网络技术体系。在设计 6G 网络时，就要考虑相关 AI 技术的支持，而不仅仅将其视为优化工具。整体来看，6G 时代的发展方向有两个角度，分别为内生智能的新型空口和新型网络架构。

（1）内生智能的新型空口

内生智能的新型空口通过深度结合 AI 技术，突破原有的无线空口模块化的设计框架，实现业务与客户、资源、无线环境、干扰等多维特性的深度挖掘和使用，在一定程度上提高了网络的实时性、安全性、可靠性和高效性，并推动网络的自我演进和自主运行。

内生智能的新型空口技术能够借助端到端的学习来强化控制信令与数据平面的可靠性、高效性、连通性，准许根据特定场景定制深层预测，并且空口技术的组成模块能够灵活地拼接，以此契合各类应用场景的差异化要求。AI 技术的决策、预测和学习能够让通信体系依据用户行为和流量自主调节通信行为和无线传输格式，能够完善并减少通信收发两端的损耗。

多智能体等 AI 技术能够让通信用户端彼此高效合作，让传输效率达到最大化。借助深度神经网络与数据的黑盒建模能力，能够从无线数据中构建未知的物理信道，进而设定最佳的传输方式。在多用户系统中，借助加强学习，基站和用户能够依据自动接收的信号资源调度和协调信道接入。

（2）内生智能的新型网络架构

内生智能的新型网络架构是指完全借助网络节点的计算、感知能力和通信能力，通过云边端一体化算法部署、分布式学习、群智式协同，让 6G 网络原生支持不同的 AI 应用，建立以用户为中心和新生态的业务体验。凭借内生智能，6G 网络能较好地支持无处不在的具有计算、通信、感知能力的终端与基站，把大量智能分布式协同服务变成现实，与此同时，将网络中的计算力和通信的效能最大化，适配数据的分布性并保护数据的隐私性。这也将引发 3 种趋势：智能从云端与应用走向网络，即由原有的 Cloud AI 变为 Network AI，成功实现网络的自修复、自检测、自运维；智能在"云－边－端－网"间协同，实现存储、计算、频谱等多维资源智能适配，提高网络总体效能；智能在网络的基础上向外提供服务，深入交汇行业智慧，开创崭新的市场价值。

5.4.2　增强型无线空口技术

（1）无线空口物理层基础技术

6G 性能指标更加多元化，应用场景更加多样化，为契合应用场景对性能 / 吞吐量 / 时延的需求，需要针对空口物理层基础技术进行特定化的设计。

在调制编码技术层面，形成一致的编译码架构，并顾及多样化通信场景需求。例如，极化（Polar）码在极度宽的码长 / 码率取值区间内都能有均衡、优秀的性能，通过简洁统一的码构造描述和编译码的实现，来获得平稳的性能。准循环 LDPC 码与极化码能够用于更高的并行性和译码效率，迎合高吞吐量的业务需求。

在新波形技术方面，需要使用差异化的波形方案设计来实现 6G 较为复杂的动态性能需求与应用场景。例如，对于高速移动场景，使用变换域波形应对多普勒频偏；对于高吞吐量场景，能够使用重叠 X 域复用、高频谱效率频分复用、超奈奎斯特采样等超奈奎斯特系统，将更高的频谱效率变成现实。

在多址接入技术层面，为契合将来 6G 网络的接入需求，在密集场景下实现低时延、高可靠、低成本的数据传输，目前的研究热点是非正交多址接入技术，并由接入流程与信号结构等方面来改进并优化。通过改进信号结构，下调接入开销，提高系统最大可承载用户数量，契合 6G 密集场景下高质量、低成本的接入需求；增强接入流程，满足 6G 全类型终端和全业务场景的接入需求。

（2）超大规模 MIMO 技术

大规模 MIMO 技术的进阶演进升级是超大规模 MIMO 技术。芯片集成度与天线的持续升级使天线阵列规模不断增大，通过应用新材料，引入新的技术和功能（例如，超大规模口径阵列、可重构智能表面、人工智能和感知技术等），超大规模 MIMO 技术能够在更多元的频率范围内完成更广泛、更灵敏的网络覆盖，更高的定位精度、频谱效率及能量效率。

超大规模 MIMO 拥有波束调整的能力，能在三维空间内实现，除了满足地面覆盖，还能够满足非地面覆盖，例如覆盖低轨卫星、客机、无人机等。伴随着新材料科技的发展及天线形态、布局方式的演变，超大规模 MIMO 能够很好地融合环境，将多用户容量和网络覆盖等指标的跨越提高。分布式超大规模 MIMO 对于建设超大规模的天线阵列更加有利，网络架构接近无定形网络，对于实现均匀一致的用户体验更加有利，能够赢得更高的频谱效率，减少系统的传输能耗。

除此之外，超大规模 MIMO 阵列拥有超高的空间分辨能力，能够在杂乱的无线通信环境内提升定位精度，进而完成精准的三维定位；超大规模 MIMO 的超高处理增益能有效补偿高频段的路径损耗，即使在维持发射功率的情况下，也能提高频段的通信距离与覆盖范围；引入超大规模 MIMO 技术有助于用户检测、波束管理、信道探测等多个环节实现智能化。

（3）带内全双工技术

在相同的载波频率基础上，带内全双工技术可同时接收并发射电磁波信号，相较于原始的 FDD、TDD 等双工方式，不但能够有效提升系统频谱效率，还能够让传输资源的配置更灵活。

自干扰抑制是全双工技术的核心，从技术产业成熟度来看，小规模、小功率天线单站全双工拥有实用化的特点，回传场景与中继的全双工设备也能应用，但是，大规模天线自干扰抑制技术及天线基站全双工组网中的站间干扰抑制仍有突破的空间。在部件器件层面，小型化高隔离度收发天线的创新能有效提高自干扰抑制能力，而大功率自干扰抑制的实现需要大范围可调时延芯片的实现。就信号处理而言，现阶段数字域干扰消除技术的难点是大规模天线功放非线性分量的抑制，在信道环境快速变化的情况下，射频域自干扰抵消的收敛时间和鲁棒性会影响整个链路的性能。

5.4.3　新物理维度无线传输技术

除了原始的强化无线空口技术，业界在努力摸索崭新的物理维度，以此完成信息传输方式的革命性突破，例如，智能超表面技术、轨道角动量技术和智能全息无线电技术等。

（1）智能超表面技术

智能超表面技术使用能够编程的新型亚波长二维超材料，在数字编码时对其电磁波完成积极主动的智能调控，形成极化、相位、频率、幅度和可控制的电磁场。智能超表面技术能够实现对无线传播环境的主动控制，在三维空间内将信号增强、信号传播方向调控、干扰抑制变成现实，建设智能可编程无线环境新范式，在提高小区边缘用户速率、辅助电磁环境感知、克服局部空洞、绿色通信场景、高精度定位和高频覆盖增强场景等情况下使用。

智能超表面技术能明显提高信号覆盖、网络传输速度和能量效率，提高通信系统的覆盖率。通过将无线传播环境的定制化，能够依据所需要的无线功能，灵活调控无线信号例如，辅助定位感知和降低电磁污染等。智能超表面技术不需要原始结构发射机中的混频器、滤波器和功率放大器组成的射频链路，减少了硬件费用、降低了功效和复杂度。

被动信息传输、超表面材料物理模型与设计、信道状态信息获取、信道建模、AI 使能设计和波束赋型设计等是智能超表面技术目前面对的挑战和关键难点。

（2）轨道角动量技术

轨道角动量是无线传输的新维度，也是电磁波固有物理量，还是 6G 潜在关键技术之一。借助差异化的模态 OAM 电磁波的正交特性能够大范围内提高系统频谱效率。电磁波拥有具有 OAM，同时也称为涡旋电磁波，其相位面呈现螺旋状，并不是原始的平面相位电磁波。涡旋电磁波既包含回旋电子直接激发的电磁波量子态，又包含天线发射的经典电磁波波束。

OAM 电磁波波束是空间结构化波束，可以被视为一种新型 MIMO 波束赋形方式。OAM 电磁波波束的产生包括特殊反射面天线、圆形天线阵和螺旋相位板，差异化的 OAM 模态的波束具拥有互相正交的螺旋相位面。当点对点的直射传输时候，相较于原始的 MIMO 波束能够大范围减少波束赋形和对应数字信号处理的复杂度。倒锥状发散波束是 OAM 波束传输的最大难点，让其在波束对准与远距离传输等面临挑战。伴随着带宽的扩大与工作频点的提升。射频信号处理、器件工艺、天线设计等成为将来商用化需克服的关键难点。

OAM 量子态需要光量子或微波量子拥有轨道角动量，现在接收与发射无法使用原始天线完成，需要独特的发射接收装置。高效激发、耦合、模态分选、设备小型化、接收、传输等具体方法是 OAM 量子态的主要研究。

（3）智能全息无线电技术

智能全息无线电技术凭借电磁波的全息干涉原理来完成实时精密调控和电磁空间的动态，从射频全息到光学全息的映射，通过全息空间波场合成技术与射频空间谱全息完成空间复用，满足高容量需求、频谱效率与流量密度。

智能全息无线电技术拥有超高分辨率的空间复用能力，超高流量密度无线工业总线、智能工厂环境、高精度无线供电与定位和大数据传输、超大容量和超低时延无线接入、海量物联网设备是主要应用场景。此外，智能全息无线电技术与无线通信、感知和成像融合，能够准确体察复杂电磁环境，支持未来电磁空间的智能化。

智能全息无线电技术立足于微波光子天线阵列的相干光上变频，能够完成信号的高并行性和高相干性，信号能够在光域完成计算，处理智能全息无线电系统的时延与功耗。

智能全息无线电技术在感知与射频全息成像等领域有一定的研究，但在无线通信领域的应用依然有许多挑战与困难，包括智能全息无线电通信理论和模型、基于高性能光计算的协同与无缝集成、微波光子技术的连续孔径、透明融合等物理层与硬件设计等问题。

5.4.4 太赫兹与可见光通信技术

（1）太赫兹通信技术

太赫兹频段（0.1 ～ 10THz）能够契合超高传输速率与 Tbit/s 量级大容量的系统需求，其特点是易于实现通信探测一体化、抗干扰能力强，以及传播速率高，介于光波和微波之间，频谱资源丰富。

太赫兹通信被视为目前空口传递方式的有益补充，侧重于短距超高速传递、全息通信、超大容量数据回传、微小尺寸通信（片间通信及纳米通信）等潜在的应用场景。与此同时，凭借太赫兹通信信号来完成高分辨率感知与高精度定位同样作为重要应用方向。

高效、低成本、小型化太赫兹收发架构是太赫兹通信亟须解决的技术难题。目前太赫兹通信系统在收发架构设计方面主要有 3 类经典的收发架构，即涵盖基于光电结合的太赫兹系统、固态混频调制的太赫兹系统、直接调制的太赫兹系统和射频器件，太赫兹放大器、太赫兹倍频器、太赫兹变频电路、太赫兹混频器是通信系统中的主要射频器件。目前，太赫兹器件的输出功效和工作频点依然不能满足长寿命、高效率、低能耗等商用需求，仍然需要研究基于磷化铟与锗化硅等新型半导体材料的射频器件。在基带信号处理层面，太赫兹商用的前提是能实时应对 Tbit/s 量级的传输速率，攻克低耗、简单化的先进高速基带信号处理技术。

太赫兹天线方面，目前大尺寸的反射面天线是高增益天线的主要采用对象，急需攻克阵列化和非大型化的太赫兹超大规模天线技术。此外，为将度量和信道表征变成现实，仍然需要就太赫兹通信的不同场景针对性建模和信道测量，构建准确、实用化的信道模型。

（2）可见光通信技术

由 400THz 到 800THz 的超宽频谱的高速通信方式是可见光通信，具备无电磁辐射、高保密、不需要授权、绿色清洁等特点。

可见光通信更适合室内使用，被视为室内网络覆盖的有效补充，此外，也能够应用于空间和水下通信等特殊场景，以及地下矿场、医院、加油站等电磁敏感场景。

目前，绝大部分无线通信中的复用方式、信号处理技术、调制编码方式等皆可使用在可见光通信中，以此强化系统性能，高带宽的 LED 器件和材料是可见光通信的主要难点，即使可见光频段有非常丰富的频谱资源，但由于受到电工器件和光电的限制，现实中能用到的带宽很小，如何提升带宽、接收器件的响应频率是高速可见光通信必须解决的难题。此外，上行链路同样也是可见光通信的重要挑战，解决可见光通信上行链路的方案之一是组网，即与其他通信方式进行异构融合。

5.4.5　通信感知一体化

6G 潜在关键技术的研究热点之一是通信感知一体化，它的设计理念是实现互利互惠，即无线通信和无线感知两个独立功能在同一系统中实现。一方面，通信系统能够凭借信号处理模块和相似的频谱及复用硬件信号来实现各类型的感知服务；另一方面，感知结果能够应用于辅助通信的管理和接入，并且提升通信效率及服务质量。在将来通信系统中，更大的天线孔径、更宽的频带带宽和更高的频段（毫米波、太赫兹甚至可见光）将使集成无线感知能力变成现实。通过分析与收集经过反射与散射的通信信号以获取环境物体的移动性、材质、形态、远近等基本特性，凭借典型算法或 AI 算法，实现成像和定位等功能。

即使天线等系统部件能共用，但因为感知与通信的目的有区别，感知和通信一体化设计仍然面临许多技术挑战，包括数据处理算法、通感一体化信号波形设计、信号、感知联合设计和定位、感知辅助通信等。此外，可集成的便携式通感一体终端设计同样也是一个重要的方向。

5.4.6 分布式自治网络架构

6G 网络将支持多样化场景接入、规模巨大、提供极致网络体验，是面对全场景的泛在网络，因此，需研究核心网与无线网在内的 6G 网络体系架构。就无线网而言，应该设计按需能力的柔性架构与旨在减少处理时延的至简架构，研究无线资源管理与需求驱动的智能化控制机制，嵌入服务化、软件化的设计理念。就核心网而言，则需要研究自治化、分布式、"去中心化"的网络机制以帮助普适、灵活的组网得以实现。

分布式自治的网络架构涉及多样化的关键技术，涵盖可信的数据治理；网络、计算和存储等网络资源的动态共享和部署；深度边缘节点及组网技术；需求驱动的轻量化无线网架构设计；支持拥有隐私保护、可靠、高吞吐量区块链的架构设计；网络运营与业务运营解耦；支持任务为中心的智能连接，以用户为中心的管理、控制与"去中心化"；具备自生长、自演进能力的智能内生架构；智能化控制机制及无线资源管理等。

新技术理念有助于提升网络的自动化与自治能力，例如，数字孪生技术在网络中的使用。原始的网络创新耗时长、影响大，需要在真实的网络上尝试。而立足于数字孪生的理念，网络能够更智能地控制发展、更精细地仿真和预测、更全面的可视。数字孪生网络是一个网络系统，拥有物理网络实体和虚拟孪生体能够实时交互映射。孪生网络凭借着闭环的优化与仿真完成对物理网络的管控与映射。在这里面，有效利用网络数据和对网络的高效建模等是亟须解决的问题。

网络架构的变革可谓牵一发而动全身，不仅需要考虑现有网络的共存共生问题，还需要考虑新技术元素的引入。

5.4.7 确定性网络

驱动移动通信网络向确定性网络推进是由于工业现场级操作技术与新一代信息技术的融合。工业制造、车联网、智能电网等时延敏感类业务的发展，对网络性能提出了确定性需求，包括各种运行状态下有界的丢包率；端到端的及时交付，即确定的最小和最大时延及时延抖动；数据交付时有上限的乱序，即确定的最小和最大时延及时延抖动等。

确定性的能力涉及资源的协同、测量、保护、分配 4 个方面，同样，也涉及承载网络的系统性优化和端到端无线网、核心网。在资源分配机制层面,从数据经过的路径跳到分配资源,涵盖链路带宽与网络中的缓存空间等,清除网络内数据包争用致使的丢包;通过优化调度流程与预调度降低开销并调度时延。在服务保护机制方面,涵盖探究数据包编码解决随机介质错误致使的丢包,清除机制防止设备发生故障并设计数据包复制,空口在漫游、干扰、移动、漫游时的服务保护方法等。在 QoS 度量体系方面,增加 QoS 定义的维度,涵盖丢包率、抖动、吞吐量、乱序上限、时延等,探究多维度 QoS 的测评方法,构建准确的度量体系。在多网络跨域协同方面,研究数据中心、核心网、跨空口、边界云、承载网等多领域交融的确定性达成技术与控制方法。

除了确定性网络的应用需要克服多方面具有挑战的技术难点,进行产业化推广还有其他需解决的问题,例如如何减少高精准带来的高成本,以实现高效、低成本的确定性网络。

5.4.8 算力感知网络

为了迎合将来网络新型业务、计算轻量化、动态化的需求,计算与网络的交融成为新发展趋势。学术界提出算力网络的理念:将云、边、端多样的算力借助网络化的方法来协作与连接,将计算与网络的协同感知和深度融合变成现实,实现高效共享和算力服务的按需调度。

在 6G 时代,网络不但能传输数据,还能积聚存储、计算、通信、存储一体化的信息系统。算力资源的统一建模度量是异构化和算力调度化的,凭借模型函数使各类算力资源映射到统一的量纲维度,形成业务层可阅读和可理解的零散算力资源池,给算力网络的资源匹配调度提供基础保障。算力感知网络的关键是统一的管控体系,传统信息系统中终端、应用、网络彼此独立,没有统一的架构体系来集中协同和管控,因此算力网络的管控系统从网络向端侧延展,凭借网络层对应用层的业务感知,构建端边云交融一体化的新型网络架构,完成网络的智能化调度、自动化匹配和算力资源的无差别交付,并处理运营模式与算力网络中的多方协作关系等问题。

5.4.9 星地一体融合组网

6G 将不同空域的飞行器、地面网络、不同轨道高度上的卫星(高、中、低轨卫星)等融合而成全新的移动信息网络变成现实,凭借着地面网络常态化覆盖城市热点,通过空基和天基网络实现空中和偏远地区、海上按需覆盖，具备韧性抗毁、组网灵活等优点。星地一体的融合组网不再是飞行器、卫星和地面网络的简单互联，而是地基、天基、空基网络的深度交融，建筑涵盖统一空口协议、统一终端和组网协议的服务化网络架构，在任何时间、任何地点提供信息服务，满足地基、空基、天基等不同用户统一终端设备的应用和接入。

6G 时代的星地一体融合组网，将通过开展星地协同的移动协议处理、天基高性能在轨计算、多维多链路复杂环境下融合空口传输技术、星载移动基站处理载荷、星地多维立体组网架构、星间高速激光通信等关键技术的研究，处理地面基站、高空平台、多层卫星组成的多维立体网络的一体化传输、协调用频、融合接入、统一服务和协同覆盖等问题。因为非地面网络的网络拓扑结构动态变化和运行环境的差异，所以地面网络使用的组网技术并非直接应用在非地面场景，而是需要研究空天地一体化网络中的新型组网技术，例如，地面网络与非地面网络之间的互操作、网元动态部署、路由与传输、命名/寻址、移动性管理等。

星地一体融合网络需要拉通移动通信和卫星通信，关联终端芯片、卫星设备、移动通信设备等，不但有技术挑战还有产业挑战。此外，卫星在受到能源等资源方面限制的同时，对技术与架构选择提出了更高的要求。

5.4.10 支持多模信任的网络内生安全

6G 网络安全边界模糊是因为网络的多域融合和云边协同、设施的边缘化和虚拟化、信息通信与数据及操作的融合等因素导致的，原始的安全信任模型满足不了 6G 安全的需求，需要能够实现第三方背书的、中心化的和"去中心化"的多种信任模式共存。

面向将来，6G 网络架构更加倾向于分布式，网络服务能力贴合用户端，这将导致单纯中心式的安全架构改变；感知全息感知、通信等全新的业务体验，以用户为中心提供个性化服务，要求满足跨域和多模的安全可信体系，原始的"补丁式"和"外挂式"网络安全机制对抗未来 6G 网络潜在的安全隐患和攻击有更高的挑战。大数据和 6G 网络、人工智能的深度融合，让数据的隐私保护面临新挑战。计算技术与新型传输技术的创新，导致智能韧性防御体系、通信密码应用技术和安全管理架构朝着内生安全架构推进。

6G 的安全架构理应在包容性更高的信任模型基础之上，拥有韧性的特点，还应覆盖 6G 网络全生命周期，内生承载可扩展、鲁棒性更强、智慧更足的安全机制，关联多个安全技术方向。融合卫星通信网络的 6G 安全体系架构、移动通信网络、计算机网络及关键技术，支持安全动态赋能和安全内生。云计算、边缘计算、终端与 6G 网络间的安全协同关键技术，支持异构融合网络的"去中心化"、集中式、第三方信任模式并存的多模信任架构；大规模数据流转的监测与隐私计算的理论与关键技术，高并发和高通量的数据加解密与签名验证，易管理、高吞吐量、易扩展，并且拥有安全隐私保障的区块链基础能力。

通信网安全需要兼顾通信和安全，平衡好收益与代价，与此同时，以"安全防护无止境"为始终，由攻防对抗视角动态度量通信网安全状态，结合区块链等技术持续推进网络内生安全建设。

5.5 对 6G 发展的思考

（1）5G 的成功商用将为 6G 演进奠定坚实基础

回首移动通信发展史，新业务应用从出现走向成熟通常历经两代周期，1G 的语音业务，在 2G 时代得到广泛应用；3G 的移动多媒体业务，在 4G 时代蓬勃发展；5G 创造工业互联网新时代，其应用场景首次拓展到物联网领域，将实现与垂直行业的深度融合。4G、5G 与 6G 的能力对比见表 5-1。

表 5-1 4G、5G 与 6G 的能力对比

	4G	5G	6G
峰值数据速率	1Gbit/s	10Gbit/s	1Tbit/s
端到端时延	100ms	1ms	1ms
最大频谱效率	350bit/s	500bit/s	1000bit/s
卫星集成	否	否	完全支持
AI	否	部分支持	完全支持
无人驾驶	否	部分支持	完全支持
扩展现实	否	部分支持	完全支持

续表

	4G	5G	6G
触觉通信	否	部分支持	完全支持
太赫兹通信	否	有限支持	广泛支持
服务能力	Video	VR、AR	触觉通信
体系架构	MIMO	大规模 MIMO	智能表面
最大支持频率	6GHz	9GHz	10THz

在先进的感知技术、新材料、人工智能、信息消费急剧增长，新器件、通信技术和生产效率持续提高的需求驱动下，将产生出更高层次的移动通信新需求，推动5G 向 6G 演进和发展。立足于 5G，6G 扩展了物联网的领域与应用范围，连续强化目前网络的基础能力，且持续挖掘新的业务应用，服务于智能化生活与社会，实现从万物互联到万物智联的跃迁。5G 的成功商用，为 6G 业务发展奠定了坚实基础。据预测，3GPP 在 2025 年后开启 6G 国际技术标准研制，大概在 2030 年完成 6G 商用。

（2）智慧内生、智赋万物是 6G 的重要特征

新生代移动通信技术发展的新趋势之一是智能化，即人工智能、云计算、移动通信技术与大数据等新生代网络信息技术深度融合。DOICT 的深度融合将焕发新生代网络信息技术的创新活力，释放多技术交叉融合使用引发的叠加倍增效应，引发计算、感知、传输、存储等环节的群体性突破，进而完成网络信息技术的代际跃迁。与此同时，人工智能将赋能网络进入智能化时代，人工智能技术在网络领域由辅助运维延展到网络架构创新、模式分析、网络性能优化和部署管理等多个领域，进而引起网络信息技术的全方位创新。

在这个背景条件下，6G 使极大规模的智能化网络变成现实，在真实世界中的特定环境、个人、设备可以在智能化网络中通过动态数字建模找到位置。6G 网络带来的智能体，凭借持续的合作、竞争、学习和交流，能以极高的效率模拟并预测真实世界的运转及发展，进而进行更快、更好的决策。

（3）高、中、低频段高效利用满足 6G 频谱需求

移动通信发展的基础是频谱资源，6G 将不断研发优质可利用频谱，立足于目前频谱资源，深入向可见光、太赫兹频段和毫米波等更高频段延展，通过对各种频段频

谱资源的综合高效使用，迎合 6G 各层次的发展需求。

6G 发展的战略性资源是 6GHz 及以下频段的新频谱，通过共享、聚合等手段，提高频谱使用效率，给 6G 提供最基本的地面连续覆盖，实现 6G 高速率、低费用网络部署。

高频段能实现 6G 对极大容量、极高速率的频谱需求。伴随着产业的持续发展与成熟，毫米波频段在 6G 时代能起到更大作用，其应用效率与性能将显著提高。可见光和太赫兹等更高频段，受到传播特性的限制，将重点满足特定场景的大容量短距离需求，这些高频段将在人体域连接与感知通信一体化等场景起到重要作用。

（4）卫星等助力蜂窝地面网络实现 6G 全域覆盖

目前，6G 全域覆盖会延展网络覆盖的深度与广度，实现全球无缝覆盖。无人机和卫星等非地面设施可以完成更广覆盖，为广域物联网、飞机、移动互联网终端和轮船提供通信及联网服务，不过因为它覆盖范围很广泛，所以它的单位面积容量小，不能满足密集城区用户的大容量需求。此外，卫星和地面间的距离远，传输时延较长，也很难满足超低时延垂直行业应用的需求。地面蜂窝移动通信能满足人口密集地区的大容量，虽然它拥有高数据传输速率、大数据存储能力、支持海量连接、强大的计算能力、低时延，但是它的覆盖范围有限。目前，地面蜂窝网络只能覆盖地球表面的 10%，在回报价值低、人口密度低的郊区部署，网络部署成本高、性价比低，容易受地质与地形的影响。所以，在将来的 6G 网络中，卫星等非地面通信可以视为地面蜂窝网络的补充，推动全域覆盖通信网络的形成。

未来，空天地海一体化覆盖网络将由通信平台、高空平台、高度各异的卫星、陆地和海洋等多种网络节点实现互联互通，彼此优势互补、取长补短，形成一个以地面蜂窝网络为基础、以多种非地面通信为重要补充的立体广域覆盖通信网络，实现同一终端在空天地海各区域间的无缝漫游，给不同用户提供多元化的服务与应用。

参考文献

[1]   王晓云，段晓东，张昊，等.算力时代 [M].北京：中信出版集团，2022:295-299.

[2]   张平，李文璟，牛凯，等.6G 需求与愿景 [M].北京：人民邮电出版社，2021.

[3]   蔡伟文，罗伟民，陈学军，等.5G 室内覆盖建设与创新 [M].北京：人民邮电出版社，2022:2-89.

[4]   李正茂，王晓云，张同须，等.5G ＋：5G 如何改变社会 [M].北京：中信出版集团，2019.

[5]   中国信息通信研究院，中国 5G 区域发展指数白皮书 [Z].2020.

[6]   中国科学院，6G 总体愿景与潜在关键技术白皮书 [Z].2022.

[7]   IMT-2030（6G）推进组.《6G 总体愿景与潜在关键技术》白皮书 [Z].2021.

[8]   3GPP TS 38.501.System Architecture for the 5G System .Stage 3[S].2018.

[9]   H. Zhang，Z. Chen，and Y. Zhang. "A Survey of 5G Mobile Communications Architecture." [J]. IEEE Communications Magazine 67，no. 3 .2020，（7）：82-97.

[10] 程琳琳 . 十年突破 中国 5G 标准之路 [J]. 通信世界，2022，No.902（16）.

[11] 方琰崴，李立平，陈亚权 . 5G 2B 专网解决方案和关键技术 [J]. 移动通信，2020，44（8）:1-6.

[12] 李辉 . 5G 核心网 MEC 和 UPF 研究与实践 [J]. 电信工程技术与标准化，2022，35（4）:67-74.

[13] 王海涛，宋丽华，王雪梅，等 . 面向服务的 5G 网络架构—传承与创新 [J]. 计算机技术与发展，2020，30（11）:89-93.

[14] 安清普.5G 移动通信网络关键技术研究 [J]. 中国新通信，2020，22（4）:1-2.

[15] 王英艳，谢懿，林文锋，等 . 5G 专网解决方案及创新应用介绍 [J]. 数字通信世界，

2023,（5）: 119-122, 140.

[16]　丁玲台 . 试论 5G 移动通信核心网关键技术研究 [J]. 科技风, 2020,（8）:109.

[17]　郭惠军, 汤磊, 李勇 . 浅谈 5G 传输网需求及组网技术 [J]. 数字技术与应用, 2021, 39（12）: 33-35.

[18]　张维东 .5G 网络传输解决方案 [J]. 通信技术, 2020, 53（4）: 913-917.

[19]　何江涛 . 中国联通 5G 无线网演进策略研究 [J]. 数字通信世界, 2018,（12）: 47、49.

[20]　王凌豪, 王淼, 张亚文, 等 . 未来网络应用场景与网络能力需求 [J]. 电信科学, 2019, 35（10）: 2-12.

[21]　韩鹏 . 石家庄市智慧政务建设研究 [D]. 石家庄 : 河北师范大学, 2022:59.

[22]　沈费伟 . 数字化时代的政府智慧政务平台 : 实践逻辑与优化路径 [J]. 天津行政学院学报, 2022, 24（3）: 34-45.

[23]　韩伟亮, 任嘉璇, 张振, 等 . 基于 5G 云平台智能垃圾分类识别技术的研究 [J]. 科学技术创新, 2021,（36）:77-79.

[24]　洪伟权 .5G 浪潮下, 公安信息化的新格局 [J]. 广东通信技术, 2020, 40（6）: 20-22, 63.

[25]　洪伟权 .5G 赋能智慧警务 [J]. 通信企业管理, 2019,（10）: 39-41.

[26]　钟华, 张鹏飞, 王志强 .5G 技术在工业互联网中的应用 [J]. 电子设计工程, 2021, 40（6）: 198-203.

[27]　陈晓东, 刘明 .5G 技术在智能交通中的应用研究 [J]. 中国公路学报, 2021, 34（1）: 76-84.

[28]　张鹏飞, 钟华 .5G 网络下的车联网技术研究 [J]. 通信技术, 2020, 55（11）: 13-18.

[29]　刘明, 陈晓东 .5G 技术在智能家居中的应用研究 [J]. 计算机科学, 2020, 47（12）: 19-23.

[30]　王志强, 李娜 . 基于 5G 技术的智能物流系统研究 [J]. 交通运输工程与信息化, 2020, 36（11）: 1-7.

[31]　李雪梅, 张鹏飞, 王志强 .5G 技术在智慧城市建设中的应用 [J]. 现代城市研究, 2021, 37（1）: 85-89.

[32]　赵建新, 刘明, 陈晓东 . 基于 5G 技术的车联网安全保障研究 [J]. 电信科学, 2020, 33（9）: 9-15.

[33] 王志强,李娜.基于 5G 技术的智能制造系统研究 [J].机械设计与制造,2020,41（12）：86-89.

[34] 王志强，李娜.5G 技术在智慧医疗领域的应用 [J].中国卫生信息管理杂志，2021，37（2）：89-91.

缩略语

缩略语	英文全名	中文解释
3GPP	3rd Generation Partnership Project	第三代合作伙伴计划
5GC	5G Core Network	5G 核心网
AAA	Authentication、Authorization、Accounting	鉴权、授权和结算
AAU	Active Antenna Unit	有源天线单元
AGV	Automated Guided Vehicle	自动导引车
AI	Artificial Intelligence	人工智能
AKA	Authentication and Key Agreement	认证与密钥协商
AMF	Access and Mobility Management Function	接入和移动管理功能
AMPS	Advanced Mobile Phone System	高级移动电话系统
AOA	Angle of Arrival	到达角度
API	Application Program Interface	应用程序接口
AR	Augment Reality	增强现实
AUSF	Authentication Server Function	鉴权服务功能
BSF	Binding Support Function	绑定功能
CNC	Centralized Network Configuration	集中网络控制器
CPE	Customer Premises Equipment	用户驻地设备
CU	Centralized Unit	集中单元
CUC	Centralized User Configuration	集中用户控制器
CUPS	Control and User Plane Separation	控制面和用户面分离
D-AMPS	Digital Advanced Mobile Phone System	数字高级移动电话系统
DetNet	Deterministic Networking	确定性网络
DNAI	Data Network Access Identifier	数据网络接入标识符

缩略语	英文全名	中文解释
DNN	Data Network Name	数据网络名称
DU	Distributed Unit	分布式单元
DWDM	Dense Wavelength Division Multiplexing	密集波分复用
eMBB	enhanced Mobile Broadband	增强型移动宽带
FDD	Frequency-Division Duplex	频分双工
GSM	Global System for Mobile Communications	全球移动通信系统
GSMA	Global System for Mobile communications Association	全球移动通信系统协会
HSS	Home Subscriber Server	归属服务器
HTTP	Hyper Text Transfer Protocol	超文本传输协议
IaaS	Infrastructure as a Service	基础设施即服务
IP	Internet Protocol	互联网协议
ITU	International Telecommunication Union	国际电信联盟
LDPC	Low-Density Parity-Check	低密度奇偶校验
MCU	Micro Controller Unit	微控制单元
MEC	Mobile Edge Computing	移动边缘计算
MIMO	Multiple-Input Multiple-Output	多输入多输出
MME	Mobility Management Entity	移动性管理实体
mMTC	massive Machine-Type Communication	大连接物联网
MPLS	Multi-Protocol Label Switching	多协议标记交换
NEF	Network Exposure Function	网络开放功能
NF	Network Function	网络功能
NFV	Network Functions Virtualization	网络功能虚拟化
NSA	Non-Standalone	非独立组网
NSSF	Network Slice Selection Function	网络切片选择功能
OAM	Orbital Angular Momentum	轨道角动量
OFDM	Orthogonal Frequency Division Multiplexing	正交频分复用
OSI	Open System Interconnection	开放系统互连
OTN	Optical Transport Network	光传送网
PaaS	Platform as a Service	平台即服务
PCF	Policy Control Function	策略控制功能

缩略语	英文全名	中文解释
PDC	Personal Digital Cellular	个人数字蜂窝
PDU	Packet Data Unit	分组数据单元
PGW	Packet Data Network GateWay	分组数据网关
PMU	Phasor Measurement Unit	相量测量装置
PTN	Packet Transport Network	分组传送网
QoS	Quality of Service	服务质量
RAN	Radio Access Network	无线电接入网
RB	Resource Block	资源块
RRU	Remote Radio Unit	射频拉远单元
RTD	Real-time Pesudorange Difference	实时伪距差分
RTK	Real time Kinematic	实时动态
RTT	Round Trip Time	往返路程时间
SA	Standalone	独立组网
SaaS	Software as a Service	软件即服务
SAE-GW	System Architecture Evolution-GateWay	系统架构演进网关
SBA	Service Based Architecture	服务化架构
SDN	Software Defined Network	软件定义网络
SDR	Software Defination Radio	软件定义的无线电
SGW	Serving GateWay	服务网关
SIM	Subscriber Identity Module	用户识别模块
SLA	Service Level Agreement	服务等级协定
SMF	Session Management Function	会话管理功能
S-NSSAI	Single Network Slice Selection Assistance Information	单个网络切片选择协助信息
SPA	Single Packet Authorization	单包授权
SPN	Slicing Packet Network	切片分组网
SR	Segment Routing	分段路由
SRv6	Segment Routing over IP Version 6 Data Plane	基于 IPv6 转发平面的段路由
SSS	Slice Security Server	切片安全服务器
TACS	Total Access Communications System	全接入通信系统
TDD	Time-Division Duplex	时分双工

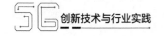

续表

缩略语	英文全名	中文解释
TD-LTE	Time Division Long Term Evolution	分时长期演进
TD-SCDMA	Time-Division Synchronous Code Division Multiple Access	时分同步码分多址
TSN	Time-Sensitive Network	时间敏感网络
UDM	Unified Data Management	统一数据管理
UDR	Unified Data Repository	统一数据存储库
UE	User Equipment	用户设备
ULCL	Uplink Classifier	上行分类器
ULI	User Location Information	用户位置信息
UPF	User Plane Function	用户平面功能
uRLLC	ultra-Reliable Low-Latency Communication	超可靠低时延通信
URSP	UE Route Selection Policy	用户路由选择策略
UTDOA	Uplink Time Difference of Arrival	上行到达时间差
VNF	Virtual Network Function	虚拟网络功能
VPN	Virtual Private Network	虚拟专用网络
VR	Virtual Reality	虚拟现实
WCDMA	Wideband Code Division Multiple Access	宽带码分多址